U1069741

浙江省通用安装工程概算定额

（2018 版）

中 国 计 划 出 版 社

2020 北 京

图书在版编目（CIP）数据

浙江省通用安装工程概算定额 ：2018版 / 浙江省建设工程造价管理总站主编. -- 北京 ：中国计划出版社，2020.10（2020.12重印）
ISBN 978-7-5182-1239-2

Ⅰ. ①浙… Ⅱ. ①浙… Ⅲ. ①建筑安装－建筑概算定额－浙江 Ⅳ. ①TU723.34

中国版本图书馆CIP数据核字（2020）第184350号

浙江省通用安装工程概算定额（2018 版）
浙江省建设工程造价管理总站　主编

中国计划出版社出版发行
网址：www. jhpress. com
地址：北京市西城区木樨地北里甲 11 号国宏大厦 C 座 3 层
邮政编码：100038　电话：（010）63906433（发行部）
三河富华印刷包装有限公司印刷

880mm×1230mm　1/16　19.5 印张　585 千字
2020 年 10 月第 1 版　2020 年 12 月第 3 次印刷
印数 2001—2400 册

ISBN 978-7-5182-1239-2
定价：175.00 元

版权所有　侵权必究
本书环衬使用中国计划出版社专用防伪纸，封面贴有中国计划出版社专用防伪标，否则为盗版书。请读者注意鉴别、监督！
侵权举报电话：（010）63906404
如有印装质量问题，请寄本社出版部调换

主编单位：浙江省建设工程造价管理总站

批准部门：浙江省住房和城乡建设厅

浙江省发展和改革委员会

浙 江 省 财 政 厅

施行日期：二〇二〇年十月一日

浙江省通用安装工程概算定额

（2018 版）

主编单位：浙江省建设工程造价管理总站
参编单位：中国电建集团华东勘测设计研究院
浙江建正工程咨询有限公司
浙江中诚工程管理科技有限公司
浙江省工业设备安装集团有限公司
浙江建设职业技术学院
浙江省工程咨询有限公司
浙江工业大学工程设计集团有限公司
浙江大学建筑设计研究院有限公司
浙江耀信工程咨询有限公司
温州市建衡工程造价咨询有限公司
浙江广信工程管理咨询有限公司
浙江广达工程信息中心

主　　编：蔡临申
副 主 编：李　勇　范　荣
参　　编：郑宽善　周海东　张跃军　韩　烨　汪海霞　储铅波
胡寿云　余　快　章斌毅　陈　莉　陈子杭

软件生成：成都鹏业软件股份有限公司　杜彬
数据输入：杭州品茗安控信息技术股份有限公司　裘炯

审　核:浙江省建设工程计价依据(2018版)编制工作专家组

组　长:邓文华　浙江省建设工程造价管理总站站长

副组长:俞　晓　浙江省发展和改革委员会基本建设综合办公室副主任
马　勇　浙江省财政厅经济建设处副处长
戚程旭　浙江省住房和城乡建设厅建筑市场监管处副处长
周　易　浙江省住房和城乡建设厅计划财务处副处长
韩　英　浙江省建设工程造价管理总站副站长
汪亚峰　浙江省建设工程造价管理总站副站长
季　挺　浙江省建设工程造价管理总站副站长

成　员:李仲尧　浙江省公共资源交易中心主任
俞富桥　浙江省财政项目预算审核中心副主任
袁　旻　杭州市建设工程造价和投资管理办公室主任
傅立群　宁波市建设工程造价管理处处长
胡建明　浙江省建设工程造价管理总站副总工程师
田忠玉　浙江省建设工程造价管理总站定额管理室主任
蔡临申　浙江省建设工程造价管理总站造价信息室主任
毛红卫　浙江省建投集团投资与成本合约部总经理
单国良　歌山建设集团有限公司总裁助理
陈建华　万邦工程管理咨询有限公司总经理
黄志挺　建经投资咨询有限公司董事长
华钟鑫　浙江中达工程造价事务所有限公司董事长
蒋　磊　浙江耀信工程咨询有限公司董事长
史文军　原浙江省建工集团有限责任公司总经济师

审　定:浙江省建设工程计价依据(2018版)编制工作领导小组

组　长:项永丹　浙江省住房和城乡建设厅厅长

副组长:朱永斌　浙江省住房和城乡建设厅党组成员、浙江省建筑业管理总站站长
杜旭亮　浙江省发展和改革委员会副主任
邢自霞　浙江省财政厅副厅长

成　员:陈衡治　浙江省发展和改革委员会基本建设综合办公室主任
倪学军　浙江省财政厅经济建设处处长
宋炳坚　浙江省住房和城乡建设厅建筑市场监管处处长
施卫忠　浙江省住房和城乡建设厅计划财务处处长
邓文华　浙江省建设工程造价管理总站站长

浙江省住房和城乡建设厅　浙江省发展和改革委员会 浙江省财政厅关于颁发《浙江省工程建设其他费用定额(2018版)》等七部定额的通知

浙建建发〔2020〕16号

各市建委(建设局)、发展改革委、财政局:

为深化工程造价管理改革,完善工程计价依据体系,健全工程造价管理机制,根据省建设厅、省发展改革委、省财政厅联合印发的《关于组织编制〈浙江省建设工程计价依据(2018版)〉的通知》(建建发〔2017〕166号)要求,由省建设工程造价管理总站(省标准设计站)负责组织编制的《浙江省工程建设其他费用定额(2018版)》《浙江省房屋建筑与装饰工程概算定额(2018版)》《浙江省通用安装工程概算定额(2018版)》《浙江省市政工程概算定额(2018版)》《浙江省房屋建筑安装工程修缮预算定额(2018版)》《浙江省市政设施养护维修预算定额(2018版)》《浙江省园林绿化养护预算定额(2018版)》(以下简称"七部定额")通过审定,现予颁发,并就有关事项通知如下,请一并贯彻执行。

一、2018版计价依据是指导投资估算、设计概算、施工图预算、招标控制价、投标报价的编制以及工程合同价约定、竣工结算办理、工程计价纠纷调解处理、工程造价鉴定等的依据。规费取费标准是投资概算和招标控制价的编制依据,投标人根据国家法律、法规及自身缴纳规费的实际情况,自主确定其投标费率,但在规费政策平稳过渡期内不得低于标准费率的30%。当政策发生变化时,再另行发文规定。

二、七部定额自2020年10月1日起施行。《浙江省建筑工程概算定额(2010版)》《浙江省安装工程概算定额(2010版)》《浙江省市政设施养护维修定额(2003版)》《浙江省工程建设其他费用定额(2010版)》同时停止使用。

三、凡2020年9月30日前签订工程发承包合同的项目,或工程发承包合同在2020年10月1日后签订但工程开标在2020年9月30日前完成的项目,除工程合同或招标文件有特别约定外,仍按原"计价依据"规定执行。涉及后续人工费动态调整的,统一采用人工综合价格指数进行调整。

四、各级建设、发展改革、财政等部门要高度重视2018版计价依据的贯彻实施工作，造价管理机构要加强检查指导，确保2018版计价依据的正确执行。

2018版计价依据由省建设工程造价管理总站（省标准设计站）负责解释与管理。

浙江省住房和城乡建设厅

浙江省发展和改革委员会

浙　江　省　财　政　厅

2020年5月29日

总　说　明

一、《浙江省通用安装工程概算定额》(2018 版)(以下简称本定额)是根据浙江省住建厅、浙江省发展改革委、浙江省财政厅联合印发的《关于组织编制〈浙江省建设工程计价依据(2018 版)〉的通知》(建建发〔2017〕166 号)的精神及有关规定,在《浙江省通用安装工程预算定额》(2018 版)的基础上进一步综合扩大编制的。

二、本定额适用于浙江省行政区域范围内新建、扩建项目中的通用安装工程。

三、本定额统一了浙江省通用安装工程概算工程量计算规则、项目划分与计量单位,是工程项目建设投资评审、编制设计概算(书)和对设计方案进行技术经济分析的主要依据,也是编制概算指标、估算指标和计算主要材料设备需用量的基础。

四、编制依据:

1.《通用安装工程工程量计算规范》GB 50856－2013。

2.《浙江省安装工程概算定额》(2010 版)。

3. 浙江省建设工程计价依据(2018 版)。

4. 典型工业与民用安装工程技术经济资料。

5. 国家及浙江省有关现行的产品标准、设计规范、施工验收规范、技术操作规程、质量评定标准和安全操作规程。

6. 其他相关文件、规定和资料。

五、本定额是按照目前浙江省大多数施工企业在安全条件下采用的施工方法、机械化装备程度、合理的工期、施工工艺和劳动组织条件制定的,反映了社会平均消耗量水平。

六、本定额用工不分工种、技术等级,以综合工日表示,内容包括基本用工、超运距用工、辅助用工、人工幅度差。

七、本定额中的材料消耗量包括直接消耗在安装工程内容中的主要材料、辅助材料和零星材料等,并计入了相应损耗,其内容和范围包括从工地仓库、现场堆放地点、现场加工地点到操作或安装地点的运输损耗、施工操作损耗、施工现场堆放损耗。

八、本定额机械消耗量是按正常合理的机械配备和大多数施工企业的机械化装备程度综合取定的,包括施工消耗的施工机械台班和施工仪器仪表台班消耗量。

九、本定额除另有说明外,施工用水、电(包括试验、空载、单机试车用水、电)已全部计入基价。

十、本定额基价有关数据的取定:

1. 综合工日的单价按二类日工资单价 135.00 元计。

2. 材料单价按《浙江省建筑安装材料基期价格》(2018 版)取定。

3. 施工机械台班的单价按《浙江省施工机械台班费用定额》(2018 版)取定。

十一、本定额的主要材料损耗率、管道接头零件数量取定表、风管部件参数表可参见《浙江省通用安装工程预算定额》(2018 版)相应册的附录。

十二、本定额材料栏中带括号的未计价主材单价应根据括号内所列用量,按实际价格计算。

十三、本定额的"工作内容"中已说明了主要施工工序,次要工序虽未说明,但已考虑在定额项目内。

十四、本定额与其他有关专业工程的界线划分。

1. 电气及智能化系统设备安装工程。

(1)10kV 以上变配电设备及线路安装执行专业概算定额。

(2)与市政工程的界限划分:厂区、住宅小区的道路路灯安装工程、庭院艺术喷泉等电气设备安装工程执行本定额的相应项目;涉及市政道路、市政庭院等电气安装工程的项目,执行《浙江省市政工程概算定额》(2018 版)的相应项目。

2. 管道安装工程。

与市政管道的界限划分:

(1)给水管道以水表井为界,无水表井的以与市政管道碰头点为界。

(2)排水管道以室外排水管道与市政管道的碰头井为界。

(3)燃气管道有调压站的,以调压站为界,调压站内的设备、装置、仪表和阀件等执行本定额;燃气管道无调压站的,以出口第一个计量表(阀门)为界,界限以外为市政管道。

3. 消防工程。

与市政给水管道的界限划分:以与市政给水管道碰头点(井)为界。

十五、本定额的基价不包括进项税。

十六、本定额中的人工费、材料费、机械费依据《浙江省建设工程计价规则》(2018 版)中"建设工程计价要素动态管理"的相关规定进行调整。

十七、本定额是以预算定额为基础编制的,考虑概算定额与预算定额的水平幅度差及图纸设计深度等因素,计算概算扩大费用时应以"概算分部分项工程费 + 总价综合费用"为基数乘以扩大系数,扩大系数为 1% ~3% 。具体数值可根据工程的复杂程度和图纸的设计深度确定:较简单工程或图纸设计深度达到要求的取 1% ,一般工程取 2% ,较复杂工程或设计图纸深度不够要求的取 3% 。

十八、使用本定额编制工程概算所依据的扩大初步设计图纸设计深度需满足《建筑工程设计文件编制深度规定》(2016 版)的要求。

十九、本定额中未编入的部分可执行《浙江省通用安装工程预算定额》(2018 版)的相关规定。

二十、采用本定额编制工程概算时,其取费费率和计算程序执行《浙江省建设工程计价规则》(2018 版)的相关规定。

二十一、本定额中注有"× ×以内"或"× ×以下"者均包括× ×本身,"× ×以外"或"× ×以上"者,均不包括× ×本身。

二十二、本说明未尽事宜,详见各章说明。

二十三、本定额由浙江省建设工程造价管理总站负责解释与管理。

目　　录

第一章
机械设备安装工程

章　说　明

一、本章定额包括起重设备安装、起重机轨道安装、风机安装、泵安装、压缩机安装、制冷设备安装、低压锅炉设备安装、输送设备安装、其他机械及非标设备等安装，共九节。

二、脚手架搭拆费，除第一节“起重设备安装”，第二节“起重机轨道安装”在本定额中已考虑外，其余均未包括，可根据历史或类似工程经批准的施工组织设计方案另行计算。

工程量计算规则

一、本章定额除另有说明外,均以“台”为计量单位,设备重量以“t”划分项目。

二、设备重量均以设备的净重为准。

三、计算设备重量时,除另有规定者外,应按设备本体及联体的平台、梯子、栏杆、支架、屏盘、电机、安全罩和设备本体第一个法兰以内的管道等全部重量计算。

第一节　起重设备安装

说　　明

一、本节定额包括电动双梁桥式起重机安装、吊钩抓斗电磁铁三用桥式起重机安装、双小车吊钩桥式起重机安装、加料及双钩挂梁桥式起重机安装、吊钩门式起重机安装、梁式起重机安装、壁行及悬臂起重机安装、电动葫芦及单轨小车安装,共8个部分。

二、本节定额包括下列工作内容:

1. 起重机现场检查、安装。

2. 端梁连接。

3. 电气设备检查、安装、调试、小车滑触线安装、电缆管线敷设、接线、灯具安装。

4. 电动机、控制器、控制盘、电阻、控制回路的调试。

5. 脚手架的搭拆工作。

6. 起重机静负荷、动负荷及超负荷试运转。

工程量计算规则

一、起重机安装按照型号规格选用子目,以"台"为计量单位,同时有主、副钩时,以主钩额定起重量为准。

二、双小车起重机安装以"台"为计量单位,按两个小车的起重量以"t"分列定额子目。

三、双钩挂梁桥式起重机安装以"台"为计量单位,按两个钩的起重量以"t"分列定额子目。

四、梁式起重机、壁行及悬臂起重机、电动葫芦及单轨小车安装,以"台"为计量单位,按起重量以"t"分列定额子目。

一、电动双梁桥式起重机安装

工作内容:电动双梁桥式起重机安装,起重机电气安装、电气调试,脚手架搭拆工作,静、动、超负荷试运转。

计量单位:台

定额编号				1-1-1	1-1-2	1-1-3	1-1-4
项目				起重量(t 以内)			
				10	20/5	30/5	50/10
基价(元)				**12 088.84**	**14 699.92**	**17 029.01**	**21 489.55**
其中	人工费(元)			9 190.13	10 653.26	11 757.29	14 932.22
	材料费(元)			881.36	1 062.07	1 186.30	1 693.78
	机械费(元)			2 017.35	2 984.59	4 085.42	4 863.55
名称		单位	单价(元)	消耗量			
人工	二类人工	工日	135.00	68.075	78.913	87.091	110.609
材料	起重设备	台	—	(1.000)	(1.000)	(1.000)	(1.000)

工作内容:电动双梁桥式起重机安装,起重机电气安装、电气调试,脚手架搭拆工作,静、动、超负荷试运转。

计量单位:台

定额编号				1-1-5	1-1-6	1-1-7	1-1-8
项目				起重量(t 以内)			
				75/20	100/20	150/30	200/30
基价(元)				**30 337.21**	**39 395.00**	**58 968.58**	**72 110.75**
其中	人工费(元)			21 835.98	27 679.32	43 064.19	51 347.66
	材料费(元)			2 154.64	2 953.33	3 871.57	4 406.14
	机械费(元)			6 346.59	8 762.35	12 032.82	16 356.95
名称		单位	单价(元)	消耗量			
人工	二类人工	工日	135.00	161.748	205.032	318.994	380.353
材料	起重设备	台	—	(1.000)	(1.000)	(1.000)	(1.000)

工作内容:电动双梁桥式起重机安装,起重机电气安装、电气调试,脚手架搭拆工作,静、动、超负荷试运转。

计量单位:台

定额编号				1-1-9	1-1-10	1-1-11
项目				起重量(t 以内)		
				250/30	300/50	400/80
基价(元)				**89 995.78**	**101 829.30**	**126 924.82**
其中	人工费(元)			65 536.70	73 537.61	90 961.11
	材料费(元)			5 460.19	5 967.75	8 101.33
	机械费(元)			18 998.89	22 323.94	27 862.38
名称		单位	单价(元)	消耗量		
人工	二类人工	工日	135.00	485.457	544.723	673.786
材料	起重设备	台	—	(1.000)	(1.000)	(1.000)

二、吊钩抓斗电磁铁三用桥式起重机安装

工作内容:吊钩抓斗电磁铁三用桥式起重机安装,起重机电气安装、电气调试,脚手架搭拆工作,静、动、超负荷试运转。

计量单位:台

定额编号				1-1-12	1-1-13
项目				起重量(t以内)	
				10	20
基价(元)				**13 016.60**	**19 462.01**
其中	人工费(元)			10 129.86	13 966.16
	材料费(元)			1 041.80	1 338.41
	机械费(元)			1 844.94	4 157.44
名称		单位	单价(元)	消耗量	
人工	二类人工	工日	135.00	75.036	103.453
材料	起重设备	台	—	(1.000)	(1.000)

三、双小车吊钩桥式起重机安装

工作内容:双小车吊钩桥式起重机安装,起重机电气安装、电气调试,脚手架搭拆工作,静、动、超负荷试运转。

计量单位:台

定额编号				1-1-14	1-1-15	1-1-16	1-1-17
项目				起重量(t以内)			
				5+5	10+10	2×50/10	2×75/20
基价(元)				**12 577.76**	**14 437.27**	**33 906.62**	**36 911.90**
其中	人工费(元)			9 860.00	10 917.18	22 573.89	24 094.13
	材料费(元)			894.29	1 000.31	2 320.64	2 440.89
	机械费(元)			1 823.47	2 519.78	9 012.09	10 376.88
名称		单位	单价(元)	消耗量			
人工	二类人工	工日	135.00	73.037	80.868	167.214	178.475
材料	起重设备	台	—	(1.000)	(1.000)	(1.000)	(1.000)

工作内容:双小车吊钩桥式起重机安装,起重机电气安装、电气调试,脚手架搭拆工作,静、动、超负荷试运转。

计量单位:台

定额编号					1-1-18	1-1-19	1-1-20
项目					起重量(t以内)		
					2×100/20	2×125/25	2×150/25
基价(元)					**43 995.25**	**49 250.77**	**56 289.70**
其中	人工费(元)				29 940.44	33 518.21	39 921.53
	材料费(元)				3 108.21	3 525.36	3 831.37
	机械费(元)				10 946.60	12 207.20	12 536.80
名称		单位	单价(元)		消耗量		
人工	二类人工	工日	135.00		221.781	248.283	295.715
材料	起重设备	台	—		(1.000)	(1.000)	(1.000)

工作内容:双小车吊钩桥式起重机安装,起重机电气安装、电气调试,脚手架搭拆工作,静、动、超负荷试运转。

计量单位:台

定额编号					1-1-21	1-1-22	1-1-23
项目					起重量(t以内)		
					2×200/40	2×250/40	2×300/50
基价(元)					**65 921.83**	**82 412.50**	**97 162.81**
其中	人工费(元)				48 486.20	61 665.03	73 103.85
	材料费(元)				4 520.23	5 508.14	6 212.77
	机械费(元)				12 915.40	15 239.33	17 846.19
名称		单位	单价(元)		消耗量		
人工	二类人工	工日	135.00		359.157	456.778	541.510
材料	起重设备	台	—		(1.000)	(1.000)	(1.000)

四、加料及双钩挂梁桥式起重机安装

工作内容:加料及双钩挂梁桥式起重机安装,起重机电气安装、电气调试,脚手架搭拆工作,静、动、超负荷试运转。

计量单位:台

定额编号					1-1-24	1-1-25	1-1-26
项目					起重量(t以内)		
					5/20	5+5	20+20
基价(元)					**32 328.66**	**15 684.82**	**51 459.80**
其中	人工费(元)				22 310.64	12 396.92	35 439.26
	材料费(元)				2 307.36	1 047.26	3 683.48
	机械费(元)				7 710.66	2 240.64	12 337.06
名称		单位	单价(元)		消耗量		
人工	二类人工	工日	135.00		165.264	91.829	262.513
材料	起重设备	台	—		(1.000)	(1.000)	(1.000)

五、吊钩门式起重机安装

工作内容:吊钩门式起重机安装,起重机电气安装、电气调试,脚手架搭拆工作,静、动、超负荷试运转。 **计量单位:**台

定额编号					1-1-27	1-1-28	1-1-29
项目					起重量(t以内)		
					10	15/3	20/5
基价(元)					**21 728.28**	**25 667.99**	**30 942.72**
其中	人工费(元)				17 343.72	19 539.36	22 659.62
	材料费(元)				1 391.92	1 578.05	1 762.56
	机械费(元)				2 992.64	4 550.58	6 520.54
名称		单位	单价(元)		消耗量		
人工	二类人工	工日	135.00		128.472	144.736	167.849
材料	起重设备	台	—		(1.000)	(1.000)	(1.000)

六、梁式起重机安装

工作内容:梁式起重机安装,滑触线安装,电缆、管、线敷设,接线,脚手架搭拆工作,静、动、超负荷试运转。

计量单位:台

定额编号				1-1-30	1-1-31
项目				电动单梁起重机	电动单梁悬挂起重机
				起重量(t以内)	
				5	3
基价(元)				**3 200.26**	**2 567.19**
其中	人工费(元)			2 543.27	2 047.82
	材料费(元)			273.07	234.83
	机械费(元)			383.92	284.54
名称		单位	单价(元)	消耗量	
人工	二类人工	工日	135.00	18.839	15.169
材料	起重设备	台	—	(1.000)	(1.000)

七、壁行及悬臂起重机安装

工作内容:壁行及悬臂起重机安装,电气安装、电气调试,脚手架搭拆工作,静、动、超负荷试运转。　　**计量单位:**台

定额编号					1-1-32	1-1-33	1-1-34
项目					电动壁行悬挂式起重机	电动悬臂壁式起重机	电动悬臂立柱式起重机
					臂长 6m 以内,起重量(t 以内)		
					5		
基价(元)					**3 226.52**	**2 205.70**	**2 473.14**
其中	人工费(元)				2 716.34	1 739.34	1 985.18
	材料费(元)				215.27	153.29	170.02
	机械费(元)				294.91	313.07	317.94
名称		单位	单价(元)		消耗量		
人工	二类人工	工日	135.00		20.121	12.884	14.705
材料	起重设备	台	—		(1.000)	(1.000)	(1.000)

八、电动葫芦及单轨小车安装

工作内容:电动葫芦、单轨小车安装,电动葫芦电气安装,脚手架搭拆工作,静、动、超负荷试运转。　　**计量单位:**台

定额编号				1-1-35	1-1-36	1-1-37
项目				电动葫芦		单轨小车
				起重量(t 以内)		
				2	10	
基价(元)				**986.23**	**1 981.21**	**713.24**
其中	人工费(元)			640.44	1 491.35	482.22
	材料费(元)			50.35	85.59	47.26
	机械费(元)			295.44	404.27	183.76
名称		单位	单价(元)	消耗量		
人工	二类人工	工日	135.00	4.744	11.047	3.572
材料	起重设备	台	—	(1.000)	(1.000)	(1.000)

第二节 起重机轨道安装

说 明

一、本节定额包括钢梁上轨道安装、混凝土梁上轨道安装、电动壁行及悬臂起重机安装轨道、地平面上轨道安装、电动葫芦及单轨小车钢轨道安装、车挡制作与安装,共6个部分。

二、本节定额适用范围如下:

1. 起重机设备的轨道安装。

2. 地轨安装。

三、本节定额包括下列工作内容:

1. 测量、领料、下料、校直、钻孔。

2. 脚手架搭拆工作。

四、本节定额不包括吊车梁调整及轨道枕木干燥、加工、制作。

工程量计算规则

一、起重机轨道安装按单根轨道长度以“m”为计量单位。

二、车挡制作与安装以“t”为计量单位。

一、钢梁上轨道安装

工作内容:轨道测量、领料、下料、校直、钻孔,脚手架搭拆工作。　　　　计量单位:10m

定额编号				1-2-1	1-2-2	1-2-3	1-2-4	1-2-5
项目				焊接式	弯钩螺栓式	压板螺栓式		
				□60×60以内	50kg/m以内	43kg/m以内	QU70~80	QU100~120
基价(元)				**605.75**	**649.99**	**773.50**	**821.10**	**967.56**
其中	人工费(元)			437.13	500.04	545.00	584.96	686.88
	材料费(元)			38.77	23.52	62.66	65.84	81.38
	机械费(元)			129.85	126.43	165.84	170.30	199.30
名称		单位	单价(元)	消耗量				
人工	二类人工	工日	135.00	3.238	3.704	4.037	4.333	5.088
材料	钢轨	m	—	(10.800)	(10.800)	(10.800)	(10.800)	(10.800)

二、混凝土梁上轨道安装

工作内容:轨道测量、领料、下料、校直、钻孔,脚手架搭拆工作。　　　　计量单位:10m

定额编号				1-2-6
项目				焊接式
				□50×50以内
基价(元)				**877.33**
其中	人工费(元)			629.64
	材料费(元)			104.28
	机械费(元)			143.41
名称		单位	单价(元)	消耗量
人工	二类人工	工日	135.00	4.664
材料	钢轨	m	—	(10.800)

工作内容:轨道测量、领料、下料、校直、钻孔,脚手架搭拆工作。　　　　计量单位:10m

定额编号				1-2-7	1-2-8	1-2-9	1-2-10
项目				混凝土梁上安装轨道			
				24kg/m	38kg/m	43kg/m	50kg/m
基价(元)				**781.66**	**926.10**	**970.25**	**1 006.62**
其中	人工费(元)			598.59	720.90	756.00	785.43
	材料费(元)			69.49	75.77	81.55	83.55
	机械费(元)			113.58	129.43	132.70	137.64
名称		单位	单价(元)	消耗量			
人工	二类人工	工日	135.00	4.434	5.340	5.600	5.818
材料	钢轨	m	—	(10.800)	(10.800)	(10.800)	(10.800)

工作内容：轨道测量、领料、下料、校直、钻孔，脚手架搭拆工作。

计量单位：10m

定额编号					1-2-11	1-2-12
项目					混凝土梁上安装轨道	
					QU100	QU120
基价（元）					**1 121.24**	**1 200.27**
其中	人工费（元）				877.77	947.43
	材料费（元）				89.65	94.09
	机械费（元）				153.82	158.75
名称			单位	单价(元)	消耗量	
人工	二类人工		工日	135.00	6.502	7.018
材料	钢轨		m	—	(10.800)	(10.800)

三、电动壁行及悬臂起重机轨道安装

工作内容：轨道测量、领料、下料、校直、钻孔，脚手架搭拆工作。

计量单位：10m

定额编号				1-2-13	1-2-14	1-2-15
项目				电动壁行及悬臂起重机轨道安装		
				在上部钢梁上安装侧轨	在下部混凝土梁上安装平轨	在下部混凝土梁上安装侧轨
				□60×60 以内		
基价（元）				**787.57**	**945.27**	**947.97**
其中	人工费（元）			497.75	601.56	604.26
	材料费（元）			101.55	134.23	134.23
	机械费（元）			188.27	209.48	209.48
名称		单位	单价(元)	消耗量		
人工	二类人工	工日	135.00	3.687	4.456	4.476
材料	钢轨	m	—	(10.800)	(10.800)	(10.800)

四、地平面上轨道安装

工作内容：轨道测量、领料、下料、校直、钻孔。

计量单位：10m

定额编号				1-2-16	1-2-17
项目				预埋钢底板焊接式	预埋螺栓式
				43kg/m 以内	
基价（元）				**712.17**	**634.08**
其中	人工费（元）			571.59	535.82
	材料费（元）			23.76	3.85
	机械费（元）			116.82	94.41
名称		单位	单价(元)	消耗量	
人工	二类人工	工日	135.00	4.234	3.969
材料	钢轨	m	—	(10.800)	(10.800)

五、电动葫芦及单轨小车钢轨道安装

工作内容:轨道测量、领料、下料、校直、钻孔、组装、刷油,脚手架搭拆工作。 计量单位:10m

定额编号				1-2-18	1-2-19	1-2-20
项目				电动葫芦及单轨小车钢轨道安装		
				轨道型号(以内)		
				I 18	I 28	I 40
基价(元)				**620.17**	**798.42**	**1 057.56**
其中	人工费(元)			456.57	568.62	726.98
	材料费(元)			51.04	92.90	142.21
	机械费(元)			112.56	136.90	188.37
名称		单位	单价(元)	消耗量		
人工	二类人工	工日	135.00	3.382	4.212	5.385
材料	钢轨	m	—	(10.800)	(10.800)	(10.800)

工作内容:轨道测量、领料、下料、校直、钻孔、组装、刷油,脚手架搭拆工作。 计量单位:10m

定额编号				1-2-21	1-2-22	1-2-23
项目				电动葫芦及单轨小车钢轨道安装		
				轨道型号(以内)		
				I 50	I 56	I 63
基价(元)				**1 348.70**	**1 599.98**	**1 770.39**
其中	人工费(元)			913.95	1 076.90	1 202.58
	材料费(元)			191.52	225.21	243.37
	机械费(元)			243.23	297.87	324.44
名称		单位	单价(元)	消耗量		
人工	二类人工	工日	135.00	6.770	7.977	8.908
材料	钢轨	m	—	(10.800)	(10.800)	(10.800)

工作内容:轨道测量、领料、下料、校直、钻孔、组装、刷油,脚手架搭拆工作。 计量单位:10m

定额编号				1-2-24	1-2-25
项目				电动葫芦及单轨小车钢轨道安装	
				“8”字形轨道安装	
				单排	双排
基价(元)				**464.10**	**650.08**
其中	人工费(元)			351.54	522.32
	材料费(元)			19.91	32.78
	机械费(元)			92.65	94.98
名称		单位	单价(元)	消耗量	
人工	二类人工	工日	135.00	2.604	3.869
材料	钢轨	m	—	(10.800)	(10.800)

六、车挡制作、安装

工作内容：领料、下料、校直、钻孔、焊接、刷油、安装、调整，脚手架搭拆工作。　　**计量单位：**t

定额编号				1-2-26
项目				车挡制作、安装
				t(每组4个)
基价（元）				**3 012.26**
其中	人工费（元）			2 305.26
	材料费（元）			464.40
	机械费（元）			242.60
名称		单位	单价(元)	消耗量
人工	二类人工	工日	135.00	17.076
材料	钢材	t	—	(1.100)

第三节 风 机 安 装

说 明

一、本节定额包括离心式通(引)风机安装、轴流风机安装、回转式鼓风机安装、离心式鼓风机(带变速器)安装、离心式鼓风机(不带变速器)安装、隧道射流风机(带消声器)安装,共 6 个部分。

二、本节定额包括下列工作内容:

1. 设备本体、底座、电动机、联轴节及与本体联体的附件、管道、润滑、冷却装置等的清洗、刮研、组装、调试。

2. 联轴器或皮带、减振器及安全防护罩安装。

3. 电动机的检查接线。

三、本节定额不包括下列工作内容:

1. 风机底座、防护罩、键、减振器的制作。

2. 施工技术验收规范、技术规程规定或设计要求进行拆装检查的工作内容。

四、回转式鼓风机适用于罗茨式、叶氏式、螺杆式、划片式鼓风机;塑料风机及耐酸陶瓷风机执行离心式通(引)风机定额的相应子目。

工程量计算规则

风机安装以“台”为计量单位,设备重量以“t”分列定额子目。设备重量计算方法如下:

1. 直联式风机按风机本体及电动机、变速器和底座的总重量计算。

2. 非直联式风机按风机本体和底座的总重量计算,不包括电动机重量,但电动机的安装已包括在定额内。

一、离心式通(引)风机安装

工作内容:设备本体及与本体联体的附件、管道、润滑冷却装置等的清洗、刮研、组装、调试，垫铁、研磨，联轴器或皮带及安全防护罩安装，设备带有的减振器安装，二次灌浆，电动机检查接线。 **计量单位:**台

定额编号				1-3-1	1-3-2	1-3-3	1-3-4
项目				设备重量(t以内)			
				0.5	1.5	3	10
基价(元)				**611.20**	**1 348.25**	**2 370.19**	**5 421.95**
其中	人工费(元)			441.45	993.33	1 836.41	4 227.53
	材料费(元)			134.06	282.33	410.45	839.46
	机械费(元)			35.69	72.59	123.33	354.96
名称		单位	单价(元)	消耗量			
人工	二类人工	工日	135.00	3.270	7.358	13.603	31.315
材料	风机设备	台	—	(1.000)	(1.000)	(1.000)	(1.000)

工作内容:设备本体及与本体联体的附件、管道、润滑冷却装置等的清洗、刮研、组装、调试，垫铁、研磨，联轴器或皮带及安全防护罩安装，设备带有的减振器安装，二次灌浆，电动机检查接线。 **计量单位:**台

定额编号				1-3-5	1-3-6	1-3-7
项目				设备重量(t以内)		
				20	30	40
基价(元)				**8 722.49**	**10 656.16**	**11 869.37**
其中	人工费(元)			6 617.16	7 157.30	7 854.30
	材料费(元)			1 388.67	2 282.92	2 594.07
	机械费(元)			716.66	1 215.94	1 421.00
名称		单位	单价(元)	消耗量		
人工	二类人工	工日	135.00	49.016	53.017	58.180
材料	风机设备	台	—	(1.000)	(1.000)	(1.000)

二、轴流风机安装

工作内容:设备本体及与本体联体的附件、管道、润滑冷却装置等的清洗、刮研、组装、调试，垫铁、研磨，联轴器或皮带及安全防护罩安装，设备带有的减振器安装，二次灌浆，电动机检查接线。 **计量单位:**台

定额编号				1-3-8	1-3-9	1-3-10	1-3-11
项目				设备重量(t以内)			
				1	3	5	10
基价(元)				**624.07**	**1 608.31**	**3 292.82**	**5 699.47**
其中	人工费(元)			444.42	1 179.63	2 595.11	4 484.16
	材料费(元)			129.65	324.54	536.17	831.49
	机械费(元)			50.00	104.14	161.54	383.82
名称		单位	单价(元)	消耗量			
人工	二类人工	工日	135.00	3.292	8.738	19.223	33.216
材料	风机设备	台	—	(1.000)	(1.000)	(1.000)	(1.000)

工作内容:设备本体及与本体联体的附件、管道、润滑冷却装置等的清洗、刮研、组装、调试,垫铁、研磨,联轴器或皮带及安全防护罩安装,设备带有的减振器安装,二次灌浆,电动机检查接线。 **计量单位**:台

定额编号				1-3-12	1-3-13	1-3-14
项目				设备重量(t 以内)		
				20	40	70
基价(元)				**9 992.34**	**16 136.54**	**26 791.32**
其中	人工费(元)			7 138.26	10 656.77	15 754.10
	材料费(元)			1 368.35	2 288.80	3 721.83
	机械费(元)			1 485.73	3 190.97	7 315.39
	名称	单位	单价(元)	消耗量		
人工	二类人工	工日	135.00	52.876	78.939	116.697
材料	风机设备	台	—	(1.000)	(1.000)	(1.000)

三、回转式鼓风机安装

工作内容:设备本体及与本体联体的附件、管道、润滑冷却装置等的清洗、刮研、组装、调试,垫铁、研磨,联轴器或皮带及安全防护罩安装,设备带有的减振器安装,二次灌浆,电动机检查接线。 **计量单位**:台

定额编号				1-3-15	1-3-16	1-3-17	1-3-18
项目				设备重量(t 以内)			
				1	3	8	15
基价(元)				**1 245.00**	**2 091.34**	**4 215.76**	**7 347.95**
其中	人工费(元)			969.84	1 658.75	3 213.14	5 518.26
	材料费(元)			207.24	330.18	479.88	1 108.68
	机械费(元)			67.92	102.41	522.74	721.01
	名称	单位	单价(元)	消耗量			
人工	二类人工	工日	135.00	7.184	12.287	23.801	40.876
材料	风机设备	台	—	(1.000)	(1.000)	(1.000)	(1.000)

四、离心式鼓风机(带变速器)安装

工作内容:设备本体及与本体联体的附件、管道、润滑冷却装置等的清洗、刮研、组装、调试,垫铁、研磨,联轴器或皮带及安全防护罩安装,设备带有的减振器安装,二次灌浆,电动机检查接线。 **计量单位**:台

定额编号				1-3-19	1-3-20	1-3-21
项目				设备重量(t 以内)		
				5	10	25
基价(元)				**6 245.86**	**9 958.71**	**18 626.95**
其中	人工费(元)			5 133.38	8 152.65	14 736.47
	材料费(元)			586.42	1 042.91	2 485.53
	机械费(元)			526.06	763.15	1 404.95
	名称	单位	单价(元)	消耗量		
人工	二类人工	工日	135.00	38.025	60.390	109.159
材料	风机设备	台	—	(1.000)	(1.000)	(1.000)

五、离心式鼓风机(不带变速器)安装

工作内容:设备本体及与本体联体的附件、管道、润滑冷却装置等的清洗、刮研、组装、调试,垫铁、研磨,联轴器或皮带及安全防护罩安装,设备带有的减振器安装,二次灌浆,电动机检查接线。　**计量单位:**台

定额编号				1-3-22	1-3-23	1-3-24	1-3-25
项目				设备重量(t以内)			
				1	3	5	10
基价(元)				**1 520.85**	**2 535.55**	**5 588.14**	**8 921.70**
其中	人工费(元)			1 270.35	2 149.20	4 802.22	7 454.70
	材料费(元)			168.83	284.31	602.94	938.33
	机械费(元)			81.67	102.04	182.98	528.67
名称		单位	单价(元)	消耗量			
人工	二类人工	工日	135.00	9.410	15.920	35.572	55.220
材料	风机设备	台	—	(1.000)	(1.000)	(1.000)	(1.000)

工作内容:设备本体及与本体联体的附件、管道、润滑冷却装置等的清洗、刮研、组装、调试,垫铁、研磨,联轴器或皮带及安全防护罩安装,设备带有的减振器安装,二次灌浆,电动机检查接线。　**计量单位:**台

定额编号				1-3-26	1-3-27	1-3-28
项目				设备重量(t以内)		
				30	60	120
基价(元)				**19 605.87**	**29 515.48**	**60 231.72**
其中	人工费(元)			14 517.09	20 671.47	38 307.20
	材料费(元)			3 302.77	4 619.01	5 898.25
	机械费(元)			1 786.01	4 225.00	16 026.27
名称		单位	单价(元)	消耗量		
人工	二类人工	工日	135.00	107.534	153.122	283.757
材料	风机设备	台	—	(1.000)	(1.000)	(1.000)

六、隧道射流风机(带消声器)安装

工作内容:设备本体及与本体联体的消声器装置等的清洗、刮研、吊装找正、调试,设备带有的减振器安装,电动机检查接线。

计量单位:台

定额编号				1-3-29	1-3-30	1-3-31
项目				叶轮直径(mm 以内)		
				800	1 000	1 800
基价(元)				**1 058.16**	**1 369.47**	**2 170.03**
其中	人工费(元)			704.84	974.84	1 504.85
	材料费(元)			316.23	357.54	598.86
	机械费(元)			37.09	37.09	66.32
名称		单位	单价(元)	消耗量		
人工	二类人工	工日	135.00	5.221	7.221	11.147
材料	风机设备	台	—	(1.000)	(1.000)	(1.000)
	消声器	个	—	(2.000)	(2.000)	(2.000)

第四节　泵　安　装

说　　明

一、本节定额包括单级离心泵及离心式耐腐蚀泵安装、多级离心泵安装、离心式深水泵安装、旋涡泵安装、电动往复泵安装、蒸汽往复泵安装、计量泵安装、螺杆泵及齿轮油泵安装、潜水排污泵安装，共9个部分。

二、本节定额包括下列工作内容：

1. 设备本体及与本体联体的附件、管道、滤网、润滑冷却装置等的清洗、组装。

2. 离心式深井泵的泵体吸水管、滤水网安装及扬水管与平面的垂直度测量。

3. 联轴器或皮带、减振器安装。

4. 地脚螺栓孔灌浆，设备底座与基础间灌浆。

5. 设备本体单机试运转。

6. 电动机的检查接线。

三、本节定额不包括下列工作内容：

1. 底座、联轴器、键的制作。

2. 试运转时所需排水的附加工程（如修筑水沟、接排水管等）。

3. 施工技术验收规范、技术规程规定或设计要求进行拆装检查的工作内容。

工程量计算规则

一、泵安装以“台”为计量单位，按设备重量以“t”分列定额子目。

二、设备重量计算方法如下：

1. 直联式泵按泵本体、电动机和底座的总重量计算。

2. 非直联式按泵本体及底座的总重量计算，不包括电动机重量，但包括电动机安装。

3. 离心式深水泵按泵本体、电动机、底座及吸水管的总重量计算。

一、单级离心泵及离心式耐腐蚀泵安装

工作内容:泵安装,电动机检查接线,单机试运转,减振器安装。 **计量单位**:台

定额编号					1-4-1	1-4-2	1-4-3	1-4-4
项目					设备重量(t以内)			
					1	5	17	30
基价(元)					**763.05**	**2 212.29**	**5 774.21**	**10 293.54**
其中	人工费(元)				565.79	1 597.59	3 470.04	5 410.94
	材料费(元)				145.36	303.95	1 048.23	1 538.02
	机械费(元)				51.90	310.75	1 255.94	3 344.58
名称		单位	单价(元)		消耗量			
人工	二类人工	工日	135.00		4.191	11.834	25.704	40.081
材料	泵类设备	台	—		(1.000)	(1.000)	(1.000)	(1.000)
	减振器	个	—		(4.000)	(4.000)	(4.000)	(4.000)

二、多级离心泵安装

工作内容:泵安装,电动机检查接线,单机试运转,减振器安装。 **计量单位**:台

定额编号					1-4-5	1-4-6	1-4-7	1-4-8
项目					设备重量(t以内)			
					1	5	15	25
基价(元)					**808.52**	**2 559.56**	**7 056.90**	**12 586.94**
其中	人工费(元)				603.86	1 829.52	4 790.34	7 715.25
	材料费(元)				148.09	353.77	1 165.35	1 661.37
	机械费(元)				56.57	376.27	1 101.21	3 210.32
名称		单位	单价(元)		消耗量			
人工	二类人工	工日	135.00		4.473	13.552	35.484	57.150
材料	泵类设备	台	—		(1.000)	(1.000)	(1.000)	(1.000)
	减振器	个	—		(4.000)	(4.000)	(4.000)	(4.000)

三、离心式深水泵安装

工作内容:泵安装,电动机检查接线,单机试运转。 **计量单位:**台

定额编号				1-4-9	1-4-10	1-4-11
项目				设备重量(t 以内)		
				1	4	8
基价(元)				**2 193.99**	**3 244.04**	**5 120.99**
其中	人工费(元)			1 875.02	2 638.31	4 200.26
	材料费(元)			162.10	285.39	472.74
	机械费(元)			156.87	320.34	447.99
名称		单位	单价(元)	消耗量		
人工	二类人工	工日	135.00	13.889	19.543	31.113
材料	泵类设备	台	—	(1.000)	(1.000)	(1.000)

四、旋涡泵安装

工作内容:泵安装,电动机检查接线,单机试运转,减振器安装。 **计量单位:**台

定额编号				1-4-12	1-4-13	1-4-14
项目				设备重量(t 以内)		
				0.5	2	5
基价(元)				**730.51**	**1 443.70**	**2 715.54**
其中	人工费(元)			561.87	1 060.16	1 695.47
	材料费(元)			131.05	218.26	543.74
	机械费(元)			37.59	165.28	476.33
名称		单位	单价(元)	消耗量		
人工	二类人工	工日	135.00	4.162	7.853	12.559
材料	泵类设备	台	—	(1.000)	(1.000)	(1.000)
	减振器	个	—	(4.000)	(4.000)	(4.000)

五、电动往复泵安装

工作内容:泵安装,电动机检查接线,单机试运转,减振器安装。　　计量单位:台

定额编号				1-4-15	1-4-16	1-4-17
项目				设备重量(t 以内)		
				1	5	7
基价(元)				**1 455.26**	**3 413.08**	**5 823.96**
其中	人工费(元)			1 198.80	2 722.14	4 631.31
	材料费(元)			161.61	341.16	611.08
	机械费(元)			94.85	349.78	581.57
名称		单位	单价(元)	消耗量		
人工	二类人工	工日	135.00	8.880	20.164	34.306
材料	泵类设备	台	—	(1.000)	(1.000)	(1.000)
	减振器	个	—	(4.000)	(4.000)	(4.000)

六、蒸汽往复泵安装

工作内容:泵安装,电动机检查接线,单机试运转,减振器安装。　　计量单位:台

定额编号				1-4-18	1-4-19	1-4-20
项目				设备重量(t 以内)		
				1	5	10
基价(元)				**1 238.48**	**2 587.66**	**5 802.51**
其中	人工费(元)			1 007.10	1 907.82	4 207.55
	材料费(元)			176.62	352.97	910.72
	机械费(元)			54.76	326.87	684.24
名称		单位	单价(元)	消耗量		
人工	二类人工	工日	135.00	7.460	14.132	31.167
材料	泵类设备	台	—	(1.000)	(1.000)	(1.000)
	减振器	个	—	(4.000)	(4.000)	(4.000)

工作内容:泵安装,电动机检查接线,单机试运转,减振器安装。　　计量单位:台

定额编号				1-4-21	1-4-22
项目				设备重量(t 以内)	
				20	30
基价(元)				**10 775.76**	**16 465.98**
其中	人工费(元)			7 656.53	11 578.01
	材料费(元)			1 277.91	2 186.42
	机械费(元)			1 841.32	2 701.55
名称		单位	单价(元)	消耗量	
人工	二类人工	工日	135.00	56.715	85.763
材料	泵类设备	台	—	(1.000)	(1.000)
	减振器	个	—	(4.000)	(4.000)

七、计量泵安装

工作内容：泵安装，电动机检查接线，单机试运转，减振器安装。　　**计量单位：**台

定额编号				1-4-23	1-4-24
项目				设备重量(t 以内)	
				0.4	1
基价（元）				**778.53**	**1 366.86**
其中	人工费（元）			611.69	1 138.05
	材料费（元）			126.48	170.48
	机械费（元）			40.36	58.33
名称		单位	单价(元)	消耗量	
人工	二类人工	工日	135.00	4.531	8.430
材料	泵类设备	台	—	(1.000)	(1.000)
	减振器	个	—	(4.000)	(4.000)

八、螺杆泵及齿轮油泵安装

工作内容：泵安装，电动机检查接线，单机试运转，减振器安装。　　**计量单位：**台

定额编号				1-4-25	1-4-26	1-4-27	1-4-28
项目				螺杆泵			齿轮油泵
				设备重量(t 以内)			
				1	5	10	1
基价（元）				**1 326.81**	**3 544.51**	**7 341.82**	**741.78**
其中	人工费（元）			1 091.75	2 871.99	5 835.51	447.80
	材料费（元）			171.46	355.23	822.07	251.63
	机械费（元）			63.60	317.29	684.24	42.35
名称		单位	单价(元)	消耗量			
人工	二类人工	工日	135.00	8.087	21.274	43.226	3.317
材料	泵类设备	台	—	(1.000)	(1.000)	(1.000)	(1.000)
	减振器	个	—	(4.000)	(4.000)	(4.000)	(4.000)

九、潜水排污泵安装

工作内容:泵安装,电动机检查接线,单机试运转。 **计量单位**:台

定额编号				1-4-29	1-4-30
项目				固定自耦式	移动式
				设备重量(t 以内)	
				0.5	
基价(元)				**155.29**	**87.23**
其中	人工费(元)			108.14	48.87
	材料费(元)			31.93	24.64
	机械费(元)			15.22	13.72
名称		单位	单价(元)	消耗量	
人工	二类人工	工日	135.00	0.801	0.362
材料	泵类设备	台	—	(1.000)	(1.000)

第五节　压缩机安装

说　明

一、本节定额包括活塞式 L 型及 Z 型 2 列压缩机安装，活塞式 Z 型 3 列压缩机安装，活塞式 V、W、S 型压缩机安装，活塞式 V、W、S 型制冷压缩机安装，回转式螺杆压缩机安装，离心式压缩机整体安装，离心式压缩机安装，活塞式 2D(2M)型对称平衡压缩机安装，活塞式 4D(4M)型对称平衡压缩机安装，活塞式 H 型中间直联同步压缩机解体安装，共 10 个部分。

二、本节定额包括下列工作内容：

1. 与主机本体联体的冷却系统、润滑系统以及支架、防护罩等零件附件的整体安装。

2. 与主机在同一底座上的电动机整体安装。

3. 空负荷试车。

4. 电动机的检查接线。

三、本节定额不包括下列工作内容：

1. 与主机本体联体的各级出入口第一个阀门外的各种管道、空气干燥设备及净化设备、油水分离设备、废油回收设备、自控系统及仪表系统安装以及支架、沟槽、防护罩等制作、加工。

2. 介质的充灌。

3. 主机本体循环用油(按设备带有考虑)。

4. 施工技术验收规范、技术规程规定或设计要求进行拆装检查的工作内容。

5. 负荷试车及联动试车。

四、本节原动机是按电动机驱动考虑，如为汽轮机驱动则相应定额人工乘以系数 1.14。

工程量计算规则

一、压缩机以“台”为计算单位，按设备重量以“t”分列定额子目。

二、整体安装压缩机的设备重量，按同一底座上的压缩机本体、电动机、仪表盘及附件、底座等总重量计算。

三、解体安装压缩机按压缩机本体、附件、底座及随本体到货附属设备的总重量计算，不包括电动机、汽轮机及其他动力机械的重量，但包括电动机安装。汽轮机及其他动力机械的安装按相应项目另行计算。

四、DMH 型对称平衡式压缩机[包括活塞式 2D(2M)型对称平衡式压缩机、活塞式 4D(4M)型对称平衡式压缩机、活塞式 H 型中间直联同步压缩机]的重量，按压缩机本体、随本体到货的附属设备的总重量计算，不包括附属设备的安装，附属设备的安装按相应项目另行计算。

一、活塞式 L 型及 Z 型 2 列压缩机整体安装

工作内容:压缩机组安装,电机检查接线,空负荷试车。　　计量单位:台

定　额　编　号				1-5-1	1-5-2	1-5-3	1-5-4
项　　　目				机组重量(t 以内)			
				3	8	15	20
基　价　(元)				**2 800.10**	**5 242.09**	**9 406.00**	**15 236.72**
其中	人　工　费　(元)			2 038.50	3 810.11	6 873.93	10 615.73
	材　料　费　(元)			409.81	825.08	1 347.93	2 167.36
	机　械　费　(元)			351.79	606.90	1 184.14	2 453.63
名　称		单位	单价(元)	消　耗　量			
人工	二类人工	工日	135.00	15.100	28.223	50.918	78.635
材料	压缩机设备	台	—	(1.000)	(1.000)	(1.000)	(1.000)

工作内容:压缩机组安装,电机检查接线,空负荷试车。　　计量单位:台

定　额　编　号				1-5-5	1-5-6	1-5-7
项　　　目				机组重量(t 以内)		
				30	40	50
基　价　(元)				**20 762.92**	**29 036.83**	**34 438.78**
其中	人　工　费　(元)			14 245.47	19 972.31	23 080.55
	材　料　费　(元)			3 019.85	3 642.29	4 217.23
	机　械　费　(元)			3 497.60	5 422.23	7 141.00
名　称		单位	单价(元)	消　耗　量		
人工	二类人工	工日	135.00	105.522	147.943	170.967
材料	压缩机设备	台	—	(1.000)	(1.000)	(1.000)

二、活塞式 Z 型 3 列压缩机整体安装

工作内容:压缩机安装,电机检查接线,空负荷试车。　　计量单位:台

定　额　编　号				1-5-8	1-5-9	1-5-10
项　　　目				机组重量(t 以内)		
				3	8	15
基　价　(元)				**4 928.76**	**8 017.49**	**12 921.63**
其中	人　工　费　(元)			3 903.66	5 947.56	8 994.78
	材　料　费　(元)			581.24	1 372.83	2 471.50
	机　械　费　(元)			443.86	697.10	1 455.35
名　称		单位	单价(元)	消　耗　量		
人工	二类人工	工日	135.00	28.916	44.056	66.628
材料	压缩机设备	台	—	(1.000)	(1.000)	(1.000)

三、活塞式 V、W、S 型压缩机整体安装

工作内容:压缩机组安装,电机检查接线,空负荷试车。 **计量单位**:台

定额编号				1-5-11	1-5-12	1-5-13	1-5-14
机组型式				V 型		W 型	S 型
气缸数量(个)				2	4	6	8
基价(元)				**1 259.51**	**1 506.09**	**1 845.01**	**2 143.82**
其中	人工费(元)			605.48	746.28	952.29	1 152.90
	材料费(元)			387.76	474.58	599.42	693.89
	机械费(元)			266.27	285.23	293.30	297.03
名称		单位	单价(元)	消耗量			
人工	二类人工	工日	135.00	4.485	5.528	7.054	8.540
材料	压缩机设备	台	—	(1.000)	(1.000)	(1.000)	(1.000)

四、活塞式 V、W、S 型制冷压缩机整体安装

工作内容:压缩机组安装,电机检查接线,空负荷试车。 **计量单位**:台

定额编号				1-5-15	1-5-16	1-5-17	1-5-18
机组型式				V 型		W 型	S 型
气缸数量(个)				2	4	6	8
基价(元)				**3 885.96**	**4 671.12**	**5 673.89**	**6 638.81**
其中	人工费(元)			2 656.53	3 355.83	3 987.09	4 544.78
	材料费(元)			824.36	887.34	1 137.25	1 501.18
	机械费(元)			405.07	427.95	549.55	592.85
名称		单位	单价(元)	消耗量			
人工	二类人工	工日	135.00	19.678	24.858	29.534	33.665
材料	压缩机设备	台	—	(1.000)	(1.000)	(1.000)	(1.000)

五、回转式螺杆压缩机整体安装

工作内容:压缩机安装,电机检查接线,空负荷试车。 **计量单位:**台

定额编号				1-5-19	1-5-20
项目				机组重量(t 以内)	
				3	8
基价(元)				**2 930.40**	**5 268.93**
其中	人工费(元)			1 929.15	3 629.88
	材料费(元)			499.31	844.40
	机械费(元)			501.94	794.65
	名称	单位	单价(元)	消耗量	
人工	二类人工	工日	135.00	14.290	26.888
材料	压缩机设备	台	—	(1.000)	(1.000)

工作内容:压缩机安装,电机检查接线,空负荷试车。 **计量单位:**台

定额编号				1-5-21	1-5-22
项目				机组重量(t 以内)	
				15	20
基价(元)				**8 973.83**	**14 141.30**
其中	人工费(元)			5 974.56	9 454.32
	材料费(元)			1 654.13	1 976.81
	机械费(元)			1 345.14	2 710.17
	名称	单位	单价(元)	消耗量	
人工	二类人工	工日	135.00	44.256	70.032
材料	压缩机设备	台	—	(1.000)	(1.000)

六、离心式压缩机整体安装

工作内容:压缩机安装,电机检查接线,空负荷试车。 **计量单位:**台

定额编号				1-5-23	1-5-24	1-5-25	1-5-26
项目				机组重量(t 以内)			
				10	30	50	100
基价(元)				**8 701.34**	**26 037.39**	**42 111.30**	**61 736.99**
其中	人工费(元)			6 127.25	17 370.86	27 408.92	41 757.12
	材料费(元)			1 849.73	5 213.00	9 127.34	13 235.81
	机械费(元)			724.36	3 453.53	5 575.04	6 744.06
	名称	单位	单价(元)	消耗量			
人工	二类人工	工日	135.00	45.387	128.673	203.029	309.312
材料	压缩机设备	台	—	(1.000)	(1.000)	(1.000)	(1.000)

七、离心式压缩机解体安装

工作内容：压缩机无垫铁解体安装，电机检查接线，空负荷试车。　　计量单位：台

定额编号				1-5-27	1-5-28	1-5-29	1-5-30
项目				机组重量(t 以内)			
				10	30	70	165
基价（元）				12 996.93	28 951.01	56 389.74	99 951.29
其中	人工费（元）			11 173.28	24 139.76	45 693.18	73 649.39
	材料费（元）			1 440.53	2 918.55	5 553.39	11 819.81
	机械费（元）			383.12	1 892.70	5 143.17	14 482.09
名称		单位	单价(元)	消耗量			
人工	二类人工	工日	135.00	82.765	178.813	338.468	545.551
材料	压缩机设备	台	—	(1.000)	(1.000)	(1.000)	(1.000)

八、活塞式2D(2M)型对称平衡式压缩机解体安装

工作内容：压缩机解体安装，电机检查接线，空负荷试车。　　计量单位：台

定额编号				1-5-31	1-5-32	1-5-33
项目				机组重量(t 以内)		
				5	15	30
基价（元）				9 422.79	16 067.31	27 217.85
其中	人工费（元）			5 638.28	11 254.95	18 188.96
	材料费（元）			2 381.52	2 940.07	5 318.32
	机械费（元）			1 402.99	1 872.29	3 710.57
名称		单位	单价(元)	消耗量		
人工	二类人工	工日	135.00	41.765	83.370	134.733
材料	压缩机设备	台	—	(1.000)	(1.000)	(1.000)

九、活塞式 4D(4M)型对称平衡式压缩机解体安装

工作内容:压缩机解体安装,电机检查接线,空负荷试车。 **计量单位:**台

定额编号				1-5-34	1-5-35	1-5-36	1-5-37
项目				机组重量(t 以内)			
				20	30	40	50
基价(元)				**36 027.87**	**39 982.52**	**45 543.51**	**55 918.80**
其中	人工费(元)			27 671.63	29 590.79	30 620.16	39 440.52
	材料费(元)			4 928.90	6 502.67	7 974.86	8 502.53
	机械费(元)			3 427.34	3 889.06	6 948.49	7 975.75
名称		单位	单价(元)	消耗量			
人工	二类人工	工日	135.00	204.975	219.191	226.816	292.152
材料	压缩机设备	台	—	(1.000)	(1.000)	(1.000)	(1.000)

工作内容:压缩机解体安装,电机检查接线,空负荷试车。 **计量单位:**台

定额编号				1-5-38	1-5-39	1-5-40
项目				机组重量(t 以内)		
				80	120	150
基价(元)				**71 556.04**	**85 950.78**	**104 694.00**
其中	人工费(元)			51 364.13	63 783.72	73 016.24
	材料费(元)			10 789.34	12 232.48	19 300.45
	机械费(元)			9 402.57	9 934.58	12 377.31
名称		单位	单价(元)	消耗量		
人工	二类人工	工日	135.00	380.475	472.472	540.861
材料	压缩机设备	台	—	(1.000)	(1.000)	(1.000)

十、活塞式 H 型中间直联同步压缩机解体安装

工作内容:压缩机解体安装,电机检查接线,空负荷试车。 **计量单位:**台

定额编号				1-5-41	1-5-42	1-5-43
项目				机组重量(t 以内)		
				20	40	60
基价(元)				**33 950.67**	**42 410.31**	**58 637.89**
其中	人工费(元)			26 852.45	33 482.16	40 523.36
	材料费(元)			3 815.01	5 273.74	9 879.63
	机械费(元)			3 283.21	3 654.41	8 234.90
名称		单位	单价(元)	消耗量		
人工	二类人工	工日	135.00	198.907	248.016	300.173
材料	压缩机设备	台	—	(1.000)	(1.000)	(1.000)

工作内容：压缩机解体安装，电机检查接线，空负荷试车。　　　　**计量单位**：台

定额编号				1-5-44	1-5-45	1-5-46
项目				机组重量(t以内)		
				80	120	160
基价（元）				**70 848.15**	**87 247.53**	**99 263.26**
其中	人工费（元）			52 007.00	65 068.65	74 488.68
	材料费（元）			13 306.12	16 337.42	18 776.01
	机械费（元）			5 535.03	5 841.46	5 998.57
名称		单位	单价(元)	消耗量		
人工	二类人工	工日	135.00	385.237	481.990	551.768
材料	压缩机设备	台	—	(1.000)	(1.000)	(1.000)

第六节　制冷设备安装

说　　明

一、本节定额包括冷水机组安装、热泵机组安装、双工况制冷机组安装、溴化锂吸收式制冷机安装、制冰设备安装、冷风机安装、玻璃钢冷却塔安装,共 7 个部分。

二、本节定额包括下列工作内容:

1. 设备整体及解体安装、单机试运转。

2. 设备带有的电动机、附件、零件等安装。

3. 制冷机械附属设备整体安装,随设备带有的与设备联体固定的配件(放油阀、放水阀、安全阀、压力表、水位表等)安装。

4. 解体安装的制冷容器单体气密试验(包括装拆空气压缩本体及联接试验用的管道、装拆盲板、通气、检查、放气等)与排污。

5. 电动机检查接线。

三、本节定额不包括下列工作内容:

1. 与设备本体非同一底座的各种设备、启动装置、仪表盘、柜等安装、调试。

2. 非设备带有的支架、沟槽、防护罩等制作安装。

3. 设备保温及油漆。

4. 加制冷剂。

5. 减振垫或减振器安装。

工程量计算规则

一、螺杆式冷水机组、离心式冷水机组、热泵机组安装以“台”为计量单位,按制冷量“kW”选用定额子目。

二、活塞式冷水机组、溴化锂吸收式制冷机、双工况制冷机组安装以“台”为计量单位,按设备重量“t”或制冷量“kW”选用定额子目。

三、制冰设备安装以“台”为计量单位,按设备类别、名称、型号及重量“t”选用定额子目。

四、冷风机安装以“台”为计量单位,按设备安装方式及重量“t”选用定额子目。

五、玻璃钢冷却塔以“台”为计量单位,按设备处理水量“m^3/h”选用定额子目。

六、制冷机组、制冰设备和冷风机的设备重量按同一底座上的主机、电动机、附属设备及底座的总重量计算。

七、各制冷设备的制冷量单位换算公式如下：

1kcal（大卡）=1.163W（瓦）

1US. RT（美国冷吨）=3 516.91W（瓦）

1Hp（匹）=735.5W（瓦）

一、冷水机组安装

工作内容:设备整体、解体安装,设备带有的电动机、附件、地脚螺栓及灌浆等安装、单机试运转,电机检查接线。

计量单位:台

定额编号					1-6-1	1-6-2	1-6-3	1-6-4	1-6-5
项目					活塞式				
					设备重量(t 以内)				
					1	2	3	5	10
基价(元)					**783.12**	**1 321.00**	**1 905.09**	**2 901.55**	**4 889.94**
其中	人工费(元)				715.23	1 240.92	1 780.52	2 723.63	4 391.69
	材料费(元)				38.14	44.99	68.92	91.57	116.92
	机械费(元)				29.75	35.09	55.65	86.35	381.33
名称		单位	单价(元)		消耗量				
人工	二类人工	工日	135.00		5.298	9.192	13.189	20.175	32.531
材料	制冷设备	台	—		(1.000)	(1.000)	(1.000)	(1.000)	(1.000)

工作内容:设备整体、解体安装,设备带有的电动机、附件、地脚螺栓及灌浆等安装、单机试运转,电机检查接线。

计量单位:台

定额编号				1-6-6	1-6-7	1-6-8
项目				螺杆式、离心式		
				制冷量(kW 以内)		
				600	1 200	3 000
基价(元)				**1 964.84**	**3 343.03**	**5 677.81**
其中	人工费(元)			1 765.94	2 915.06	4 716.90
	材料费(元)			155.29	205.88	370.02
	机械费(元)			43.61	222.09	590.89
名称		单位	单价(元)	消耗量		
人工	二类人工	工日	135.00	13.081	21.593	34.940
材料	制冷设备	台	—	(1.000)	(1.000)	(1.000)

二、热泵机组安装

工作内容：设备整体、解体安装，设备带有的电动机、附件、地脚螺栓及灌浆等安装、单机试运转，电机检查接线。

计量单位：台

定额编号				1-6-9	1-6-10	1-6-11	1-6-12
项目				制冷量(kW 以内)			
				35	180	350	700
基价(元)				**462.74**	**692.65**	**1 292.71**	**2 289.83**
其中	人工费(元)			419.45	595.35	989.82	1 794.42
	材料费(元)			37.26	71.87	99.09	127.93
	机械费(元)			6.03	25.43	203.80	367.48
名称		单位	单价(元)	消耗量			
人工	二类人工	工日	135.00	3.107	4.410	7.332	13.292
材料	制冷设备	台	—	(1.000)	(1.000)	(1.000)	(1.000)

三、双工况制冷机组安装

工作内容：设备整体、解体安装，设备带有的电动机、附件、地脚螺栓及灌浆等安装、单机试运转，电机检查接线。

计量单位：台

定额编号				1-6-13	1-6-14	1-6-15
项目				设备重量(t 以内)/制冷量(kW 以内)		
				2/100	5/400	10/800
基价(元)				**1 427.42**	**2 552.74**	**4 797.88**
其中	人工费(元)			1 309.64	2 367.50	4 282.61
	材料费(元)			80.84	103.71	119.45
	机械费(元)			36.94	81.53	395.82
名称		单位	单价(元)	消耗量		
人工	二类人工	工日	135.00	9.701	17.537	31.723
材料	制冷机组	台	—	(1.000)	(1.000)	(1.000)

四、溴化锂吸收式制冷机安装

工作内容:设备整体、解体安装,设备带有的电动机、附件、地脚螺栓及灌浆等安装、单机试运转,电机检查接线。

计量单位:台

定额编号				1-6-16	1-6-17	1-6-18	1-6-19
项目				设备重量(t 以内)/制冷量(kW 以内)			
				5/450	10/1 100	20/3 000	30/8 000
基价(元)				**3 279.17**	**5 450.92**	**9 301.06**	**13 355.68**
其中	人工费(元)			2 271.92	3 644.33	6 120.90	8 097.71
	材料费(元)			680.41	922.60	1 284.78	1 859.46
	机械费(元)			326.84	883.99	1 895.38	3 398.51
名称		单位	单价(元)	消耗量			
人工	二类人工	工日	135.00	16.829	26.995	45.340	59.983
材料	制冷机组	台	—	(1.000)	(1.000)	(1.000)	(1.000)

五、制冰设备安装

工作内容:设备整体、解体安装,设备带有的电动机、附件、地脚螺栓及灌浆等安装、单机试运转,电机检查接线。

计量单位:台

定额编号				1-6-20	1-6-21	1-6-22	1-6-23
项目				快速制冰设备 AJP 15/24	盐水制冰设备		
					倒冰架		加水器
				设备重量(t 以内)			
				6.5	0.5	1	
基价(元)				**10 281.64**	**737.82**	**885.76**	**1 014.37**
其中	人工费(元)			8 780.40	498.15	635.31	774.23
	材料费(元)			618.97	141.25	152.03	151.06
	机械费(元)			882.27	98.42	98.42	89.08
名称		单位	单价(元)	消耗量			
人工	二类人工	工日	135.00	65.040	3.690	4.706	5.735
材料	制冰设备	台	—	(1.000)	(1.000)	(1.000)	(1.000)

工作内容：设备整体、解体安装，设备带附件、地脚螺栓及灌浆等安装。　**计量单位**：台

定额编号				1-6-24	1-6-25	1-6-26	1-6-27
项目				盐水制冰设备			
				冰桶	单层制冰池盖	双层制冰池盖	冰池盖
				设备重量(t 以内)			包镀锌铁皮
				0.05	0.03		
基价（元）				**31.01**	**167.01**	**175.35**	**179.67**
其中	人工费（元）			16.07	28.49	35.10	98.01
	材料费（元）			14.94	138.52	140.25	81.66
	机械费（元）			—	—	—	—
名称		单位	单价(元)	消耗量			
人工	二类人工	工日	135.00	0.119	0.211	0.260	0.726
材料	制冷设备	台	—	(1.000)	(1.000)	(1.000)	(1.000)

工作内容：设备整体、解体安装，设备带有的电动机、附件、零件等安装、单机试运转，电机检查接线。　**计量单位**：台

定额编号				1-6-28	1-6-29	1-6-30
项目				盐水制冰设备 盐水搅拌器		
				设备重量(t 以内)		
				0.1	0.2	0.3
基价（元）				**313.09**	**381.85**	**490.53**
其中	人工费（元）			183.74	229.50	321.03
	材料费（元）			88.99	97.68	100.51
	机械费（元）			40.36	54.67	68.99
名称		单位	单价(元)	消耗量		
人工	二类人工	工日	135.00	1.361	1.700	2.378
材料	制冷设备	台	—	(1.000)	(1.000)	(1.000)

六、冷风机安装

工作内容：设备整体、解体安装，设备带有的电动机、附件、零件等安装、单机试运转，电机检查接线。　**计量单位**：台

定额编号				1-6-31	1-6-32	1-6-33
项目				落地式		
				设备重量(t 以内)		
				2	3.5	5.5
基价（元）				**1 147.92**	**1 878.07**	**2 383.02**
其中	人工费（元）			882.09	1 409.94	1 650.24
	材料费（元）			159.62	254.88	322.55
	机械费（元）			106.21	213.25	410.23
名称		单位	单价(元)	消耗量		
人工	二类人工	工日	135.00	6.534	10.444	12.224
材料	冷风机	台	—	(1.000)	(1.000)	(1.000)

工作内容:设备整体、解体安装,设备带有的电动机、附件、零件等安装、单机试运转,电机检查接线。 **计量单位**:台

定额编号				1-6-34	1-6-35
项目				吊顶式	
				设备重量(t 以内)	
				1	2
基价(元)				**1 288.84**	**1 755.44**
其中	人工费(元)			999.68	1 387.40
	材料费(元)			106.63	112.88
	机械费(元)			182.53	255.16
名称		单位	单价(元)	消耗量	
人工	二类人工	工日	135.00	7.405	10.277
材料	冷风机	台	—	(1.000)	(1.000)

七、玻璃钢冷却塔安装

工作内容:设备整体、解体安装,设备带有的电动机、附件、零件等安装、单机试运转,电机检查接线。 **计量单位**:台

定额编号				1-6-36	1-6-37	1-6-38	1-6-39	1-6-40
项目				设备处理水量(m^3/h 以内)				
				50	100	250	500	700
基价(元)				**1 505.72**	**2 028.82**	**3 114.83**	**5 198.22**	**6 052.00**
其中	人工费(元)			997.65	1 207.04	1 804.41	2 581.34	3 046.14
	材料费(元)			352.73	515.72	742.53	1 433.30	1 714.12
	机械费(元)			155.34	306.06	567.89	1 183.58	1 291.74
名称		单位	单价(元)	消耗量				
人工	二类人工	工日	135.00	7.390	8.941	13.366	19.121	22.564
材料	玻璃钢冷却塔	台	—	(1.000)	(1.000)	(1.000)	(1.000)	(1.000)

第七节 低压锅炉设备安装

说 明

一、本节定额适用于20t/h以下工业与民用的通用供热锅炉:锅炉本体安装和锅炉附属及辅助设备安装,共2个部分。

二、本节定额包括下列工作内容:

1. 设备开箱、清点、检查、编号、安装、烘炉、煮炉;施工地点范围内的设备、材料、成品、半成品、工具器具的搬运;本体设备焊口无损探伤;设备调试、试运转;临时固定支架的制作及装拆。
2. 基础验收、划线、铲麻面。
3. 超高作业增加的工作内容。
4. 锅炉本体安装包含由锅炉生产厂家配套供货的锅炉辅助机械、设备、风烟道及非标构配件等工作。

三、本节定额不包括下列工作内容:

1. 炉墙砌筑、保温及油漆。
2. 不属于制造厂供货的金属构件。
3. 本体外的管道、阀门、管件的安装,热工仪表校验、调整、安装。
4. 给水设备的安装。
5. 散装锅炉的引风机、鼓风机、泵及水箱的安装。
6. 电机检查接线等电气性工作。
7. 设备基础二次灌浆工作。

工程量计算规则

一、常压立式、快装成套、组装的燃煤锅炉和整装燃油(气)锅炉根据锅炉蒸发量或供热量,按照设计安装整套数量以“台”为计量单位。

二、散装锅炉根据锅炉蒸发量或供热量,按照设计图示尺寸的成品重量以“t”为计量单位,包括随本体设备供货的本体管路与附属设备及附件重量。

三、附属设备安装,根据设备性能与出力,按照设计安装整套数量以“台”或“套”为计量单位。

一、锅炉本体安装

1. 常压、立式锅炉本体安装

工作内容:锅炉本体及锅炉本体范围内的阀门及附件安装,随本体供应的鼓风机、烟囱的安装,锅炉本体一次门以内的水压试验,烘炉、煮炉和调整安全门、设备试运转。 **计量单位:**台

定额编号				1-7-1	1-7-2
项目				常压立式锅炉	
				蒸发量(t/h 以内)/供热量(MW 以内)	
				0.5/0.35	2.0/1.4
基价(元)				**4 424.90**	**8 484.09**
其中	人工费(元)			2 510.06	5 283.50
	材料费(元)			858.49	1 287.22
	机械费(元)			1 056.35	1 913.37
名称		单位	单价(元)	消耗量	
人工	二类人工	工日	135.00	18.593	39.137
材料	锅炉	台	—	(1.000)	(1.000)
	烟煤	t	603.00	0.422	0.594

2. 快装锅炉成套设备安装

工作内容:锅炉本体及锅炉本体范围内的管道、阀门及附件安装,上煤装置、除灰(渣)装置、体外省煤器等设备安装及随本体供应鼓风机、引风机、烟风道系统和平台、栏杆等设备和构件、配件的安装,本体一次门以内的水压试验,烘炉、煮炉和调整安全门、设备试运转。 **计量单位:**台

定额编号				1-7-3	1-7-4	1-7-5
项目				快装锅炉成套设备		
				蒸发量(t/h 以内)/供热量(MW 以内)		
				1/0.7	4/2.8	6/4.2
基价(元)				**26 715.55**	**42 823.77**	**55 109.38**
其中	人工费(元)			12 085.20	18 967.77	24 579.72
	材料费(元)			10 871.75	17 818.80	23 438.38
	机械费(元)			3 758.60	6 037.20	7 091.28
名称		单位	单价(元)	消耗量		
人工	二类人工	工日	135.00	89.520	140.502	182.072
材料	锅炉	台	—	(1.000)	(1.000)	(1.000)
	烟煤	t	603.00	14.720	22.540	28.750

工作内容：锅炉本体及锅炉本体范围内的管道、阀门及附件安装，上煤装置、除灰（渣）装置、体外省煤器等设备安装及随本体供应鼓风机、引风机、烟风道系统和平台、栏杆等设备和构件、配件的安装，本体一次门以内的水压试验，烘炉、煮炉和调整安全门、设备试运转。　**计量单位：**台

定额编号				1-7-6	1-7-7	1-7-8
项目				快装锅炉成套设备		
				蒸发量(t/h 以内)/供热量(MW 以内)		
				8/5.6	10/7	20/14
基价（元）				**75 963.31**	**94 954.23**	**117 111.16**
其中	人工费（元）			39 327.66	49 159.58	60 630.12
	材料费（元）			28 126.06	35 157.57	43 361.40
	机械费（元）			8 509.59	10 637.08	13 119.64
名称		单位	单价(元)	消耗量		
人工	二类人工	工日	135.00	291.316	364.145	449.112
材料	锅炉	台	—	(1.000)	(1.000)	(1.000)
	烟煤	t	603.00	34.500	43.125	53.188

3. 组装锅炉本体安装

工作内容：锅炉本体的上下组件安装，锅炉本体范围内的管道、阀门及附件安装，上煤装置、除灰（渣）装置、调速箱、体外省煤器安装及配套供货的鼓风机、引风机、烟风道系统和平台、栏杆等的安装，本体一次门以内的水压试验，烘炉、煮炉和调整安全门、设备试运转。　**计量单位：**台

定额编号				1-7-9	1-7-10	1-7-11
项目				组装锅炉		
				蒸发量(t/h 以内)/供热量(MW 以内)		
				6/4.2	10/7	20/14.0
基价（元）				**81 539.38**	**97 519.51**	**124 622.62**
其中	人工费（元）			35 319.51	40 692.92	50 854.50
	材料费（元）			33 797.58	39 246.10	53 689.34
	机械费（元）			12 422.29	17 580.49	20 078.78
名称		单位	单价(元)	消耗量		
人工	二类人工	工日	135.00	261.626	301.429	376.700
材料	锅炉	台	—	(1.000)	(1.000)	(1.000)
	烟煤	t	603.00	45.000	47.000	59.000

4. 散装锅炉本体安装

工作内容:锅炉本体的钢架、汽包、水冷壁、过热器、省煤器、空气预热器、本体管路、吹灰装置、各种门孔构件、平台、扶梯、栏杆、炉排的安装,水压试验,烘炉、煮炉和调整安全门。 **计量单位:**t

定额编号				1-7-12
项目				散装锅炉(蒸发量 t/h 以内)
				20
基价(元)				**3 537.21**
其中	人工费(元)			1 703.43
	材料费(元)			1 414.56
	机械费(元)			419.22
名称		单位	单价(元)	消耗量
人工	二类人工	工日	135.00	12.618
材料	锅炉	台	—	(1.000)
	型钢 综合	kg	3.84	4.500
	烟煤	t	603.00	1.800

5. 整装燃油(气)锅炉本体安装

工作内容:锅炉本体及本体范围内的管道、阀门及附件安装,随炉本体配套供货的油(气)系统、水泵、平台、梯子、栏杆、电控箱等的安装,水压试验,烘炉、煮炉和调整安全门、设备试运转。 **计量单位:**台

定额编号				1-7-13	1-7-14	1-7-15
项目				整装锅炉(蒸发量 t/h 以内)		
				1	3	6
基价(元)				**28 581.40**	**69 679.84**	**135 705.28**
其中	人工费(元)			6 008.72	9 027.32	13 647.83
	材料费(元)			20 454.11	58 002.61	118 340.06
	机械费(元)			2 118.57	2 649.91	3 717.39
名称		单位	单价(元)	消耗量		
人工	二类人工	工日	135.00	44.509	66.869	101.095
材料	锅炉	台	—	(1.000)	(1.000)	(1.000)
	轻油	t	6 120.00	3.180	9.180	18.850

工作内容:锅炉本体及本体范围内的管道、阀门及附件安装,随炉本体配套供货的油(气)系统、平台、梯子、栏杆、电控箱等的安装,水压试验,烘炉、煮炉和调整安全门、设备试运转。 **计量单位:**台

定额编号				1-7-16	1-7-17	1-7-18
项目				整装锅炉(蒸发量 t/h 以内)		
				8	10	20
基价(元)				**186 746.77**	**210 039.01**	**331 166.16**
其中	人工费(元)			16 874.06	19 471.86	25 853.18
	材料费(元)			165 914.05	185 778.84	298 725.79
	机械费(元)			3 958.66	4 788.31	6 587.19
名称		单位	单价(元)	消耗量		
人工	二类人工	工日	135.00	124.993	144.236	191.505
材料	锅炉	台	—	(1.000)	(1.000)	(1.000)
	轻油	t	6 120.00	26.500	29.600	47.500

二、锅炉附属及辅助设备安装

1. 旋风除尘器安装

(1)单筒干式旋风除尘器

工作内容:设备本体、分离器、导烟管、顶盖、排灰筒及支座的组合安装、设备试运转。　　**计量单位:**台

定额编号				1-7-19	1-7-20
项目				重量(t)	
				1.0以下	1.0以上
基价(元)				**1 557.04**	**1 811.14**
其中	人工费(元)			779.90	994.01
	材料费(元)			314.32	330.13
	机械费(元)			462.82	487.00
名称		单位	单价(元)	消耗量	
人工	二类人工	工日	135.00	5.777	7.363
材料	旋风除尘器	台	—	(1.000)	(1.000)

(2)多筒干式旋风除尘器

工作内容:设备本体、分离器、导烟管、顶盖、排灰筒及支座的组合安装、设备试运转。　　**计量单位:**台

定额编号				1-7-21	1-7-22
项目				重量(t)	
				5.0以下	5.0以上
基价(元)				**3 770.66**	**4 835.35**
其中	人工费(元)			2 553.26	3 354.48
	材料费(元)			885.60	1 149.07
	机械费(元)			331.80	331.80
名称		单位	单价(元)	消耗量	
人工	二类人工	工日	135.00	18.913	24.848
材料	旋风除尘器	台	—	(1.000)	(1.000)

(3)多管干式旋风除尘器

工作内容:设备本体、分离器、导烟管、顶盖、排灰筒及支座的组合安装、设备试运转。 **计量单位**:台

定额编号				1-7-23	1-7-24
项目				重量(t)	
				6.0 以下	6.0 以上
基价(元)				**5 166.89**	**7 592.84**
其中	人工费(元)			2 608.47	3 416.58
	材料费(元)			915.09	1 582.58
	机械费(元)			1 643.33	2 593.68
名称		单位	单价(元)	消耗量	
人工	二类人工	工日	135.00	19.322	25.308
材料	旋风除尘器	台	—	(1.000)	(1.000)

2. 锅炉水处理设备安装

(1)浮动床钠离子交换器

工作内容:设备及随设备供应的管子、管件、阀门等安装,设备本体范围内的平台、梯子、栏杆的安装,填料的搬运、筛分、装填、衬里设备防腐层的检验,设备试运转,水压试验,随设备供应的盐液、缸、电子控制仪表等配套设备安装。 **计量单位**:台

定额编号				1-7-25	1-7-26
项目				软化水产量(t/h 以内)	软化水产量(t/h 以内)
				6	12
基价(元)				**2 332.34**	**2 972.64**
其中	人工费(元)			1 357.02	1 710.18
	材料费(元)			429.00	639.89
	机械费(元)			546.32	622.57
名称		单位	单价(元)	消耗量	
人工	二类人工	工日	135.00	10.052	12.668
材料	锅炉水处理设备	台	—	(1.000)	(1.000)

(2)组合式水处理设备

工作内容：设备及随设备供应的管子、管件、阀门等安装，设备本体范围内的平台、梯子、栏杆的安装，填料的搬运、筛分、装填、衬里设备防腐层的检验，设备试运转，水压试验，随设备供应的盐液、缸、电子控制仪表等配套设备安装。　　**计量单位：**套

定额编号				1-7-27	1-7-28
项目				输出能力(t/h以内)	
				2	8
基价(元)				**880.37**	**1 664.54**
其中	人工费(元)			274.46	724.82
	材料费(元)			286.49	459.91
	机械费(元)			319.42	479.81
名称		单位	单价(元)	消耗量	
人工	二类人工	工日	135.00	2.033	5.369
材料	锅炉水处理设备	台	—	(1.000)	(1.000)

3. 板式换热器安装

工作内容：设备及随设备供应的管子、阀门、温度计、压力表等安装、设备试运转。　　**计量单位：**台

定额编号				1-7-29	1-7-30
项目				重量(t以内)	
				2	5
基价(元)				**1 784.79**	**3 380.26**
其中	人工费(元)			799.88	1 485.81
	材料费(元)			339.46	514.18
	机械费(元)			645.45	1 380.27
名称		单位	单价(元)	消耗量	
人工	二类人工	工日	135.00	5.925	11.006
材料	板式换热器	台	—	(1.000)	(1.000)

4. 输煤设备安装

工作内容:传动装置立柱及支架平台安装,卷扬装置翻斗的组合安装、设备试运转。 **计量单位**:台

定额编号				1-7-31	1-7-32	1-7-33	1-7-34
项目				翻斗上煤机			
				垂直卷扬	倾斜卷扬	带小车	单斗
基价(元)				**1 791.61**	**2 092.32**	**1 862.36**	**5 858.86**
其中	人工费(元)			869.67	1 056.11	994.01	3 416.58
	材料费(元)			427.70	541.97	374.11	1 131.35
	机械费(元)			494.24	494.24	494.24	1 310.93
名称		单位	单价(元)	消耗量			
人工	二类人工	工日	135.00	6.442	7.823	7.363	25.308
材料	输煤设备	台	—	(1.000)	(1.000)	(1.000)	(1.000)

5. 除渣设备安装

工作内容:设备清洗组装,机壳或机槽安装,渣机头、尾部安装,传动装置及拉链安装、设备试运转。 **计量单位**:台

定额编号				1-7-35	1-7-36
项目				螺旋除渣机	刮板除渣机
				直径(mm 以内)/输出能力(t/h 以内)	出渣量(t/h 以内)
				200/1.2	2.0
基价(元)				**2 329.13**	**3 804.15**
其中	人工费(元)			1 610.82	2 622.92
	材料费(元)			304.48	711.71
	机械费(元)			413.83	469.52
名称		单位	单价(元)	消耗量	
人工	二类人工	工日	135.00	11.932	19.429
材料	除渣设备	台	—	(1.000)	(1.000)

工作内容:设备清洗组装,机壳或机槽安装,渣机头、尾部安装,传动装置及拉链安装、设备试运转。 **计量单位**:台

定额编号				1-7-37	1-7-38	1-7-39
项目				链条除渣机		
				输送长度(m 以内)/除渣能力(t/h 以内)		
				30/4	70/8	50/10
基价(元)				**12 438.47**	**20 012.27**	**21 450.59**
其中	人工费(元)			8 787.15	13 057.74	14 784.66
	材料费(元)			1 993.10	4 087.38	3 798.78
	机械费(元)			1 658.22	2 867.15	2 867.15
名称		单位	单价(元)	消耗量		
人工	二类人工	工日	135.00	65.090	96.724	109.516
材料	除渣设备	台	—	(1.000)	(1.000)	(1.000)

6. 双辊齿式破碎机安装

工作内容：机架底座安装固定，活动齿轮安装，润滑系统安装，液压管路酸洗安装，随设备供应的梯子、平台、栏杆安装、设备试运转。

计量单位：台

定额编号					1-7-40	1-7-41
项目					辊齿直径(mm 以内)	
					ϕ450×500	ϕ600×750
基价（元）					**6 168.32**	**6 756.67**
其中	人工费（元）				4 057.16	4 332.96
	材料费（元）				1 185.90	1 285.75
	机械费（元）				925.26	1 137.96
名称			单位	单价(元)	消耗量	
人工	二类人工		工日	135.00	30.053	32.096
材料	双辊齿式破碎机		台	—	(1.000)	(1.000)

第八节　输送设备安装

说　　明

一、本节定额内容包括斗式提升机安装,刮板输送机安装,板(裙)式输送机安装,固定式胶带输送机安装,螺旋输送机安装,共 5 个部分。

二、本节定额包括下列工作内容:

设备本体(机头、机尾、机架、漏斗)、外壳、轨道、托辊、拉紧装置、传动装置、制动装置、附属平台梯子栏杆等的组对安装、敷设及接头。

三、本节定额不包括下列工作内容:

1. 钢制外壳、刮板、漏斗制作。

2. 平台、梯子、栏杆制作。

3. 输送带接头的疲劳性试验、震动频率检测试验、滚筒无损检测、安全保护装置灵敏可靠性试验等特殊试验。

工程量计算规则

一、斗式提升机以“台”为计量单位,按提升机型号及提升高度分列定额子目。

二、刮板输送机以“台”为计量单位,按输送机长度除以驱动装置组数及槽宽分列定额子目。

刮板输送机定额单位是按一组驱动装置计算的。超过一组时,按输送长度除以驱动装置组数(即“m/组”),以所得 m/组数来选用相应子目。

例如:某刮板输送机,宽为 420mm,输送长度为 250m,其中共有四组驱动装置,则以 250m 除以 4 组等于 62.5m/组,应选用定额“420mm 宽以内;80m/组以内”的子目,现该机有四组驱动装置,因此将该子目的定额基价乘以 4.0,即得该台刮板输送机的费用。

三、板式(裙式)输送机以“台”为计量单位,按链轮中心距和链板宽度分列定额子目。

四、固定式胶带输送机以“台”为计量单位,按带宽和输送长度分列定额子目。

五、螺旋式输送机以“台”为计量单位,按公称直径和机身长度分列定额子目。

一、斗式提升机安装

工作内容：开箱检验，清洁搬运，设备本体起吊安装、固定、稳机找平、基础灌浆及附属设备安装，电气调试等工程。

计量单位：台

定额编号				1-8-1	1-8-2	1-8-3	1-8-4
项目				胶带式（D160、D250）	胶带式（D350、D450）	链式（ZL25、ZL35）	链式（ZL45、ZL60）
				高度32m以内			
基价（元）				**3 705.34**	**4 699.57**	**4 335.62**	**5 353.73**
其中	人工费（元）			3 103.65	3 949.70	3 869.10	4 761.99
	材料费（元）			188.85	218.35	203.54	246.32
	机械费（元）			412.84	531.52	262.98	345.42
	名称	单位	单价(元)	消耗量			
人工	二类人工	工日	135.00	22.990	29.257	28.660	35.274
材料	输送设备	台	—	(1.000)	(1.000)	(1.000)	(1.000)

二、刮板输送机安装

工作内容：开箱检验，清洁搬运，设备本体起吊安装、固定、稳机找平、基础灌浆及附属设备安装，电气调试等工程。

计量单位：台

定额编号				1-8-5	1-8-6	1-8-7
项目				槽宽420mm以内 输送机长度/驱动装置组数(m/组)		
				30	50	80
基价（元）				**5 159.09**	**8 358.93**	**11 590.77**
其中	人工费（元）			4 134.24	6 717.20	9 385.88
	材料费（元）			825.34	1 164.28	1 671.17
	机械费（元）			199.51	477.45	533.72
	名称	单位	单价(元)	消耗量		
人工	二类人工	工日	135.00	30.624	49.757	69.525
材料	输送设备	台	—	(1.000)	(1.000)	(1.000)

工作内容：开箱检验，清洁搬运，设备本体起吊安装、固定、稳机找平、基础灌浆及附属设备安装，电气调试等工程。

计量单位：台

定额编号				1-8-8	1-8-9	1-8-10
项目				槽宽530mm以内 输送机长度/驱动装置组数(m/组)		
				50	80	120
基价（元）				**9 501.11**	**13 135.77**	**17 228.87**
其中	人工费（元）			7 840.94	10 687.28	13 441.28
	材料费（元）			1 191.85	1 702.23	3 030.12
	机械费（元）			468.32	746.26	757.47
	名称	单位	单价(元)	消耗量		
人工	二类人工	工日	135.00	58.081	79.165	99.565
材料	输送设备	台	—	(1.000)	(1.000)	(1.000)

工作内容: 开箱检验,清洁搬运,设备本体起吊安装、固定、稳机找平、基础灌浆及附属设备安装,电气调试等工程。

计量单位:台

定额编号				1-8-11	1-8-12	1-8-13	1-8-14
项目				槽宽 620mm 以内 输送机长度/驱动装置组数(m/组)			
				80	120	170	250
基价(元)				**14 352.08**	**18 767.39**	**23 760.26**	**32 122.65**
其中	人工费(元)			12 329.96	15 999.66	19 967.99	27 224.64
	材料费(元)			1 729.72	2 466.00	3 431.56	4 160.55
	机械费(元)			292.40	301.73	360.71	737.46
名称		单位	单价(元)	消耗量			
人工	二类人工	工日	135.00	91.333	118.516	147.911	201.664
材料	输送设备	台	—	(1.000)	(1.000)	(1.000)	(1.000)

工作内容: 开箱检验,清洁搬运,设备本体起吊安装、固定、稳机找平、基础灌浆及附属设备安装,电气调试等工程。

计量单位:台

定额编号				1-8-15	1-8-16
项目				槽宽 800mm 以内 输送机长度/驱动装置组数(m/组)	
				170	250
基价(元)				**27 063.54**	**35 183.09**
其中	人工费(元)			22 587.80	29 915.87
	材料费(元)			3 462.33	4 239.81
	机械费(元)			1 013.41	1 027.41
名称		单位	单价(元)	消耗量	
人工	二类人工	工日	135.00	167.317	221.599
材料	输送设备	台	—	(1.000)	(1.000)

三、板(裙)式输送机安装

工作内容: 开箱检验,清洁搬运,设备本体起吊安装、固定、稳机找平、基础灌浆及附属设备安装,电气调试等工程。

计量单位:台

定额编号				1-8-17	1-8-18
项目				链板宽度 800mm 以内	
				链轮中心距(m 以内)	
				6	10
基价(元)				**2 364.73**	**2 914.38**
其中	人工费(元)			1 848.83	2 262.47
	材料费(元)			325.45	402.97
	机械费(元)			190.45	248.94
名称		单位	单价(元)	消耗量	
人工	二类人工	工日	135.00	13.695	16.759
材料	输送设备	台	—	(1.000)	(1.000)

工作内容：开箱检验，清洁搬运，设备本体起吊安装、固定、稳机找平、基础灌浆及附属设备安装，电气调试等工程。

计量单位：台

定额编号				1-8-19	1-8-20	1-8-21
项目				链板宽度(mm 以内)		
				1 000	1 200	1 500
				链轮中心距(m 以内)		
				3	5	10
基价(元)				**2 241.34**	**2 699.00**	**5 436.84**
其中	人工费(元)			1 719.23	2 080.08	4 537.62
	材料费(元)			353.77	392.56	653.09
	机械费(元)			168.34	226.36	246.13
名称		单位	单价(元)	消耗量		
人工	二类人工	工日	135.00	12.735	15.408	33.612
材料	输送设备	台	—	(1.000)	(1.000)	(1.000)

工作内容：开箱检验，清洁搬运，设备本体起吊安装、固定、稳机找平、基础灌浆及附属设备安装，电气调试等工程。

计量单位：台

定额编号				1-8-22	1-8-23
项目				链板宽度(mm 以内)	
				1 500	1 800
				链轮中心距(m 以内)	
				15	12
基价(元)				**8 458.80**	**9 391.70**
其中	人工费(元)			7 143.80	7 746.03
	材料费(元)			894.78	1 242.19
	机械费(元)			420.22	403.48
名称		单位	单价(元)	消耗量	
人工	二类人工	工日	135.00	52.917	57.378
材料	输送设备	台	—	(1.000)	(1.000)

工作内容：开箱检验，清洁搬运，设备本体起吊安装、固定、稳机找平、基础灌浆及附属设备安装，电气调试等工程。

计量单位：台

定额编号				1-8-24	1-8-25
项目				链板宽度 2 400mm 以内	
				链轮中心距(m 以内)	
				5	12
基价(元)				**7 453.87**	**10 641.92**
其中	人工费(元)			6 661.44	8 805.65
	材料费(元)			476.00	1 298.59
	机械费(元)			316.43	537.68
名称		单位	单价(元)	消耗量	
人工	二类人工	工日	135.00	49.344	65.227
材料	输送设备	台	—	(1.000)	(1.000)

四、固定式胶带输送机安装

工作内容:开箱检验,清洁搬运,设备本体起吊安装、固定、稳机找平、基础灌浆及附属设备安装,电气调试等工程。

计量单位:台

定额编号				1-8-26	1-8-27	1-8-28	1-8-29
项目				带宽 650mm 以内			
				输送长度(m 以内)			
				20	80	150	250
基价(元)				**4 364.68**	**7 855.63**	**11 649.16**	**16 964.10**
其中	人工费(元)			3 542.13	6 526.44	9 829.76	14 360.22
	材料费(元)			676.25	895.49	1 207.13	1 691.41
	机械费(元)			146.30	433.70	612.27	912.47
	名称	单位	单价(元)	消耗量			
人工	二类人工	工日	135.00	26.238	48.344	72.813	106.372
材料	输送设备	台	—	(1.000)	(1.000)	(1.000)	(1.000)

工作内容:开箱检验,清洁搬运,设备本体起吊安装、固定、稳机找平、基础灌浆及附属设备安装,电气调试等工程。

计量单位:台

定额编号				1-8-30	1-8-31	1-8-32	1-8-33
项目				带宽 1 000mm 以内			
				输送长度(m 以内)			
				20	80	150	250
基价(元)				**5 853.06**	**9 987.14**	**15 728.43**	**23 366.21**
其中	人工费(元)			4 495.64	8 252.96	13 225.41	19 194.71
	材料费(元)			907.11	1 232.28	1 677.19	2 392.53
	机械费(元)			450.31	501.90	825.83	1 778.97
	名称	单位	单价(元)	消耗量			
人工	二类人工	工日	135.00	33.301	61.133	97.966	142.183
材料	输送设备	台	—	(1.000)	(1.000)	(1.000)	(1.000)

工作内容:开箱检验,清洁搬运,设备本体起吊安装、固定、稳机找平、基础灌浆及附属设备安装,电气调试等工程。

计量单位:台

定额编号				1-8-34	1-8-35	1-8-36	1-8-37
项目				带宽 1 400mm 以内			
				输送长度(m 以内)			
				20	80	150	250
基价(元)				**7 993.06**	**13 488.80**	**20 914.65**	**30 635.35**
其中	人工费(元)			5 913.68	10 795.55	16 807.37	24 846.62
	材料费(元)			1 278.85	1 793.35	2 524.65	3 651.49
	机械费(元)			800.53	899.90	1 582.63	2 137.24
	名称	单位	单价(元)	消耗量			
人工	二类人工	工日	135.00	43.805	79.967	124.499	184.049
材料	输送设备	台	—	(1.000)	(1.000)	(1.000)	(1.000)

工作内容：开箱检验，清洁搬运，设备本体起吊安装、固定、稳机找平、基础灌浆及附属设备安装，电气调试等工程。

计量单位：台

定　额　编　号				1-8-38	1-8-39	1-8-40	1-8-41
项　　目				带宽 1 600mm 以内			
				输送长度(m 以内)			
				20	80	150	250
基　价　(元)				**12 309.79**	**19 635.33**	**29 411.78**	**43 305.92**
其中	人　工　费　(元)			8 814.69	14 932.49	22 620.47	33 158.57
	材　料　费　(元)			2 047.27	2 772.87	3 806.95	5 392.31
	机　械　费　(元)			1 447.83	1 929.97	2 984.36	4 755.04
名　称		单位	单价(元)	消　耗　量			
人工	二类人工	工日	135.00	65.294	110.611	167.559	245.619
材料	输送设备	台	—	(1.000)	(1.000)	(1.000)	(1.000)

工作内容：开箱检验，清洁搬运，设备本体起吊安装、固定、稳机找平、基础灌浆及附属设备安装，电气调试等工程。

计量单位：台

定　额　编　号				1-8-42	1-8-43	1-8-44	1-8-45
项　　目				带宽 2 000mm 以内			
				输送长度(m 以内)			
				20	100	150	500
基　价　(元)				**13 518.60**	**28 808.92**	**33 518.42**	**55 075.27**
其中	人　工　费　(元)			9 662.76	22 777.47	26 178.66	43 449.08
	材　料　费　(元)			2 233.13	3 487.95	4 308.98	6 759.76
	机　械　费　(元)			1 622.71	2 543.50	3 030.78	4 866.43
名　称		单位	单价(元)	消　耗　量			
人工	二类人工	工日	135.00	71.576	168.722	193.916	321.845
材料	输送设备	台	—	(1.000)	(1.000)	(1.000)	(1.000)

五、螺旋式输送机安装

工作内容：开箱检验，清洁搬运，设备本体起吊安装、固定、稳机找平、基础灌浆及附属设备安装，电气调试等工程。

计量单位：台

定　额　编　号				1-8-46	1-8-47	1-8-48	1-8-49
项　　目				公称直径 300mm 以内			
				机身长度(m 以内)			
				6	11	16	21
基　价　(元)				**1 212.24**	**1 507.59**	**1 928.86**	**2 412.03**
其中	人　工　费　(元)			935.28	1 150.61	1 453.82	1 751.22
	材　料　费　(元)			192.93	228.94	269.69	409.11
	机　械　费　(元)			84.03	128.04	205.35	251.70
名　称		单位	单价(元)	消　耗　量			
人工	二类人工	工日	135.00	6.928	8.523	10.769	12.972
材料	输送设备	台	—	(1.000)	(1.000)	(1.000)	(1.000)

工作内容:开箱检验,清洁搬运,设备本体起吊安装、固定、稳机找平、基础灌浆及附属设备安装,电气调试等工程。

计量单位:台

定额编号				1-8-50	1-8-51	1-8-52	1-8-53
项目				公称直径 600mm 以内			
				机身长度(m 以内)			
				8	14	20	26
基价(元)				**1 841.31**	**2 282.26**	**2 843.18**	**3 490.59**
其中	人工费(元)			1 483.11	1 807.92	2 247.89	2 696.22
	材料费(元)			232.49	275.99	319.63	467.70
	机械费(元)			125.71	198.35	275.66	326.67
名称		单位	单价(元)	消耗量			
人工	二类人工	工日	135.00	10.986	13.392	16.651	19.972
材料	输送设备	台	—	(1.000)	(1.000)	(1.000)	(1.000)

第九节 其他机械及非标设备等安装

说 明

一、本节定额包括柴油发电机组安装,电动机及电动发电机组安装,静置设备安装,金属结构制作、安装,共4个部分。

二、本节定额包括下列工作内容:

1. 基础检查验收、刮平、垫铁的配置及安装。
2. 设备整体安装。
3. 设备带有的电动机安装;电动机及电动发电机组装联轴器或皮带轮。
4. 随设备供应的一次仪表安装。
5. 设备、管子、阀门等的搬运、开箱清点、检查、安装。
6. 配合防腐施工及基础二次灌浆。

三、本节定额不包括下列工作内容:

1. 与设备本体非同一底座的各种设备、启动装置、仪表盘(柜)等的安装、调试。
2. 电动机及其他动力机械的检查、配管、配线调试(柴油发电机组安装除外)。
3. 设备接口法兰以外的管道安装及管道支架配置及安装。
4. 不随设备供货的平台、梯子、栏杆的制作与安装。
5. 设备的保温及油漆。

四、塔盘适用各种形状的塔盘,按直径选用子目;反应容器类设备适用各种结构中低压(内有填料、复杂装置)的反应器;热交换器适用各种结构热交换器(包括换热器、冷凝器、蒸发器、加热器和冷却器等)。

五、静置设备安装包括卧式容器类设备,塔式容器类设备,反应容器类设备,热交换容器类设备,塑料、玻璃钢容器安装。

工程量计算规则

一、柴油发电机组、电动机及电动发电机组以“台”为计量单位,按设备类型和重量(t)选用定额子目。大型电机安装按设备重量,以“t”为计量单位。

二、静置设备安装以“台”为计量单位,按设备重量(t)选用定额子目。

三、静置设备安装的“设备重量范围”是指静置设备的本体、附件、吊耳、绝热、内衬以及随主体吊装的管线、平台、梯子和吊装加固件的全部重量,但不包括立式安装的塔盘和填充物的重量。

四、金属结构制作与安装,按施工图纸所示尺寸计算,不扣除孔眼和切角所占重量,以“t”为计量单位。

五、料斗制作与安装以“t”为计量单位;不扣除人孔、检查孔、清扫孔等所占面积重量。

六、烟囱、烟道制作与安装以“t”为计量单位。重量包括筒体、弯头、异径过渡段、加强圈、人孔、检查孔、清扫孔等全部金属重量,不扣除人孔、检查孔、清扫孔等所占面积的重量。

一、柴油发电机组安装

工作内容：开箱检验，清洁搬运，设备本体起吊安装、固定、稳机找平、基础灌浆及附属设备安装、接地、干燥，电气调试。

计量单位：台

定额编号				1-9-1	1-9-2	1-9-3
项目				设备重量(t以内)		
				3.5	5.5	13
基价（元）				**5 633.49**	**7 234.24**	**12 125.03**
其中	人工费（元）			3 657.02	4 570.29	8 183.16
	材料费（元）			998.22	1 361.63	2 106.51
	机械费（元）			978.25	1 302.32	1 835.36
名称		单位	单价(元)	消耗量		
人工	二类人工	工日	135.00	27.089	33.854	60.616
材料	柴油发电机组	台	—	(1.000)	(1.000)	(1.000)

二、电动机及电动发电机组安装

工作内容：设备整体、解体安装，电动机及发动机组装联轴器或皮带轮，设备带有的附件、零件等安装及灌浆。

计量单位：台

定额编号				1-9-4	1-9-5	1-9-6
项目				设备重量(t以内)		
				1	5	10
基价（元）				**747.53**	**2 385.49**	**4 398.16**
其中	人工费（元）			343.17	1 376.87	2 603.61
	材料费（元）			172.59	503.54	719.89
	机械费（元）			231.77	505.08	1 074.66
名称		单位	单价(元)	消耗量		
人工	二类人工	工日	135.00	2.542	10.199	19.286
材料	电动机及电动发电机组	台	—	(1.000)	(1.000)	(1.000)

工作内容：设备整体、解体安装，电动机及发动机组装联轴器或皮带轮，设备带有的附件、零件等安装及灌浆。

计量单位：见表

定额编号				1-9-7	1-9-8	1-9-9
项目				设备重量(t以内)		大型电机
				20	30	
计量单位				台		t
基价（元）				**7 836.32**	**11 650.91**	**538.18**
其中	人工费（元）			5 017.14	7 164.86	227.75
	材料费（元）			1 174.68	1 685.37	160.81
	机械费（元）			1 644.50	2 800.68	149.62
名称		单位	单价(元)	消耗量		
人工	二类人工	工日	135.00	37.164	53.073	1.687
材料	电动机及电动发电机组	台	—	(1.000)	(1.000)	—

注：大型电机主材另行计算。

三、静置设备安装

1. 卧式容器类设备安装

工作内容:基础铲麻面、放置垫铁、吊装就位、安装找正,临时支撑制作、安装、拆除。 计量单位:台

定额编号					1-9-10	1-9-11	1-9-12
项目					碳钢、不锈钢一般容器及内有冷却、加热其他装置		
					基础标高 10m 以内		
					设备重量(t 以内)		
					5	15	30
基价(元)					**1 665.99**	**3 579.25**	**6 709.56**
其中	人工费(元)				928.53	1 797.26	3 314.39
	材料费(元)				232.20	634.79	1 133.18
	机械费(元)				505.26	1 147.20	2 261.99
名称			单位	单价(元)	消耗量		
人工	二类人工		工日	135.00	6.878	13.313	24.551
材料	卧式容器类设备		台	—	(1.000)	(1.000)	(1.000)

工作内容:基础铲麻面、放置垫铁、吊装就位、安装找正,临时支撑制作、安装、拆除。 计量单位:台

定额编号					1-9-13	1-9-14
项目					碳钢、不锈钢一般容器及内有冷却、加热其他装置	
					基础标高 10m 以内	
					设备重量(t 以内)	
					50	100
基价(元)					**11 968.92**	**17 840.55**
其中	人工费(元)				5 756.54	8 855.33
	材料费(元)				1 983.73	3 180.87
	机械费(元)				4 228.65	5 804.35
名称			单位	单价(元)	消耗量	
人工	二类人工		工日	135.00	42.641	65.595
材料	卧式容器类设备		台	—	(1.000)	(1.000)

2. 塔式容器类设备安装

工作内容：基础铲麻面、放置垫铁、吊装就位、安装找正，临时支撑制作、安装、拆除。　　**计量单位：**台

定额编号				1-9-15	1-9-16	1-9-17
项目				碳钢、不锈钢塔式容器		
				基础标高 10m 以内		
				设备重量(t 以内)		
				5	20	60
基价（元）				**2 780.34**	**7 041.00**	**17 305.95**
其中	人工费（元）			1 833.71	3 716.28	8 820.90
	材料费（元）			473.27	1 109.61	2 267.34
	机械费（元）			473.36	2 215.11	6 217.71
名称		单位	单价(元)	消耗量		
人工	二类人工	工日	135.00	13.583	27.528	65.340
材料	塔式容器类设备	台	—	(1.000)	(1.000)	(1.000)

工作内容：基础铲麻面、放置垫铁、吊装就位、安装找正，临时支撑制作、安装、拆除。　　**计量单位：**台

定额编号				1-9-18	1-9-19
项目				碳钢、不锈钢塔式容器	
				基础标高 10m 以内	
				设备重量(t 以内)	
				100	200
基价（元）				**25 141.58**	**37 665.46**
其中	人工费（元）			11 098.35	16 891.34
	材料费（元）			5 138.68	9 205.92
	机械费（元）			8 904.55	11 568.20
名称		单位	单价(元)	消耗量	
人工	二类人工	工日	135.00	82.210	125.121
材料	塔式容器类设备	台	—	(1.000)	(1.000)

工作内容：塔盘部件清点、矫正、编号、吊装就位、组队装配、调整、固定。　　**计量单位：**层

定额编号				1-9-20	1-9-21	1-9-22	1-9-23	1-9-24	1-9-25
项目				塔盘					
				设备直径(mm 以内)					设备直径(mm 以外)
				2 000	4 000	6 000	8 000	10 000	
基价（元）				**590.63**	**1 073.13**	**1 886.86**	**2 397.58**	**3 119.20**	**3 694.41**
其中	人工费（元）			467.64	828.36	1 434.65	1 778.09	2 250.45	2 641.28
	材料费（元）			41.01	78.64	129.70	162.04	206.72	250.86
	机械费（元）			81.98	166.13	322.51	457.45	662.03	802.27
名称		单位	单价(元)	消耗量					
人工	二类人工	工日	135.00	3.464	6.136	10.627	13.171	16.670	19.565
材料	塔盘	层	—	(1.000)	(1.000)	(1.000)	(1.000)	(1.000)	(1.000)

3. 反应容器类设备安装

工作内容:基础铲麻面、放置垫铁、吊装就位、安装找正,临时支撑制作、安装、拆除。 **计量单位:**台

定额编号				1-9-26	1-9-27	1-9-28	1-9-29
项目				内有填料、复杂装置			
				基础标高 10m 以内			
				设备重量(t 以内)			
				10	30	60	100
基价(元)				**3 254.29**	**9 983.63**	**16 289.55**	**20 922.80**
其中	人工费(元)			1 635.12	3 783.78	6 654.29	8 913.11
	材料费(元)			533.45	1 347.22	3 326.43	4 452.76
	机械费(元)			1 085.72	4 852.63	6 308.83	7 556.93
名称		单位	单价(元)	消耗量			
人工	二类人工	工日	135.00	12.112	28.028	49.291	66.023
材料	反应容器类设备	台	—	(1.000)	(1.000)	(1.000)	(1.000)

4. 热交换容器类设备安装

工作内容:基础铲麻面、放置垫铁、吊装就位、安装找正,临时支撑制作、安装、拆除。 **计量单位:**台

定额编号				1-9-30	1-9-31	1-9-32	1-9-33
项目				热交换器			
				基础标高 10m 以内			
				设备重量(t 以内)			
				10	30	50	80
基价(元)				**4 563.87**	**11 560.66**	**19 500.53**	**22 767.72**
其中	人工费(元)			2 638.85	6 254.28	9 729.99	12 138.12
	材料费(元)			818.87	1 767.96	3 088.40	4 665.43
	机械费(元)			1 106.15	3 538.42	6 682.14	5 964.17
名称		单位	单价(元)	消耗量			
人工	二类人工	工日	135.00	19.547	46.328	72.074	89.912
材料	热交换容器类设备	台	—	(1.000)	(1.000)	(1.000)	(1.000)

5. 塑料、玻璃钢容器安装

工作内容:基础铲麻面、放置垫铁、吊装找正。 **计量单位:**台

定额编号				1-9-34	1-9-35	1-9-36
项目				塑料、玻璃钢容器		
				基础标高 10m 以内		
				设备重量(t 以内)		
				0.1	0.3	1
基价(元)				**309.91**	**518.68**	**972.07**
其中	人工费(元)			132.84	322.52	592.52
	材料费(元)			6.48	14.87	20.93
	机械费(元)			170.59	181.29	358.62
名称		单位	单价(元)	消耗量		
人工	二类人工	工日	135.00	0.984	2.389	4.389
材料	塑料、玻璃钢容器	台	—	(1.000)	(1.000)	(1.000)

四、金属结构制作、安装

工作内容：制作、安装、除锈、刷油。　　**计量单位：**t

定额编号				1-9-37	1-9-38
项目				桁架制作、安装	管廊制作、安装
基价（元）				**3 500.11**	**3 490.53**
其中	人工费（元）			1 918.89	1 830.06
	材料费（元）			536.09	586.80
	机械费（元）			1 045.13	1 073.67
名称		单位	单价(元)	消耗量	
人工	二类人工	工日	135.00	14.214	13.556
材料	型钢 综合	t	—	(1.060)	(1.060)

工作内容：制作、安装、除锈、刷油。　　**计量单位：**t

定额编号				1-9-39	1-9-40
项目				设备框架制作、安装	单梁结构制作、安装
基价（元）				**3 749.77**	**3 350.00**
其中	人工费（元）			1 939.68	1 793.07
	材料费（元）			605.02	513.64
	机械费（元）			1 205.07	1 043.29
名称		单位	单价(元)	消耗量	
人工	二类人工	工日	135.00	14.368	13.282
材料	型钢 综合	t	—	(1.060)	(1.060)

工作内容：制作、安装、除锈、刷油。　　**计量单位：**t

定额编号				1-9-41	1-9-42
项目				平台、扶梯、栏杆板式制作、安装	平台、扶梯、栏杆格栅式制作、安装
基价（元）				**4 459.46**	**4 720.56**
其中	人工费（元）			2 057.27	2 222.10
	材料费（元）			595.36	645.18
	机械费（元）			1 806.83	1 853.28
名称		单位	单价(元)	消耗量	
人工	二类人工	工日	135.00	15.239	16.460
材料	型钢 综合	t	—	(1.060)	(1.060)

工作内容:制作、安装、除锈、刷油。 **计量单位:**t

定额编号				1-9-43
项目				烟囱 ϕ1 200mm 以内制作、安装
基价(元)				**3 701.22**
其中	人工费(元)			1 863.68
	材料费(元)			639.71
	机械费(元)			1 197.83
名称		单位	单价(元)	消耗量
人工	二类人工	工日	135.00	13.805
材料	型钢 综合	t	—	(1.060)

工作内容:制作、安装、除锈、刷油。 **计量单位:**t

定额编号				1-9-44	1-9-45
项目				烟道圆筒形制作、安装	烟道矩形制作、安装
基价(元)				**3 938.45**	**4 807.22**
其中	人工费(元)			2 222.37	2 707.02
	材料费(元)			554.04	633.52
	机械费(元)			1 162.04	1 466.68
名称		单位	单价(元)	消耗量	
人工	二类人工	工日	135.00	16.462	20.052
材料	型钢 综合	t	—	(1.080)	(1.100)

工作内容:制作、安装、除锈、刷油。 **计量单位:**t

定额编号				1-9-46	1-9-47
项目				料斗制作、安装	
				普通方(矩)形	普通圆形
基价(元)				**3 217.51**	**3 068.56**
其中	人工费(元)			2 007.99	1 889.46
	材料费(元)			575.34	554.88
	机械费(元)			634.18	624.22
名称		单位	单价(元)	消耗量	
人工	二类人工	工日	135.00	14.874	13.996
材料	型钢 综合	t	—	(1.100)	(1.070)

工作内容：制作、安装。　　　　**计量单位：**t

定额编号				1-9-48
项目				料斗制作、安装
				铝合金
基价（元）				**5 128.57**
其中	人工费（元）			3 685.37
	材料费（元）			748.05
	机械费（元）			695.15
名称		单位	单价(元)	消耗量
人工	二类人工	工日	135.00	27.299
材料	铝板	t	—	(1.120)

第二章

电气及智能化系统设备安装工程

章　说　明

本章定额包括 10kV 以下变配电装置、电力配电装置、照明配电装置、电缆工程、防雷与接地、智能化系统设备安装工程,共六节。

第一节　10kV 以下变配电装置

说　　明

一、本节定额包括 10kV 以下室内变配电装置附属设施安装、变压器安装、高压电力配电装置安装、避雷器安装、高压配电柜及共箱母线桥安装、成套箱式变配电站安装、变配电装置调试、配电智能设备安装调试,共 8 个部分。

二、有关说明:

1. 本节定额均未包括变压器、屏(柜)等主要设备本身的价值。变压器、屏(柜)等设备的安装已综合了基础槽钢制作、安装及除锈刷油。

2. 送配电装置系统调试中的 1kV 以下定额适用于从变电所低压配电装置输出的供电回路。

3. 本节定额不包括变压器干燥费用,确需干燥的,干燥费用另行计算。

4. 非晶合金变压器安装根据容量执行相应的变压器安装定额子目。

工程量计算规则

一、室内变配电装置附属设施安装,分别按变压器总容量以"座"为计量单位。

二、变压器、断路器、隔离开关、互感器、高压配电柜安装均以"台(组)"为计量单位。

三、避雷器安装以"组"为计量单位。

四、共箱母线桥安装以"组"为计量单位。

五、成套箱式变电站安装以"台"为计量单位。

六、送配电装置系统调试以"系统"为计量单位。

七、电气装置调试以"套(台)"为计量单位,避雷器、电容器调试以"组"为计量单位。特殊保护装置调试,均以构成一个保护回路系统为一套。

八、配电智能设备安装调试按配电智能设备工作站数量以"系统"为计量单位。定额按照变配电室低压侧配电屏数量 20 台、每台配电屏采集器点位 3 处来考虑。

一、室内变配电装置附属设施安装

工作内容：变压器至低压进线柜主母线安装，变配电室内保护、控制、计量等装置二次电缆及管线敷设，双电源配电箱及其进线电缆安装，照明线路安装，接地装置安装，保护网及网门制作、安装，型钢支架制作安装及除锈刷漆，设备补漆，变配电室内防火封堵，其他附属设施安装。 **计量单位：**座

定额编号				2-1-1	2-1-2	2-1-3	2-1-4
项目				变配电站 10kV（容量 kV·A）			
				≤1 000	≤2 000	≤4 000	>4 000
基价（元）				**34 160.14**	**41 941.00**	**48 863.35**	**57 514.72**
其中	人工费（元）			13 310.87	16 173.00	18 794.70	22 303.89
	材料费（元）			19 702.57	24 430.24	28 522.25	33 361.52
	机械费（元）			1 146.70	1 337.76	1 546.40	1 849.31
	名称	单位	单价（元）	消耗量			
人工	二类人工	工日	135.00	98.599	119.800	139.220	165.214
材料	电力电缆	m	—	(42.420)	(67.670)	(93.930)	(121.200)
	电缆终端盒	套	—	(6.120)	(8.160)	(10.200)	(12.240)
	矩形铜母线	m·单片	—	(5.422)	(6.506)	(8.133)	(13.555)
	控制电缆	m	—	(25.375)	(52.780)	(75.110)	(92.365)
	成套配电箱	台	—	(1.000)	(1.000)	(1.000)	(1.000)
	成套插座	套	8.26	5.100	7.140	9.180	12.240
	照明开关	只	11.69	4.080	6.120	8.160	8.160
	接地母线	m	4.94	37.590	45.108	53.382	68.418
	接地极	根	54.30	4.670	5.604	6.678	8.546
	角钢 Q235B 综合	kg	3.97	639.280	740.136	915.204	1 070.238
	热轧光圆钢筋 综合	kg	3.97	50.400	57.600	65.600	76.800
	扁钢 Q235B 综合	kg	3.96	138.600	158.400	180.400	211.200
	防火隔板	m^2	137.50	1.520	2.270	3.020	4.540
	碳素结构钢焊接钢管 *DN*20×2.8	m	5.73	264.710	317.652	359.985	391.812
	碳素结构钢焊接钢管 *DN*32×3.5	m	8.09	23.690	28.428	35.020	37.698
	碳素结构钢焊接钢管 *DN*100×4.0	m	37.24	91.670	110.004	114.639	133.797
	铜芯塑料绝缘线 BV2.5	m	1.29	286.720	345.680	399.040	451.240
	铜芯塑料绝缘线 BV4	m	1.90	151.800	160.600	172.700	231.000
	铜芯塑料绝缘线 BV35	m	16.38	289.800	359.100	402.150	402.150
	有机防火堵料	t	5 919.00	0.312	0.465	0.620	0.827
	阻火包	m^3	3 620.00	0.173	0.259	0.346	0.519
	镀锌圆钢 ϕ5.5～9	kg	4.67	5.919	7.103	7.654	8.705
	酚醛调和漆	kg	11.29	29.096	30.780	34.792	42.428

二、变压器安装

工作内容:变压器安装,保护罩安装,配合电气试验,油过滤,接地,基础槽钢及支架制作、安装,除锈刷漆;电力变压器系统调试。

计量单位:台

定额编号				2-1-5	2-1-6	2-1-7	2-1-8
项目				油浸式变压器(kV·A)			
				$S\leq1\ 000$	$S\leq2\ 000$	$S\leq4\ 000$	$S\leq10\ 000$
基价(元)				**5 568.71**	**6 030.76**	**9 229.96**	**16 452.45**
其中	人工费(元)			2 814.48	3 188.03	4 713.93	8 097.84
	材料费(元)			1 736.94	1 774.43	3 019.19	5 672.40
	机械费(元)			1 017.29	1 068.30	1 496.84	2 682.21
名称		单位	单价(元)	消耗量			
人工	二类人工	工日	135.00	20.848	23.615	34.918	59.984
材料	变压器	台	—	(1.000)	(1.000)	(1.000)	(1.000)
	型钢 综合	kg	3.84	35.700	35.700	35.700	42.000
	酚醛磁漆	kg	12.07	0.200	0.300	0.300	0.400
	酚醛调和漆	kg	11.29	2.412	3.112	3.612	7.220
	汽油 综合	kg	6.12	0.600	1.200	1.500	3.600
	中厚钢板 综合	kg	3.71	19.442	19.442	36.156	56.113
	热轧带肋钢筋 HRB400 $\phi10$	kg	3.94	1.397	1.397	1.397	1.644

工作内容:变压器安装,保护罩安装,配合电气试验,接地,基础槽钢及支架制作、安装,除锈刷漆;电力变压器系统调试。

计量单位:台

定额编号				2-1-9	2-1-10	2-1-11	2-1-12
项目				干式变压器(kV·A)			
				$S\leq1\ 000$	$S\leq2\ 000$	$S\leq4\ 000$	$S\leq8\ 000$
基价(元)				**3 208.29**	**3 457.70**	**4 272.73**	**5 627.50**
其中	人工费(元)			2 172.15	2 366.42	2 925.59	3 834.00
	材料费(元)			327.83	336.52	352.89	442.05
	机械费(元)			708.31	754.76	994.25	1 351.45
名称		单位	单价(元)	消耗量			
人工	二类人工	工日	135.00	16.090	17.529	21.671	28.400
材料	变压器	台	—	(1.000)	(1.000)	(1.000)	(1.000)
	型钢 综合	kg	3.84	35.700	35.700	35.700	35.700
	酚醛调和漆	kg	11.29	3.612	3.612	3.612	5.412
	汽油 综合	kg	6.12	1.000	1.500	1.500	2.400
	中厚钢板 综合	kg	3.71	0.340	0.340	0.340	0.340
	热轧带肋钢筋 HRB400 $\phi10$	kg	3.94	1.397	1.397	1.397	1.397

三、高压电力配电装置安装

工作内容：油断路器安装，接地，支架制作、安装，除锈刷漆。　　计量单位：台

定额编号				2-1-13	2-1-14	2-1-15
项目				油断路器		
				户内少油(A 以内)		
				1 000	3 000	8 000
基价（元）				712.25	1 251.70	2 580.09
其中	人工费（元）			511.25	955.26	2 094.80
	材料费（元）			124.94	184.18	314.30
	机械费（元）			76.06	112.26	170.99
名称		单位	单价(元)	消耗量		
人工	二类人工	工日	135.00	3.787	7.076	15.517
材料	断路器	台	—	(1.000)	(1.000)	(1.000)
	热轧光圆钢筋 综合	kg	3.97	0.960	0.960	0.960
	扁钢 Q235B 综合	kg	3.96	2.640	2.640	2.640
	角钢 Q235B 综合	kg	3.97	9.000	9.000	9.000
	酚醛调和漆	kg	11.29	0.260	0.460	0.780
	汽油 综合	kg	6.12	0.400	0.640	1.200
	钢丝刷子	把	2.59	0.018	0.018	0.018
	溶剂汽油	kg	5.40	0.088	0.088	0.088

工作内容：断路器安装，接地，支架制作、安装，除锈刷漆。　　计量单位：台

定额编号				2-1-16	2-1-17
项目				断路器 4 000A 以下	
				真空	六氟化硫
基价（元）				782.59	913.44
其中	人工费（元）			551.75	620.46
	材料费（元）			124.85	186.99
	机械费（元）			105.99	105.99
名称		单位	单价(元)	消耗量	
人工	二类人工	工日	135.00	4.087	4.596
材料	断路器	台	—	(1.000)	(1.000)
	热轧光圆钢筋 综合	kg	3.97	0.960	0.960
	扁钢 Q235B 综合	kg	3.96	2.640	2.640
	角钢 Q235B 综合	kg	3.97	9.000	9.000
	酚醛调和漆	kg	11.29	0.324	0.324
	汽油 综合	kg	6.12	0.320	0.320

工作内容:隔离开关安装,支架制作、安装,除锈刷油,接地,拉杆配制和安装,操作机构联锁装置和信号装置接头检查。

计量单位:组

定额编号				2-1-18	2-1-19	2-1-20
项目				隔离开关(A 以内)		
				2 000	8 000	15 000
基价(元)				**958.32**	**1 482.54**	**1 946.74**
其中	人工费(元)			525.83	924.48	1 253.48
	材料费(元)			385.24	451.03	515.72
	机械费(元)			47.25	107.03	177.54
名称		单位	单价(元)	消耗量		
人工	二类人工	工日	135.00	3.895	6.848	9.285
材料	开关	组	—	(1.000)	(1.000)	(1.000)
	热轧光圆钢筋 综合	kg	3.97	0.960	0.960	0.960
	扁钢 Q235B 综合	kg	3.96	2.640	2.640	2.640
	角钢 Q235B 综合	kg	3.97	9.000	9.000	9.000
	型钢 综合	kg	3.84	29.600	33.600	40.000
	酚醛调和漆	kg	11.29	0.420	0.500	0.660
	汽油 综合	kg	6.12	0.320	0.496	0.560

四、避雷器安装

工作内容:避雷器安装,接地,试验。

计量单位:组

定额编号				2-1-21
项目				避雷器 10kV 以内
基价(元)				**380.03**
其中	人工费(元)			257.85
	材料费(元)			54.49
	机械费(元)			67.69
名称		单位	单价(元)	消耗量
人工	二类人工	工日	135.00	1.910
材料	避雷器	组	—	(1.000)
	酚醛调和漆	kg	11.29	0.080
	汽油 综合	kg	6.12	0.080

五、高压配电柜及母线桥安装

工作内容：本体安装，母线及绝缘子安装，接地，基础槽钢制作、安装，除锈刷漆。　　**计量单位：**台

定额编号				2-1-22	2-1-23	2-1-24
项目				单母线柜		
				油断路器柜	互感器柜及避雷器柜	电容器柜及其他柜
基价（元）				**1 238.67**	**1 127.69**	**1 098.14**
其中	人工费（元）			833.63	726.30	657.18
	材料费（元）			261.25	257.60	259.67
	机械费（元）			143.79	143.79	181.29
名称		单位	单价(元)	消耗量		
人工	二类人工	工日	135.00	6.175	5.380	4.868
材料	成套配电柜	台	—	(1.000)	(1.000)	(1.000)
	矩形铜母线	m·单片	—	(5.115)	(5.115)	(5.115)
	支持绝缘子	个	5.60	3.060	3.060	3.060
	型钢 综合	kg	3.84	18.900	18.900	18.900
	热轧光圆钢筋 综合	kg	3.97	0.400	0.400	0.400
	扁钢 Q235B 综合	kg	3.96	1.100	1.100	1.100
	角钢 Q235B 综合	kg	3.97	3.750	3.750	3.750
	红丹防锈漆	kg	6.90	0.080	0.080	0.080
	调和漆	kg	11.21	0.080	0.080	0.080
	铜芯塑料绝缘线 BVR16	m	10.01	0.800	0.800	0.800
	汽油 综合	kg	6.12	0.530	0.530	0.430
	酚醛磁漆	kg	12.07	0.330	0.330	0.330
	镀锌扁钢 综合	kg	3.93	4.207	4.207	4.207
	中厚钢板 综合	kg	3.71	0.180	0.180	0.180
	低碳钢焊条 综合	kg	6.72	0.615	0.615	0.615
	酚醛调和漆	kg	11.29	0.408	0.408	0.408
	热轧带肋钢筋 HRB400 $\phi10$	kg	3.94	0.740	0.740	0.740

工作内容:本体安装,母线及绝缘子安装,接地,基础槽钢制作、安装,除锈刷漆。 计量单位:台

定额编号					2-1-25	2-1-26	2-1-27
项目					双母线柜		
					断路器柜	互感器柜及避雷器柜	电容器柜及其他柜
基价(元)					**1 649.73**	**1 523.55**	**1 437.12**
其中	人工费(元)				1 076.90	954.72	828.09
	材料费(元)				380.76	376.76	379.46
	机械费(元)				192.07	192.07	229.57
名称		单位	单价(元)		消耗量		
人工	二类人工	工日	135.00		7.977	7.072	6.134
材料	成套配电柜	台	—		(1.000)	(1.000)	(1.000)
	矩形铜母线	m·单片	—		(10.230)	(10.230)	(10.230)
	支持绝缘子	个	5.60		6.120	6.120	6.120
	型钢 综合	kg	3.84		18.900	18.900	18.900
	热轧光圆钢筋 综合	kg	3.97		0.400	0.400	0.400
	扁钢 Q235B 综合	kg	3.96		1.100	1.100	1.100
	角钢 Q235B 综合	kg	3.97		3.750	3.750	3.750
	红丹防锈漆	kg	6.90		0.550	0.550	0.550
	调和漆	kg	11.21		0.550	0.550	0.550
	铜芯塑料绝缘线 BVR16	m	10.01		0.800	0.800	0.800
	汽油 综合	kg	6.12		0.835	0.835	0.835
	酚醛磁漆	kg	12.07		0.660	0.660	0.660
	镀锌扁钢 综合	kg	3.93		7.987	7.987	7.987
	中厚钢板 综合	kg	3.71		0.180	0.180	0.180
	低碳钢焊条 综合	kg	6.72		0.699	0.699	0.699
	酚醛调和漆	kg	11.29		0.417	0.417	0.417
	热轧带肋钢筋 HRB400 $\phi10$	kg	3.94		0.740	0.740	0.740

工作内容：母线桥安装，接地，支架制作、安装，除锈刷漆。 **计量单位**：组

定 额 编 号				2-1-28
项 目				共箱母线桥安装
基 价 (元)				**6 159.37**
其中	人 工 费 (元)			3 135.51
	材 料 费 (元)			1 372.06
	机 械 费 (元)			1 651.80
名 称		单位	单价(元)	消 耗 量
人工	二类人工	工日	135.00	23.226
材料	共箱铜母线桥	组	—	(1.000)
	热轧光圆钢筋 综合	kg	3.97	12.800
	扁钢 Q235B 综合	kg	3.96	35.200
	角钢 Q235B 综合	kg	3.97	120.000
	酚醛调和漆	kg	11.29	3.680
	汽油 综合	kg	6.12	1.600

六、成套箱式变配电站安装

工作内容：本体安装，接地。 **计量单位**：台

定 额 编 号				2-1-29	2-1-30	2-1-31
项 目				成套箱式变配电站(带高压开关柜)(kV·A)		成套箱式变配电站(不带高压开关柜)(kV·A)
				$S \leqslant 630$	$S \leqslant 1\ 600$	$S \leqslant 630$
基 价 (元)				**2 364.62**	**3 352.54**	**1 783.25**
其中	人 工 费 (元)			1 207.58	2 017.04	864.54
	材 料 费 (元)			689.83	868.29	454.83
	机 械 费 (元)			467.21	467.21	463.88
名 称		单位	单价(元)	消 耗 量		
人工	二类人工	工日	135.00	8.945	14.941	6.404
材料	成套箱式变电站	台	—	(1.000)	(1.000)	(1.000)
	汽油 综合	kg	6.12	0.800	1.200	0.400
	调和漆	kg	11.21	0.480	0.640	0.400

七、变配电装置调试

工作内容:自动开关或断路器、隔离开关、常规保护装置、电测量仪表、电力电缆及一、二次回路系统的调试。

计量单位:系统

定额编号				2-1-32	2-1-33	2-1-34
项目				送配电装置系统调试		
				10kV 以下交流供电	1kV 以下交流供电	500V 以下直流供电
基价(元)				**781.75**	**164.70**	**150.58**
其中	人工费(元)			607.50	137.70	110.70
	材料费(元)			13.86	3.72	2.97
	机械费(元)			160.39	23.28	36.91
名称		单位	单价(元)	消耗量		
人工	二类人工	工日	135.00	4.500	1.020	0.820

工作内容:自动装置、继电器等,保护装置本体及二次回路的调试。

计量单位:套(台)

定额编号				2-1-35	2-1-36	2-1-37	2-1-38	2-1-39
项目				电气装置调试				
				特殊保护装置调试	自动投入装置调试	中央信号装置调试	事故照明切换装置调试	不间断电源装置调试
基价(元)				**849.24**	**826.91**	**759.56**	**116.84**	**3 040.01**
其中	人工费(元)			586.85	514.35	626.40	84.51	2 194.02
	材料费(元)			16.67	14.16	16.79	2.23	59.96
	机械费(元)			245.72	298.40	116.37	30.10	786.03
名称		单位	单价(元)	消耗量				
人工	二类人工	工日	135.00	4.347	3.810	4.640	0.626	16.252

工作内容:避雷器、电容器,电测量仪表及一、二次回路的调试,接地电阻测试。

计量单位:组

定额编号				2-1-40	2-1-41	2-1-42
项目				电气装置调试		
				避雷器 10kV 以下	电容器 1kV 以下	电容器 10kV 以下
基价(元)				**232.14**	**95.24**	**233.16**
其中	人工费(元)			166.19	69.26	166.19
	材料费(元)			4.46	1.86	4.46
	机械费(元)			61.49	24.12	62.51
名称		单位	单价(元)	消耗量		
人工	二类人工	工日	135.00	1.231	0.513	1.231

八、配电智能设备安装、调试

工作内容：远方终端设备安装，子站设备安装及调试，服务器、工作站等主站系统设备安装，采集系统安装、固定、接地、系统调试。

计量单位：见表

定额编号				2-1-43	2-1-44
项目				配电智能设备安装、调试	
				配电智能设备安装、调试	每增减1个采集器点位
计量单位				系统	点
基价（元）				**7 704.80**	**135.70**
其中	人工费（元）			6 558.03	112.73
	材料费（元）			699.57	22.39
	机械费（元）			447.20	0.58
名称		单位	单价(元)	消耗量	
人工	二类人工	工日	135.00	48.578	0.835
材料	配电智能设备	套	—	(1.000)	—
	扁钢 Q235B 综合	kg	3.96	2.000	—
	铜芯塑料绝缘线 BV 3×2.5	m	5.17	1.000	—

第二节　电力配电装置

说　　明

一、本节定额包括电力配电装置线路安装、电力配电装置安装、滑触线安装、插接式母线槽安装,共4 个部分。

二、有关说明:

1. 电力配电装置线路安装定额适用于配电总箱(柜)或母线槽插接箱后配电设备电力线路的安装,分"民用建筑"和"一般工业建筑",钢管、电缆、电线、线槽(桥架)等主材费按设计要求规格、型号、材质计算。其中公共建筑中的公寓、星级酒店、展馆的电力配电装置线路安装执行"一般公共建筑"相应子目,基价及未计价主材消耗量乘以系数 1.30。

2. 本节定额中均未包括箱、柜、屏、台、母线槽等本身的价值。

3. 各种箱、柜的安装定额均已综合铜接线端子,支架制作、安装及除锈刷漆等内容。

4. 滑触线、插接式母线槽的安装已综合支架制作、安装及除锈刷漆。

5. 滑触线安装定额按照安装高度小于或等于 10m 编制,若安装高度大于 10m 时,超出部分的安装工程量按照定额人工乘以系数 1.10。

6. 三相安全型滑触线执行单相滑触线安装定额,基价乘以系数 2.00。

7. 本节定额"民用建筑电力配电装置线路安装"子目中住宅的建筑高度按建筑室外设计地面至檐口底的高度,不包括突出屋面的电梯机房、屋顶亭子间及屋顶水箱的高度。

工程量计算规则

一、电力配电装置线路安装以实际用电设备的容量"kW"为计量单位。

二、配电箱、柜、屏、台安装均以"台"为计量单位。

三、滑触线安装以"m/单相"为计量单位,滑触线指示灯安装以"套"为计量单位。

四、母线槽安装以"m"为计量单位,母线槽进线箱、始端箱安装以"台"为计量单位。

一、电力配电装置线路安装

工作内容：配管、配线，电缆敷设，接线盒、线槽桥架安装，桥架接地母线敷设，接地。　　**计量单位：**kW

	定额编号			2-2-1	2-2-2	2-2-3
	项目			民用建筑电力配电线路		
				20m 以下住宅	100m 以下住宅	一般公共建筑
	基价（元）			**22.83**	**47.04**	**61.91**
其中	人工费（元）			16.61	31.86	44.42
	材料费（元）			5.26	11.06	11.78
	机械费（元）			0.96	4.12	5.71
	名称	单位	单价（元）	消耗量		
人工	二类人工	工日	135.00	0.123	0.236	0.329
材料	控制电缆	m	—	(0.406)	(0.305)	(0.508)
	电力电缆	m	—	(0.909)	(1.010)	(1.515)
	铜芯塑料绝缘线	m	—	(5.609)	(10.345)	(9.295)
	碳素结构钢焊接钢管 综合	m	—	(0.156)	(0.365)	(0.572)
	电缆桥架 综合	m	—	(0.343)	(0.576)	(0.606)
	碳素结构钢镀锌焊接钢管 综合	m	—	—	(0.412)	(0.412)
	接地极	根	54.30	—	—	—
	接地母线	m	4.94	0.357	0.599	0.630
	镀锌圆钢 $\phi5.5\sim9$	kg	4.67	0.010	0.027	0.028
	酚醛防锈漆	kg	6.90	0.004	0.007	0.009
	醇酸清漆	kg	12.50	—	0.002	0.002
	铜芯塑料绝缘线 BVR6	m	3.45	0.061	0.098	0.096

工作内容:配管、配线、电缆敷设接线盒、线槽桥架安装,桥架接地母线敷设,接地。 **计量单位:**kW

定额编号					2-2-4
项目					一般工业建筑电力配电线路
基价(元)					**78.45**
其中	人工费(元)				64.26
	材料费(元)				8.37
	机械费(元)				5.82
名称			单位	单价(元)	消耗量
人工	二类人工		工日	135.00	0.476
材料	电力电缆		m	—	(0.505)
	碳素结构钢焊接钢管 综合		m	—	(1.030)
	铜芯塑料绝缘线		m	—	(5.880)
	电缆桥架 综合		m	—	(0.970)
	碳素结构钢镀锌焊接钢管 综合		m	—	(0.206)
	控制电缆		m	—	(1.624)
	接地母线		m	4.94	0.210
	沥青清漆		kg	9.83	0.006
	镀锌圆钢 $\phi5.5\sim9$		kg	4.67	0.016
	醇酸清漆		kg	12.50	0.001
	铜芯塑料绝缘线 BVR6		m	3.45	0.155
	铜芯塑料绝缘线 BVR4		m	2.16	0.006

二、电力配电装置安装

工作内容：本体安装，基础槽钢、支架制作与安装，除锈刷漆，接地。　　计量单位：台

定额编号				2-2-5	2-2-6	2-2-7
项目				低压配电柜	继电、信号屏	控制屏
基价（元）				**852.87**	**916.47**	**813.60**
其中	人工费（元）			552.69	628.56	527.04
	材料费（元）			184.03	184.82	183.47
	机械费（元）			116.15	103.09	103.09
名称		单位	单价(元)	消耗量		
人工	二类人工	工日	135.00	4.094	4.656	3.904
材料	低压成套配电柜	台	—	(1.000)	—	—
	控制及低压设备	台	—	—	(1.000)	(1.000)
	型钢 综合	kg	3.84	25.200	25.200	25.200
	热轧光圆钢筋 综合	kg	3.97	0.480	0.480	0.480
	扁钢 Q235B 综合	kg	3.96	1.320	1.320	1.320
	角钢 Q235B 综合	kg	3.97	4.500	4.500	4.500
	调和漆	kg	11.21	0.200	—	—
	汽油 综合	kg	6.12	0.200	—	—
	中厚钢板 综合	kg	3.71	0.240	0.240	0.240
	酚醛调和漆	kg	11.29	0.522	0.622	0.622
	热轧带肋钢筋 HRB400 $\phi10$	kg	3.94	0.986	0.986	0.986

工作内容:本体安装,基础槽钢、支架制作与安装,除锈刷漆,接地。 **计量单位**:台

定额编号				2-2-8	2-2-9	2-2-10
项目				直流充电屏、馈电屏	模拟屏 屏宽(m 以内) 1	模拟屏 屏宽(m 以内) 2
基价(元)				**636.55**	**1 322.86**	**1 955.19**
其中	人工费(元)			442.40	972.68	1 480.14
	材料费(元)			135.43	157.58	195.72
	机械费(元)			58.72	192.60	279.33
名称		单位	单价(元)	消耗量		
人工	二类人工	工日	135.00	3.277	7.205	10.964
材料	控制及低压设备	台	—	(1.000)	(1.000)	(1.000)
	型钢 综合	kg	3.84	25.200	25.200	29.400
	酚醛磁漆	kg	12.07	0.020	—	—
	汽油 综合	kg	6.12	0.050	—	—
	中厚钢板 综合	kg	3.71	0.240	0.240	0.280
	酚醛调和漆	kg	11.29	0.432	0.532	0.664
	热轧带肋钢筋 HRB400 ϕ10	kg	3.94	0.986	0.986	1.151

注:模拟屏包括电气调试。

工作内容:本体安装,基础槽钢、支架制作与安装,除锈刷漆,接地。 **计量单位**:台

定额编号				2-2-11	2-2-12
项目				落地配电箱	墙装配电箱
基价(元)				**678.59**	**337.19**
其中	人工费(元)			431.33	250.83
	材料费(元)			157.42	74.35
	机械费(元)			89.84	12.01
名称		单位	单价(元)	消耗量	
人工	二类人工	工日	135.00	3.195	1.858
材料	成套配电箱	台	—	(1.000)	(1.000)
	型钢 综合	kg	3.84	25.200	—
	热轧光圆钢筋 综合	kg	3.97	—	0.640
	扁钢 Q235B 综合	kg	3.96	—	1.760
	角钢 Q235B 综合	kg	3.97	—	6.000
	中厚钢板 综合	kg	3.71	0.240	—
	酚醛调和漆	kg	11.29	0.382	0.085
	热轧带肋钢筋 HRB400 ϕ10	kg	3.94	0.986	—

工作内容：控制台：本体安装，电气调试，基础槽钢制作、安装，除锈刷油，接地。　　计量单位：台

定额编号				2-2-13	2-2-14
项目				控制台	
				台宽（m 以内）	
				1	2
基价（元）				**1 031.00**	**1 619.70**
其中	人工费（元）			689.99	1 104.57
	材料费（元）			242.44	361.25
	机械费（元）			98.57	153.88
名称		单位	单价（元）	消耗量	
人工	二类人工	工日	135.00	5.111	8.182
材料	控制及低压设备	台	—	(1.000)	(1.000)
	型钢 综合	kg	3.84	42.000	63.000
	酚醛磁漆	kg	12.07	0.030	0.050
	酚醛调和漆	kg	11.29	0.820	1.280
	中厚钢板 综合	kg	3.71	0.400	0.600
	热轧带肋钢筋 HRB400 ϕ10	kg	3.94	1.644	2.466

工作内容：1. 控制台：本体安装，电气调试，基础槽钢制作、安装，除锈刷油，接地。
2. 检修箱：本体安装，支架制作、安装，除锈刷油，接地。　　计量单位：台

定额编号				2-2-15	2-2-16
项目				控制台宽 4m 以内	检修箱
基价（元）				**3 185.81**	**261.50**
其中	人工费（元）			2 126.12	171.59
	材料费（元）			743.66	34.44
	机械费（元）			316.03	55.47
名称		单位	单价（元）	消耗量	
人工	二类人工	工日	135.00	15.749	1.271
材料	控制及低压设备	台	—	(1.000)	(1.000)
	型钢 综合	kg	3.84	126.000	—
	热轧光圆钢筋 综合	kg	3.97	—	0.320
	扁钢 Q235B 综合	kg	3.96	—	0.880
	角钢 Q235B 综合	kg	3.97	—	3.000
	酚醛磁漆	kg	12.07	0.100	0.010
	酚醛调和漆	kg	11.29	2.960	0.030
	中厚钢板 综合	kg	3.71	1.200	—
	热轧带肋钢筋 HRB400 ϕ10	kg	3.94	4.932	—

三、滑触线安装

工作内容:1. 型钢滑触线:滑触线安装,支架安装及除锈刷漆。
2. 滑触线指示灯:安装。
3. 安全型滑触线:滑触线安装,支架制作安装及除锈刷漆。 **计量单位**:见表

定额编号					2-2-17	2-2-18	2-2-19
项目					型钢滑触线	滑触线指示灯	安全型滑触线
计量单位					100m/单相	套	100m/单相
基价(元)					**3 017.46**	**55.96**	**3 634.40**
其中	人工费(元)				2 147.99	14.72	2 357.24
	材料费(元)				478.85	39.97	824.36
	机械费(元)				390.62	1.27	452.80
名称			单位	单价(元)	消耗量		
人工	二类人工		工日	135.00	15.911	0.109	17.461
材料	滑触线		m·单相	—	(103.470)	—	(100.500)
	滑触线支架		副	—	(11.055)	—	—
	角钢 Q235B 综合		kg	3.97	11.716	—	94.500
	热轧光圆钢筋 综合		kg	3.97	0.880	—	10.080
	扁钢 Q235B 综合		kg	3.96	2.420	—	27.720
	酚醛调和漆		kg	11.29	2.198	—	3.195
	中厚钢板 综合		kg	3.71	—	0.450	—
	型钢 综合		kg	3.84	—	—	3.476
	汽油 综合		kg	6.12	—	—	0.360

四、插接式母线槽安装

工作内容：绝缘测试、吊装就位、本体及配件安装，接地，支架制作、安装，除锈刷漆，补漆。 **计量单位：**10m

定额编号				2-2-20	2-2-21	2-2-22	2-2-23	2-2-24
项目				插接式母线槽(A 以内)				
				400	1 250	2 000	4 000	5 000
基价（元）				**788.43**	**1 077.78**	**1 384.74**	**1 662.06**	**1 884.26**
其中	人工费（元）			419.04	595.49	816.62	1 018.85	1 172.88
	材料费（元）			257.06	330.93	397.70	447.83	485.04
	机械费（元）			112.33	151.36	170.42	195.38	226.34
名称		单位	单价(元)	消耗量				
人工	二类人工	工日	135.00	3.104	4.411	6.049	7.547	8.688
材料	母线槽	m	—	(10.000)	(10.000)	(10.000)	(10.000)	(10.000)
	热轧光圆钢筋 综合	kg	3.97	2.240	3.040	3.360	3.680	3.840
	扁钢 Q235B 综合	kg	3.96	6.160	8.360	9.240	10.120	10.560
	角钢 Q235B 综合	kg	3.97	21.000	28.500	31.500	34.500	36.000
	酚醛调和漆	kg	11.29	0.524	0.714	0.830	0.930	1.016
	汽油 综合	kg	6.12	0.344	0.380	0.416	0.416	0.504
	铜芯塑料绝缘线 BVR35	m	19.83	1.952	1.952	1.952	1.952	1.952

工作内容：绝缘测试，本体安装，接地，补漆。 **计量单位：**台

定额编号				2-2-25	2-2-26	2-2-27	2-2-28
项目				插接式母线槽进出分线箱(A 以内)			
				100	300	600	1 000
基价（元）				**77.08**	**104.53**	**116.61**	**140.59**
其中	人工费（元）			52.38	79.79	89.78	112.32
	材料费（元）			24.70	24.74	26.83	28.27
	机械费（元）			—	—	—	—
名称		单位	单价(元)	消耗量			
人工	二类人工	工日	135.00	0.388	0.591	0.665	0.832
材料	分线箱	台	—	(1.000)	(1.000)	(1.000)	(1.000)
	汽油 综合	kg	6.12	0.160	0.160	0.160	0.160
	铜芯塑料绝缘线 BVR35	m	19.83	0.496	0.496	0.496	0.496

工作内容:绝缘测试,本体安装,接地,支架制作、安装,除锈刷漆,补漆。 **计量单位**:台

定额编号				2-2-29	2-2-30	2-2-31	2-2-32
项目				插接式母线槽始端箱(A 以内)			
				1 250	2 000	4 000	5 000
基价(元)				**206.24**	**227.91**	**303.99**	**413.08**
其中	人工费(元)			152.01	173.34	235.44	343.85
	材料费(元)			51.57	51.91	64.94	65.62
	机械费(元)			2.66	2.66	3.61	3.61
名称		单位	单价(元)	消耗量			
人工	二类人工	工日	135.00	1.126	1.284	1.744	2.547
材料	始端箱	台	—	(1.000)	(1.000)	(1.000)	(1.000)
	热轧光圆钢筋 综合	kg	3.97	0.160	0.160	0.240	0.240
	扁钢 Q235B 综合	kg	3.96	0.440	0.440	0.660	0.660
	角钢 Q235B 综合	kg	3.97	1.500	1.500	2.250	2.250
	酚醛调和漆	kg	11.29	0.110	0.110	0.165	0.165
	汽油 综合	kg	6.12	0.280	0.280	0.320	0.360
	铜芯塑料绝缘线 BVR35	m	19.83	0.488	0.488	0.488	0.488

第三节 照明配电装置

说 明

一、本节定额包括照明配电线路安装、楼宇亮化配电线路安装、一般灯具安装、楼宇亮化灯具安装、太阳光导入照明系统安装及其他电器安装,共6个部分。

二、有关说明:

1. 照明配电线路安装定额适用于建筑物室内照明装置安装及管线敷设,内容包括照明系统(含应急照明系统)配电箱后的配管、配线、接线盒、开关、开关盒、插座、插座盒安装;如初步设计图在二次装修区域仅配置了应急照明系统,则相应区域的照明配电线路安装执行本节定额时,基价乘以系数0.40。如住宅户内各功能房间仅配置"一灯一开一插"时,则相应区域照明配电线路安装执行本节定额时,基价乘以系数0.40。

2. 楼宇亮化配电线路安装定额已包括了灯具自控回路的配管配线,但不包括自控设备及安装点光源的铝合金线槽或钢丝绳索。

3. 照明灯具安装定额仅考虑一般灯具安装,装饰灯具安装执行《浙江省通用安装工程预算定额》(2018版)的相应定额子目。

4. 路灯、障碍灯、广场灯的安装定额,均考虑了超高安装(操作超高)因素。

5. 照明配电箱、电表箱、分户箱(板)安装执行本章第二节"电力配电装置"的相应子目。

6. 本节定额"照明配电线路安装"子目中住宅的建筑高度按建筑室外设计地面至檐口底的高度,不包括突出屋面的电梯机房、屋顶亭子间及屋顶水箱的高度。

工程量计算规则

一、照明配电线路安装按建筑面积以"m^2"为计量单位。

二、楼宇亮化配电线路安装按灯具数量以"点"为计量单位,其中线性灯具设计已明确的,按设计图纸数量计入,设计不明确的,按每米一个点计算。

三、灯具安装均以"套""m"为计量单位,其他电器安装以"台"为计量单位。

一、照明配电线路安装

工作内容:照明箱后的支线配管、配线,开关、插座安装。 **计量单位**:m^2

定额编号				2-3-1	2-3-2
项目				20m以下住宅	100m以下住宅
基价(元)				**29.60**	**32.37**
其中	人工费(元)			10.53	14.72
	材料费(元)			19.05	17.51
	机械费(元)			0.02	0.14
名称		单位	单价(元)	消耗量	
人工	二类人工	工日	135.00	0.078	0.109
材料	钢制接线盒	个	3.11	—	0.090
	塑料接线盒	个	1.06	0.286	0.206
	铜芯多股绝缘电线	m	0.52	—	0.540
	照明开关	只	11.69	0.102	0.082
	成套插座	套	8.26	0.122	0.112
	铜芯塑料绝缘线 BV2.5	m	1.29	4.437	3.915
	铜芯塑料绝缘线 BV4	m	1.90	1.320	0.660
	JDG 电线套管(镀锌) G20 20×1.0	m	4.72	0.206	0.103
	JDG 电线套管(镀锌) G25 25×1.2	m	6.24	0.103	0.103
	刚性阻燃管 *DN*20	m	1.34	1.696	1.908
	刚性阻燃管 *DN*25	m	1.90	0.212	0.530
	铜芯塑料绝缘线 BVR4	m	2.16	0.010	0.006
	铜芯塑料绝缘线 WDZAN-BYJ-2.5	m	1.80	1.479	1.305
	镀锌圆钢 ϕ5.5~9	kg	4.67	—	0.005
	沥青清漆	kg	9.83	—	0.003

工作内容：照明箱后的支线配管、配线、开关、插座、线槽(桥架)安装。　　**计量单位：**m^2

定额编号					2-3-3	2-3-4
项目					一般公共建筑	一般工业建筑
基价(元)					**30.53**	**22.38**
其中	人工费(元)				11.75	8.24
	材料费(元)				18.53	14.02
	机械费(元)				0.25	0.12
名称			单位	单价(元)	消耗量	
人工	二类人工		工日	135.00	0.087	0.061
材料	照明开关		只	6.12	0.041	0.010
	成套插座		套	8.26	0.041	0.010
	电缆桥架 综合		m	64.66	—	0.010
	碳素结构钢焊接钢管 *DN*20×2.8		m	5.73	0.618	0.309
	铜芯塑料绝缘线 WDZA-BYJ-2.5		m	1.36	3.621	2.386
	铜芯塑料绝缘线 WDZA-BYJ-4		m	2.16	0.220	0.440
	JDG电线套管(镀锌) G20 20×1.0		m	4.72	0.839	0.824
	JDG电线套管(镀锌) G25 25×1.2		m	6.24	0.103	0.103
	铜芯塑料绝缘线 BVR6		m	3.45	—	0.002
	铜芯塑料绝缘线 WDZAN-BYJ-2.5		m	1.80	1.207	0.796
	镀锌圆钢 ϕ5.5~9		kg	4.67	0.005	0.003
	沥青清漆		kg	9.83	0.003	0.002

工作内容：照明箱后的支线配管、配线，开关、插座安装。　　**计量单位：**m^2

定额编号					2-3-5	2-3-6
项目					装配式住宅	装配式公共建筑
基价(元)					**30.01**	**28.54**
其中	人工费(元)				12.29	10.53
	材料费(元)				17.59	17.76
	机械费(元)				0.13	0.25
名称			单位	单价(元)	消耗量	
人工	二类人工		工日	135.00	0.091	0.078
材料	铜芯多股绝缘电线		m	0.52	0.540	0.648
	照明开关		只	11.69	0.041	0.041
	成套插座		套	8.26	0.061	0.041
	碳素结构钢焊接钢管 *DN*20×2.8		m	5.73	0.515	0.618
	刚性阻燃管 *DN*20		m	1.34	1.908	—
	JDG电线套管(镀锌) G20 20×1.0		m	4.72	—	0.824
	刚性阻燃管 *DN*25		m	1.90	0.530	—
	JDG电线套管(镀锌) G25 25×1.2		m	6.24	—	0.103
	铜芯塑料绝缘线 BV2.5		m	1.29	3.967	—
	铜芯塑料绝缘线 BV4		m	1.90	0.660	—
	镀锌圆钢 ϕ5.5~9		kg	4.67	0.005	0.005
	沥青清漆		kg	9.83	0.003	0.003
	铜芯塑料绝缘线 BVR2.5		m	1.55	—	0.037
	铜芯塑料绝缘线 BVR4		m	2.16	—	0.029
	铜芯塑料绝缘线 WDZAN-BYJ-2.5		m	1.80	1.322	1.112
	铜芯塑料绝缘线 WDZA-BYJ-2.5		m	1.36	—	3.333
	铜芯塑料绝缘线 WDZA-BYJ-4		m	2.16	—	0.220

二、楼宇亮化配电线路安装

工作内容:控制箱至灯具电源线、控制线的配线及配线线槽、配管安装,校线、接线工作,接线盒、灯头盒安装,线槽、支架制作、安装,除锈刷油,接地。

计量单位:10 点

定额编号				2-3-7	2-3-8
项目				智能控制	普通控制
基价(元)				**45.91**	**49.97**
其中	人工费(元)			11.07	12.96
	材料费(元)			34.74	37.00
	机械费(元)			0.10	0.01
名称		单位	单价(元)	消耗量	
人工	二类人工	工日	135.00	0.082	0.096
材料	金属线槽 100×100	m	64.66	0.309	0.206
	双绞线缆 超五类	m	1.93	0.840	—
	铜芯多股绝缘电线 NH-RVV-2×2.5	m	3.56	0.864	3.456
	热轧光圆钢筋 综合	kg	3.97	0.008	—
	扁钢 Q235B 综合	kg	3.96	0.022	—
	角钢 Q235B 综合	kg	3.97	0.075	—
	JDG 电线套管(镀锌) G20 20×1.0	m	4.72	0.206	0.309
	JDG 电线套管(镀锌) G25 25×1.2	m	6.24	0.206	0.309
	碳素结构钢镀锌焊接钢管 *DN*25×3.2	m	11.38	0.103	0.103
	碳素结构钢镀锌焊接钢管 *DN*32×3.5	m	14.69	0.103	0.103
	铜芯塑料绝缘线 BVR6	m	3.45	0.077	0.051
	铜芯塑料绝缘线 BVR4	m	2.16	0.035	0.054
	醇酸清漆	kg	12.50	0.010	0.010
	酚醛调和漆	kg	11.29	0.002	—

三、一般灯具安装

工作内容:打眼,埋螺栓,灯具安装,接线,接焊包头。

计量单位:10 套

定额编号				2-3-9	2-3-10	2-3-11	2-3-12
项目				吸顶灯具	吊灯	座灯头	成套型荧光灯(单管、双管、三管、四管)
基价(元)				**178.85**	**151.79**	**84.78**	**217.05**
其中	人工费(元)			162.00	86.81	68.99	167.94
	材料费(元)			16.85	64.98	15.79	49.11
	机械费(元)			—	—	—	—
名称		单位	单价(元)	消耗量			
人工	二类人工	工日	135.00	1.200	0.643	0.511	1.244
材料	成套灯具	套	—	(10.100)	(10.100)	(10.100)	(10.100)
	铜芯塑料绝缘线 BV2.5	m	1.29	8.246	3.050	3.050	14.049

工作内容：打眼，埋螺栓，支架制作、安装，除锈刷油，吊杆(链)加工，灯具安装，接线，焊接包头。

计量单位：10 套

定额编号				2-3-13	2-3-14	2-3-15	2-3-16	2-3-17
项目				组装型吊链式、吸顶式、嵌入式荧光灯	工厂灯及防水防尘灯	防爆灯具	医院灯具	
							病房指示灯、病房暗角灯、紫外线杀菌灯	吊杆式无影灯
基价(元)				**277.49**	**261.25**	**385.04**	**236.22**	**3 155.71**
其中	人工费(元)			200.75	200.75	318.20	220.73	2 702.70
	材料费(元)			76.74	55.99	66.84	15.49	453.01
	机械费(元)			—	4.51	—	—	—
名称		单位	单价(元)	消耗量				
人工	二类人工	工日	135.00	1.487	1.487	2.357	1.635	20.020
材料	成套灯具	套	—	(10.100)	(10.100)	(10.100)	(10.100)	(10.100)
	热轧光圆钢筋 综合	kg	3.97	—	0.320	—	—	—
	扁钢 Q235B 综合	kg	3.96	—	0.880	3.439	—	—
	角钢 Q235B 综合	kg	3.97	—	3.000	—	—	—
	铜芯塑料绝缘线 BV2.5	m	1.29	8.693	20.863	28.790	5.802	9.160
	酚醛调和漆	kg	11.29	—	0.060	—	—	—

工作内容：1. 标志、诱导灯具、围墙灯、埋地灯：打眼，埋螺栓，支架制作、安装，除锈刷油，灯具拼装固定，接线，焊接包头。

2. 马路灯、庭院灯：灯具拼装固定，接线，焊接包头，灯具接地极制作、安装，接地测试。

计量单位：10 套

定额编号				2-3-18	2-3-19	2-3-20	2-3-21
项目				标志、诱导灯具	马路弯灯	庭院路灯	围墙灯、埋地灯
基价(元)				**202.34**	**2 108.31**	**2 136.03**	**276.15**
其中	人工费(元)			182.79	1 005.75	1 013.31	238.41
	材料费(元)			19.55	624.56	623.97	37.74
	机械费(元)			—	478.00	498.75	—
名称		单位	单价(元)	消耗量			
人工	二类人工	工日	135.00	1.354	7.450	7.506	1.766
材料	成套灯具	套	—	(10.100)	(10.100)	(10.100)	(10.100)
	铜芯塑料绝缘线 WDZAN－BYJ－2.5	m	1.80	5.725	—	—	—
	铜芯塑料绝缘线 BV2.5	m	1.29	—	—	—	12.276

注：马路弯灯、庭院路灯灯杆主材另行计算。

工作内容:1. 障碍灯、投光灯:打眼,埋螺栓,灯具拼装固定,接线,焊接包头。

2. 广场灯具 :定位,挖填土石方,杆基础制作,立灯杆,杆座、灯具安装,杆内穿线,灯柱接地,接地测试。

计量单位:10 套

定额编号				2-3-22	2-3-23	2-3-24	2-3-25
项目				障碍灯		投光灯	广场灯
				安装高度 100m 以内	安装高度 200m 以内		
基价(元)				**1 246.55**	**3 672.63**	**315.21**	**27 219.47**
其中	人工费(元)			1 220.00	3 646.08	214.79	11 106.32
	材料费(元)			26.55	26.55	63.07	11 700.65
	机械费(元)			—	—	37.35	4 412.50
名称		单位	单价(元)	消耗量			
人工	二类人工	工日	135.00	9.037	27.008	1.591	82.269
材料	成套灯具	套	—	(10.100)	(10.100)	(10.100)	(10.000)
	中厚钢板 综合	kg	3.71	—	—	9.900	—
	铜芯塑料绝缘线 BV4	m	1.90	—	—	9.160	—
	铜芯塑料绝缘线 BV2.5	m	1.29	9.160	9.160	—	—

注:广场灯灯杆主材另行计算。

工作内容:定位,挖填土石方,杆基础制作,立灯杆,杆座、灯具安装,杆内穿线,灯柱接地,接地测试。**计量单位**:10 套

定额编号				2-3-26	2-3-27	2-3-28
项目				太阳能路灯	风光互补太阳能路灯	太阳能庭院路灯
				灯柱(m 以内)		
				10		5
基价(元)				**6 992.58**	**7 050.90**	**6 791.75**
其中	人工费(元)			2 219.81	2 278.13	2 289.20
	材料费(元)			3 343.24	3 343.24	3 270.64
	机械费(元)			1 429.53	1 429.53	1 231.91
名称		单位	单价(元)	消耗量		
人工	二类人工	工日	135.00	16.443	16.875	16.957
材料	成套灯具	套	—	(10.100)	(10.100)	(10.100)

注:路灯灯杆主材另行计算。

四、楼宇亮化灯具安装

工作内容:打眼,埋螺栓,支架制作、安装,除锈刷油,灯具拼装固定,接线,接焊包头。　　**计量单位**:10 套

定额编号				2-3-29	2-3-30	2-3-31	2-3-32
项目				立面点光源灯 灯具直径(mm 以内)			地面射灯
				100	150	250	固定式
基价(元)				**95.85**	**159.62**	**176.90**	**548.00**
其中	人工费(元)			86.81	144.72	162.00	405.68
	材料费(元)			9.04	14.90	14.90	127.99
	机械费(元)			—	—	—	14.33
名称		单位	单价(元)	消耗量			
人工	二类人工	工日	135.00	0.643	1.072	1.200	3.005
材料	成套灯具	套	—	(10.100)	(10.100)	(10.100)	(10.100)
	热轧光圆钢筋 综合	kg	3.97	—	—	—	0.960
	扁钢 Q235B 综合	kg	3.96	—	—	—	2.640
	角钢 Q235B 综合	kg	3.97	—	—	—	9.000
	铜芯塑料绝缘线 BV2.5	m	1.29	2.748	4.580	4.580	19.850
	酚醛调和漆	kg	11.29	—	—	—	0.180

工作内容:打眼,埋螺栓,支架制作、安装,除锈刷油,灯具拼装固定,接线,接焊包头。　　**计量单位**:见表

定额编号				2-3-33	2-3-34	2-3-35
项目				地面射灯	立面轮廓灯	
				嵌入式	灯泡型	灯管型
计量单位				10 套	10m	10m
基价(元)				**442.89**	**559.68**	**495.40**
其中	人工费(元)			368.28	403.52	362.34
	材料费(元)			74.61	141.83	112.44
	机械费(元)			—	14.33	20.62
名称		单位	单价(元)	消耗量		
人工	二类人工	工日	135.00	2.728	2.989	2.684
材料	成套灯具	套	—	(10.100)	—	—
	线型灯	m	—	—	(10.100)	(10.100)
	热轧光圆钢筋 综合	kg	3.97	—	0.960	1.440
	扁钢 Q235B 综合	kg	3.96	—	2.640	3.960
	角钢 Q235B 综合	kg	3.97	—	9.000	13.500
	酚醛调和漆	kg	11.29	—	0.180	0.270

五、太阳光导入照明系统安装

工作内容:1. 预留孔洞,定位,防水帽安装固定,保温套安装,采光罩安装,接口打胶;导光管定位,悬吊绳制作安装,导光管连接安装;支吊架制作安装及除锈刷油。
2. 光线调节器安装固定(包含控制开关),控制器接线,调试。
3. 接口转换器安装固定。
4. 漫射器、导光管环固定,漫射器安装,装饰环安装。

计量单位:套

定额编号				2-3-36	2-3-37	2-3-38
项目				导光管日光照明系统 ϕ600 以内		
				导光管长度(m)		
				1 以内	6 以内	6 以外
基价(元)				**303.23**	**430.30**	**811.23**
其中	人工费(元)			225.18	336.69	671.49
	材料费(元)			71.26	86.82	132.95
	机械费(元)			6.79	6.79	6.79
名称		单位	单价(元)	消耗量		
人工	二类人工	工日	135.00	1.668	2.494	4.974
材料	导光管日光照明系统	套	—	(1.000)	(1.000)	(1.000)
	热轧光圆钢筋 综合	kg	3.97	0.400	0.400	0.400
	扁钢 Q235B 综合	kg	3.96	1.100	1.100	1.100
	角钢 Q235B 综合	kg	3.97	3.750	3.750	3.750
	酚醛调和漆	kg	11.29	0.075	0.075	0.075

六、其他电器安装

工作内容:1. 安全变压器:测位,划线,打眼,固定变压器,接线,接地,埋螺栓。
2. 风扇:打眼,吊勾固定,接线,接焊包头,调试,接地。

计量单位:台

定额编号				2-3-39	2-3-40	2-3-41
项目				安全变压器	吊风扇	壁扇
基价(元)				**30.21**	**34.93**	**36.84**
其中	人工费(元)			29.03	29.84	35.37
	材料费(元)			1.18	5.09	1.47
	机械费(元)			—	—	—
名称		单位	单价(元)	消耗量		
人工	二类人工	工日	135.00	0.215	0.221	0.262
材料	安全变压器	台	—	(1.000)	—	—
	风扇	台	—	—	(1.000)	(1.000)
	铜芯塑料绝缘线 BV2.5	m	1.29	—	0.410	0.328

第四节　电 缆 工 程

说　　明

一、本节定额包括电缆保护管附属设施、电缆排管内敷设、电缆其他方式敷设、电缆头制作安装、电缆桥架(线槽)安装、电缆保护管安装,共6个部分。

二、有关说明:

1. 电缆保护管附属设施定额已综合考虑了管沟土方的开挖、保护管碎石垫层、铺砂回填、夯实等内容,如遇石方开挖或设计要求其他材质垫层、回填料时,执行《浙江省市政工程预算定额》(2018版)的相应定额子目。

2. 排管外钢筋混凝土包封、素混凝土包封定额不区分管道排布层数,已综合单层、双层、三层的排布情况。

3. 本节定额电缆其他方式敷设定额综合了除直埋敷设、排管内敷设以外的各种不同敷设方式,直埋电缆敷设执行《浙江省通用安装工程预算定额》(2018版)中的相应定额子目。

4. 电缆排管内敷设、电缆其他方式敷设定额已包括电缆敷设、电缆绝缘电阻测试等,排管内铝芯电缆敷设参照排管内铜芯电缆相应定额子目,人工费乘以系数0.70。

5. 1kV以下户内电力电缆终端头和中间头的制作安装定额不区分电缆头制作安装方式,已综合干包式、浇注式、热(冷)缩式三种方式的制作、安装。

6. 电缆终端头和中间头的制作、安装均按铜芯电缆考虑的,铝芯电缆终端和中间头制作、安装执行相应定额子目,基价乘以系数0.80。

7. 电缆桥架的安装均按成品考虑。钢制、玻璃钢、铝合金电缆桥架已综合了槽式、梯式和托盘式各种电缆桥架的安装,并已包括桥架支撑架的安装和接地跨接。钢制桥架主结构设计厚度大于3mm时,执行相应安装定额子目,人工、机械乘以系数1.20。不锈钢桥架安装执行相应钢制桥架定额子目,基价乘以系数1.10。防火桥架执行钢制桥架定额子目;耐火桥架执行钢制桥架定额子目,人工、机械乘以系数2.00;网格式桥架执行相应钢制桥架定额子目,基价乘以系数0.80。

8. 电缆若沿支架敷设时,电缆支架执行本定额第六章“通用项目和措施项目工程”的相应定额子目。

9. 线槽安装定额子目区分支架固定、沿地面敷设两种方式,综合考虑了不同规格的金属线槽和塑料线槽的安装,但未包含线槽本身价值;支架固定的线槽安装定额子目已包含支架的制作安装、除锈刷油。

10. 电缆保护管定额子目按埋地敷设考虑,公称直径小于或等于25mm时,参照*DN*50的相应定额子目,基价乘以系数0.70;多孔梅花管安装以梅花管外径参照相应的塑料管定额子目,基价乘以系数1.20。

11. 预制分支电缆敷设分别以主干和分支电缆的截面执行“电缆敷设”的相应定额子目,分支器按主电缆截面执行户内电力电缆终端头制作安装(1kV)定额子目,定额内除其他材料费保留外,其余计价材料全部删除,分支器主材另行计算。

12. 矿物绝缘电缆敷设定额适用于铜或铜合金护套、波纹铜护套的矿物绝缘电缆,其他护套的矿物绝缘电缆执行电力电缆敷设相应定额子目,人工乘以系数 1.10,其电缆头制作安装执行户内电力电缆终端头制作安装(1kV)定额子目。

13. 防火封堵定额按防火封堵(盘柜下)及防火封堵(电缆桥架、线槽、母线槽)进行划分。防火封堵堵洞面积按每处 0.25m^2以内考虑。防火材料的主材费已含在封堵定额子目中,不另行计算。

工程量计算规则

一、电缆保护管附属设施参照图标图集 12D101 - 5《110kV 及以下电缆敷设》计算,定额按照两层三列管道排布进行考虑(即下图中 $M = 2, N = 3$),塑料管管外径按 $D = 160$mm、钢管外径按 $D = 165$mm,管枕上层顶到地面按埋深 $H = 680$mm,开挖放坡按 $i = 1:3$,沟槽按砂回填,两侧工作面分别按下图所示$L_1 = 50$mm 进行考虑,如遇设计不同时,按实调整。电缆保护管附属设施以“m”为计量单位。

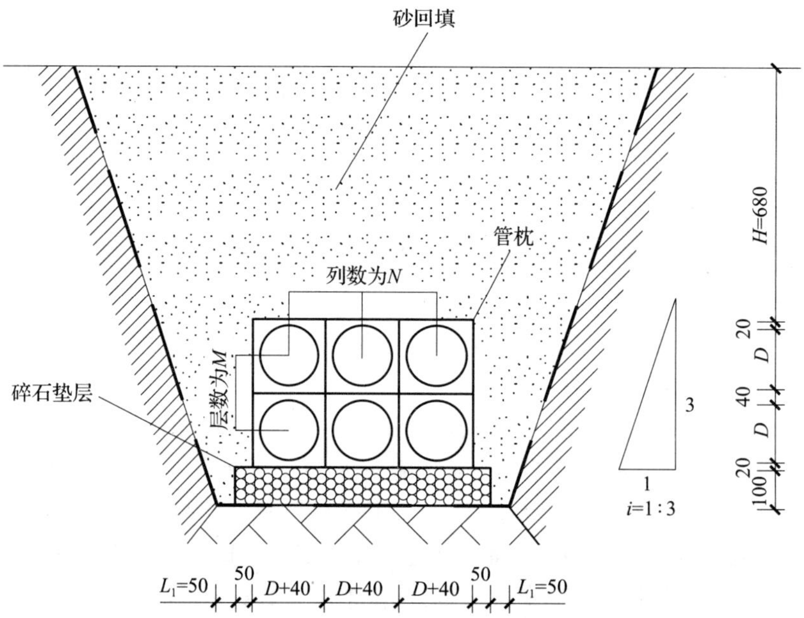

电缆保护管附属设施计算图例

二、防火封堵(盘柜下)、防火封堵(电缆桥架、线槽、母线槽)以“处”为计量单位。其中,防火封堵(电缆桥架、线槽、母线槽)按电缆桥架、线槽、母线槽穿楼板、穿越不同防火区墙体等需做防火封堵的处数进行计算。

三、电缆终端头、电缆中间头均以“个”为计量单位。

四、电缆桥架、线槽安装均以“m”为计量单位。

五、电缆敷设以“m”为计量单位。电缆敷设长度应根据敷设路径的水平和垂直敷设长度计算,并考虑因波形敷设、弛度、电缆绕梁(柱)所增加的长度以及电缆与设备连接、电缆接头等必要的预留长度。预留长度按照设计规定计算,设计无规定时,按照下表规定计算。

电缆敷设附加长度计算表

序号	项　　目	预留长度(附加)	说　　明
1	电缆敷设弛度、波形弯度、交叉	2.5%	按电缆全长计算
2	电缆进入建筑物	2.0m	规范规定最小值
3	电缆进入沟内或吊架时引上(下)预留	1.5m	规范规定最小值
4	变电所进线、出线	1.5m	规范规定最小值
5	电力电缆终端头	1.5m	检修余量最小值
6	电缆中间接头盒	两端各留2.0m	检修余量最小值
7	电缆进控制、保护屏及模拟盘	高+宽	按盘面尺寸
8	高压开关柜及低压配电盘、箱	2.0m	盘下进出线
9	电缆至电动机	0.5m	从电机接线盒起算
10	厂用变压器	3.0m	从地坪起算
11	电缆绕过梁柱等增加长度	按实计算	按被绕物的断面
12	电梯电缆与电缆架固定点	每处0.5m	规范最小值

注:若设计图纸材料表统计的工程量已考虑电缆附加及预留的长度,则采用该表的工程量时不得重复计算附加及预留的长度。

一、电缆保护管附属设施

工作内容:测位,划线,挖土方,沟槽清理,铺砂回填,夯实,清理现场。 **计量单位:**100m

定额编号				2-4-1	2-4-2	2-4-3	2-4-4	2-4-5	2-4-6
项目				电缆保护管附属设施(两层三列)		电缆保护管附属设施(每增减一层)		电缆保护管附属设施(每增减一列)	
				塑料、玻璃钢管	钢管	塑料、玻璃钢管	钢管	塑料、玻璃钢管	钢管
基价(元)				**27 242.77**	**28 640.44**	**5 684.31**	**5 893.73**	**4 211.56**	**4 337.55**
其中	人工费(元)			6 308.27	6 571.54	1 326.93	1 376.45	997.03	1 027.40
	材料费(元)			20 452.38	20 873.64	4 251.53	4 407.39	3 137.47	3 231.78
	机械费(元)			482.12	1 195.26	105.85	109.89	77.06	78.37
名称		单位	单价(元)	消耗量					
人工	一类人工	工日	125.00	0.285	1.336	0.066	0.069	0.049	0.049
	二类人工	工日	135.00	46.464	47.441	9.768	10.132	7.340	7.565
材料	碎石 综合	t	102.00	12.624	12.894	—	—	3.607	3.697
	黄砂 毛砂	t	87.38	217.539	222.008	48.280	50.050	31.424	32.390

注:电缆保护管附属设施不含管道敷设、管道接口、管枕、混凝土包封费用。

工作内容:木模板制作安装,钢模板组合安装,模板拆除、运输、整理、堆放,钢筋配置、混凝土运输、捣固、养护。 **计量单位:**m³

定额编号				2-4-7	2-4-8
项目				排管外钢筋混凝土包封	排管外素混凝土包封
基价(元)				**225.99**	**188.46**
其中	人工费(元)			186.84	149.31
	材料费(元)			23.16	23.16
	机械费(元)			15.99	15.99
名称		单位	单价(元)	消耗量	
人工	二类人工	工日	135.00	1.384	1.106
材料	热轧光圆钢筋 综合	kg	—	(12.873)	—
	混凝土 C20	m³	—	(1.014)	(1.014)
	松板枋材	m³	1 800.00	0.005	0.005
	钢模板	kg	5.96	0.683	0.683
	水	m³	4.27	0.345	0.345

二、电缆排管内敷设

工作内容：电缆敷设，配合试验，临时封头，挂牌，绝缘电阻测试。 **计量单位**：100m

定额编号				2-4-9
项目				排管内铜芯电力电缆敷设
基价（元）				**1 407.88**
其中	人工费（元）			1 006.83
	材料费（元）			77.67
	机械费（元）			323.38
名称		单位	单价(元)	消耗量
人工	二类人工	工日	135.00	7.458
材料	电力电缆	m	—	(101.000)
	汽油 综合	kg	6.12	0.346
	热轧光圆钢筋 综合	kg	3.97	3.095

三、电缆其他方式敷设

工作内容：电缆敷设，配合试验，临时封头，挂牌，绝缘电阻测试。 **计量单位**：100m

定额编号				2-4-10	2-4-11	2-4-12
项目				铜芯电力电缆敷设	铝芯电力电缆敷设	控制电缆敷设
基价（元）				**1 279.18**	**914.88**	**356.36**
其中	人工费（元）			1 031.81	687.42	313.88
	材料费（元）			77.03	76.04	33.32
	机械费（元）			170.34	151.42	9.16
名称		单位	单价(元)	消耗量		
人工	二类人工	工日	135.00	7.643	5.092	2.325
材料	电力电缆	m	—	(101.000)	(101.000)	—
	控制电缆	m	—	—	—	(101.500)
	汽油 综合	kg	6.12	0.870	0.867	0.664

工作内容：电缆敷设，配合试验，临时封头，挂牌，绝缘电阻测试。 **计量单位**：100m

定额编号				2-4-13	2-4-14
项目				矿物绝缘电力电缆敷设	矿物绝缘控制电缆敷设
基价（元）				**1 104.31**	**485.82**
其中	人工费（元）			804.87	233.55
	材料费（元）			230.55	234.50
	机械费（元）			68.89	17.77
名称		单位	单价(元)	消耗量	
人工	二类人工	工日	135.00	5.962	1.730
材料	矿物绝缘电缆	m	—	(102.000)	(102.000)
	汽油 综合	kg	6.12	0.256	0.245

工作内容:基层清理,电缆检查,标称电阻及绝缘电阻测试,就位安装与金属网固定,冷热线连接。 **计量单位:**100m

定额编号				2-4-15
项目				加热电缆敷设
基价(元)				**188.76**
其中	人工费(元)			168.75
	材料费(元)			15.00
	机械费(元)			5.01
名称		单位	单价(元)	消耗量
人工	二类人工	工日	135.00	1.250
材料	加热电缆	m	—	(101.000)

工作内容:清扫、堵洞、防火材料安装、清理。 **计量单位:**处

定额编号				2-4-16	2-4-17
项目				防火封堵	
				盘柜下	电缆桥架、线槽、母线槽
基价(元)				**113.09**	**297.55**
其中	人工费(元)			55.49	55.49
	材料费(元)			57.60	242.06
	机械费(元)			—	—
名称		单位	单价(元)	消耗量	
人工	二类人工	工日	135.00	0.411	0.411
材料	防火材料 综合	m^3	3 642.00	0.007	0.045
	防火隔板	m^2	137.50	0.150	0.485

注:变配电室防火封堵包含在室内变配电装置附属设施安装基价内,不另行计算。

四、电缆头制作、安装

工作内容:定位、量尺寸、锯断、剥切清洗、内屏蔽处理、焊接地线、套热缩管、压接线端子、装终端盒、配料浇注、安装固定、焊接地线。 **计量单位:**个

定额编号				2-4-18
项目				户外浇注式电力电缆终端头制作、安装(10kV)
基价(元)				**613.63**
其中	人工费(元)			262.71
	材料费(元)			350.92
	机械费(元)			—
名称		单位	单价(元)	消耗量
人工	二类人工	工日	135.00	1.946
材料	电缆终端盒	套	—	(1.020)
	汽油 综合	kg	6.12	0.950
	环氧树脂	kg	15.52	3.250

工作内容：定位、量尺寸、锯断、剥切清洗、内屏蔽处理、包缠绝缘、压扎锁管和接线端子、装终端盒（或手套）、配料浇注、安装固定、焊接地线。

计量单位：个

定额编号				2-4-19	2-4-20
项目				户内浇注式电力电缆终端头制作、安装(10kV)	户内电力电缆终端头制作、安装(1kV)
基价(元)				**376.24**	**243.81**
其中	人工费(元)			130.14	77.22
	材料费(元)			246.10	166.59
	机械费(元)			—	—
	名称	单位	单价(元)	消耗量	
人工	二类人工	工日	135.00	0.964	0.572
材料	电缆终端盒	套	—	(1.020)	(1.020)
	汽油 综合	kg	6.12	0.780	0.564
	环氧树脂	kg	15.52	0.870	0.215

工作内容：定位、固定、剥铜护套、测绝缘、驱潮、终端密封、套热缩绝缘管、端子安装、接地。

计量单位：个

定额编号				2-4-21
项目				矿物绝缘电缆终端头
基价(元)				**53.13**
其中	人工费(元)			27.00
	材料费(元)			24.96
	机械费(元)			1.17
	名称	单位	单价(元)	消耗量
人工	二类人工	工日	135.00	0.200
材料	矿物绝缘电缆终端头	套	—	(1.010)
	汽油 综合	kg	6.12	0.102

工作内容：定位、量尺寸、锯断、剥切清洗、内屏蔽处理、压接线端子、封铅管或装连接盒、配料浇注、安装固定、焊接地线。

计量单位：个

定额编号				2-4-22	2-4-23
项目				电力电缆中间头制作安装(10kV)	电力电缆中间头制作安装(1kV)
基价(元)				**457.62**	**294.96**
其中	人工费(元)			159.30	117.59
	材料费(元)			298.32	177.37
	机械费(元)			—	—
	名称	单位	单价(元)	消耗量	
人工	二类人工	工日	135.00	1.180	0.871
材料	电缆中间接头盒	套	—	(1.020)	(1.020)
	汽油 综合	kg	6.12	0.730	0.580
	环氧树脂	kg	15.52	0.450	0.222

工作内容:校直、套进附件、剥铜护套、测绝缘、驱潮、两端密封、套瓷管、线芯对接、装连接管。 **计量单位**:个

定额编号				2-4-24
项目				矿物绝缘电缆中间头
基价(元)				**39.38**
其中	人工费(元)			30.78
	材料费(元)			6.47
	机械费(元)			2.13
名称		单位	单价(元)	消耗量
人工	二类人工	工日	135.00	0.228
材料	矿物绝缘电缆中间接头	套	—	(1.010)
	汽油 综合	kg	6.12	0.186

工作内容:定位、量尺寸、锯断、剥切、包缠绝缘,安装、校接线。 **计量单位**:个

定额编号				2-4-25	2-4-26
项目				控制电缆终端头制作、安装	控制电缆中间接头制作、安装
基价(元)				**45.08**	**146.11**
其中	人工费(元)			27.14	71.82
	材料费(元)			17.94	74.29
	机械费(元)			—	—
名称		单位	单价(元)	消耗量	
人工	二类人工	工日	135.00	0.201	0.532
材料	电缆终端盒	套	—	(1.020)	—
	电缆中间接头盒	套	—	—	(1.020)
	沥青绝缘漆	kg	10.34	—	1.010

工作内容:定位、固定、剥铜护套、测绝缘、驱潮、终端密封、套热缩绝缘管、端子安装、接地。 **计量单位**:个

定额编号				2-4-27
项目				矿物绝缘控制电缆终端头
基价(元)				**49.09**
其中	人工费(元)			28.89
	材料费(元)			20.20
	机械费(元)			—
名称		单位	单价(元)	消耗量
人工	二类人工	工日	135.00	0.214
材料	矿物绝缘电缆终端头	套	—	(1.010)
	汽油 综合	kg	6.12	0.295

工作内容:校直、套进附件、剥铜护套、测绝缘、驱潮、两端密封、套瓷管、线芯对接、装连接管。　**计量单位**:个

定额编号				2-4-28
项目				矿物绝缘控制电缆中间接头
基价(元)				**43.24**
其中	人工费(元)			36.59
	材料费(元)			6.65
	机械费(元)			—
名称		单位	单价(元)	消耗量
人工	二类人工	工日	135.00	0.271
材料	矿物绝缘电缆中间接头	套	—	(1.010)
	汽油 综合	kg	6.12	0.133

五、电缆桥架(线槽)安装

工作内容:组对,焊接或螺栓固定,弯头、三通或四通、盖板、隔板、附件安装,支撑架安装,接地跨接,桥架修理。
计量单位:10m

定额编号				2-4-29	2-4-30
项目				电缆桥架安装	
				钢制	玻璃钢
基价(元)				**477.67**	**379.16**
其中	人工费(元)			387.72	339.26
	材料费(元)			47.08	9.79
	机械费(元)			42.87	30.11
名称		单位	单价(元)	消耗量	
人工	二类人工	工日	135.00	2.872	2.513
材料	电缆桥架 综合	m	—	(10.100)	(10.100)
	桥架支撑架	t	—	(0.014)	(0.014)
	酚醛防锈漆	kg	6.90	0.126	—
	汽油 综合	kg	6.12	0.222	—
	铜芯塑料绝缘线 BVR6	m	3.45	1.673	—
	酚醛调和漆	kg	11.29	0.025	0.025

注:桥架包括盖板、隔板。

工作内容:组对,螺栓固定,弯头、三通或四通、盖板、隔板、附件、支撑架安装,桥架修理,接地跨接。

计量单位:10m

定额编号				2-4-31
项目				电缆桥架安装
				铝合金
基价(元)				**338.93**
其中	人工费(元)			277.83
	材料费(元)			43.55
	机械费(元)			17.55
	名称	单位	单价(元)	消耗量
人工	二类人工	工日	135.00	2.058
材料	桥架支撑架	t	—	(0.014)
	电缆桥架 综合	m	—	(10.100)
	酚醛调和漆	kg	11.29	0.025
	铜芯塑料绝缘线 BVR6	m	3.45	1.736

注:桥架包括盖板、隔板。

工作内容:线槽、支架制作、安装及除锈刷漆,接地跨接,补漆。

计量单位:10m

定额编号				2-4-32	2-4-33
项目				线槽安装	
				支架固定	沿地面
基价(元)				**314.56**	**103.37**
其中	人工费(元)			200.21	82.35
	材料费(元)			97.97	21.02
	机械费(元)			16.38	—
	名称	单位	单价(元)	消耗量	
人工	二类人工	工日	135.00	1.483	0.610
材料	线槽	m	—	(10.412)	(10.412)
	热轧光圆钢筋 综合	kg	3.97	1.144	—
	扁钢 Q235B 综合	kg	3.96	3.146	—
	角钢 Q235B 综合	kg	3.97	10.725	—
	酚醛调和漆 各色	kg	11.29	0.215	—
	铜芯塑料绝缘线 BVR6	m	3.45	1.123	1.123

六、电缆保护管安装

工作内容:沟底夯实,锯管,弯管,打喇叭口,接口,铺设,刷漆,堵管口,金属管接地等。　　**计量单位**:100m

定额编号				2-4-34	2-4-35	2-4-36	2-4-37	2-4-38
项目				电缆保护管				
				钢管(mm 以内)				
				*DN*50	*DN*100	*DN*150	*DN*200	*DN*300
基价(元)				**887.70**	**1 000.93**	**1 127.14**	**1 311.91**	**1 509.85**
其中	人工费(元)			567.68	629.91	684.32	777.60	878.72
	材料费(元)			206.87	252.54	322.80	403.62	484.43
	机械费(元)			113.15	118.48	120.02	130.69	146.70
名称		单位	单价(元)	消耗量				
人工	二类人工	工日	135.00	4.205	4.666	5.069	5.760	6.509
材料	碳素结构钢镀锌焊接钢管 综合	m	—	(103.000)	(103.000)	(103.000)	(103.000)	(103.000)
	沥青清漆	kg	9.83	10.010	12.010	16.016	20.020	24.024
	中厚钢板 综合	kg	3.71	2.000	3.000	5.005	10.010	15.015

工作内容:沟底夯实,锯管,弯管,接口,敷设,堵管口等。　　**计量单位**:100m

定额编号				2-4-39	2-4-40	2-4-41	2-4-42	2-4-43
项目				电缆保护管				
				塑料管(mm 以内)				
				*DN*50	*DN*100	*DN*150	*DN*200	*DN*300
基价(元)				**279.44**	**340.69**	**515.70**	**593.03**	**783.81**
其中	人工费(元)			243.00	303.75	461.70	522.45	680.40
	材料费(元)			33.51	33.51	49.60	65.68	98.01
	机械费(元)			2.93	3.43	4.40	4.90	5.40
名称		单位	单价(元)	消耗量				
人工	二类人工	工日	135.00	1.800	2.250	3.420	3.870	5.040
材料	塑料管	m	—	(103.000)	(103.000)	(103.000)	(103.000)	(103.000)
	黄砂 净砂(中粗砂)	m^3	158.00	0.200	0.200	0.300	0.400	0.601

工作内容:1. 混凝土(水泥)管:沟底夯实、锯管、弯管、接口、敷设、堵管口等。
2. 玻璃钢保护管:沟底夯实、测位、锯管、接口、敷设、堵管口等。 **计量单位**:100m

定额编号					2-4-44	2-4-45
项目					电缆保护管	
					混凝土(水泥)管	玻璃钢保护管
					(mm 以内)	
					*DN*200	
基价(元)					**1 269.77**	**507.39**
其中	人工费(元)				1 233.90	485.60
	材料费(元)				35.87	21.49
	机械费(元)				—	0.30
名称			单位	单价(元)	消耗量	
人工	二类人工		工日	135.00	9.140	3.597
材料	钢筋混凝土管		m	—	(105.000)	—
	玻璃钢电缆保护管		m	—	—	(103.000)
	复合硅酸盐水泥 P·C 32.5R 综合		kg	0.32	110.110	—

第五节　防雷与接地

说　　明

一、本节定额包括建筑物防雷接地(综合),等电位装置安装,避雷网安装,避雷引下线安装,接地极(板)制作、安装,避雷针制作、安装,接地母线敷设、接地跨接线安装,桩承台接地,设备防雷装置安装,接地装置试验,共10个部分。

二、相关说明:

1. 建筑物防雷接地(综合)定额已综合考虑了避雷网安装、引下线敷设、均压环敷设、接地极(板)制作安装、接地母线敷设、接地跨接线安装、桩承台接地、接地装置试验、挖填土等内容,不含独立避雷针塔、等电位装置、设备防雷装置安装及调试,发生时另行计算。设计未明确防雷接地做法时,执行本定额,设计明确或者有特殊要求时,执行本节定额其他相应子目。

2. 卫生间等电位联结定额已综合考虑了等电位端子箱与金属管道(构件)、卫生器具的联结,卫生间底板钢筋网焊接等内容,不含等电位端子箱的安装及端子箱本身价值,发生时执行本节定额相应子目。

设计未明确卫生间等电位联结做法时,执行卫生间等电位联结子目。卫生间内仅安装等电位端子箱的,不得执行卫生间等电位联结子目。

3. 避雷网安装定额已综合了避雷网沿混凝土块和沿折板支架敷设、避雷小针制作安装、混凝土块制作。均压环安装定额按利用建筑物梁内主筋作为防雷接地连接线考虑的,每一梁内按焊接两根主筋编制,当焊接主筋数超过两根时,可按比例调整。

4. 利用建筑结构钢筋作为接地引下线安装定额是按照每根柱子内焊接两根主筋编制的,当焊接主筋数超过两根时,可按比例调整。

5. 接地极(板)的制作安装包括接地试验等内容,未包括接地极(板)本身的价值。铜板(钢板)接地按一块铜板(钢板)做一组接地试验考虑,如设计不一致时,按实调整。

6. 各类避雷针制作安装定额已综合考虑了不同针高;独立避雷针塔安装不含塔架制作、基础浇筑,相关费用需另行计算。

7. 接地母线其他方式敷设安装定额已综合考虑了沿砖混结构敷设(明敷、暗敷)、沿桥架支架(电缆沟支架)敷设等敷设方式。接地网安装“利用基础(或地梁)钢筋”定额按两根主筋焊接连通考虑,当焊接主筋数超过两根时,可按比例调整。卫生间接地中的底板钢筋网焊接无论跨接或点焊,均执行本节定额“均压环安装”子目,基价乘以系数1.20,工程量按卫生间周长计算。

8. 桩承台接地已综合了不同根数桩承台连接的形式。

工程量计算规则

一、建筑物防雷接地(综合)按建筑面积以“m^2”为计量单位。

二、卫生间等电位联结以“间”为计量单位;卫生间间数仅考虑带淋浴或浴盆的卫生间间数,及按设计要求设置局部等电位箱并进行等电位联结的卫生间间数。

三、避雷网安装以“屋面 m^2”为计量单位;均压环安装以“m”为计量单位。

四、避雷引下线、接地母线安装均以“m”为计量单位。

五、接地极(板)制作安装以“组”“根”“块”为计量单位;接地装置试验以“组(系统)”为计量单位。

六、避雷针制作安装以“根”为计量单位,独立避雷针塔安装以“基”为计量单位。

七、桩承台接地以“基”为计量单位。

一、建筑物防雷接地(综合)

工作内容:避雷网安装、引下线敷设、均压环敷设、接地极(板)制作与安装、接地母线敷设、接地跨接线安装,桩承台接地,接地装置试验、挖填土等。

计量单位:m^2

定额编号				2-5-1
项目				建筑物防雷接地(综合)
基价(元)				**6.32**
其中	人工费(元)			2.97
	材料费(元)			2.66
	机械费(元)			0.69
名称		单位	单价(元)	消耗量
人工	二类人工	工日	135.00	0.022

二、等电位装置安装

工作内容:1. 总(局部)等电位端子箱:安装、刷漆。

2. 卫生间等电位联结:联结管线敷设、等电位联结、刷漆。

计量单位:见表

定额编号				2-5-2	2-5-3	2-5-4	2-5-5
项目				总等电位端子箱	局部等电位端子箱	卫生间等电位联结	
						内周长 12m 以下	内周长 30m 以下
计量单位				个	个	间	间
基价(元)				**44.42**	**3.77**	**313.51**	**774.28**
其中	人工费(元)			44.42	2.84	147.56	357.48
	材料费(元)			—	0.93	165.95	416.80
	机械费(元)			—	—	—	—
名称		单位	单价(元)	消耗量			
人工	二类人工	工日	135.00	0.329	0.021	1.093	2.648
材料	总等电位端子箱	个	—	(1.000)	—	—	—
	等电位端子箱	个	—	—	(1.000)	—	—

三、避雷网安装

工作内容:平直、下料、测位、打眼、埋卡子,支架、避雷小针制作与安装,混凝土块制作,焊接,固定,刷漆。

计量单位:见表

定额编号				2-5-6	2-5-7
项目				避雷网安装(屋面面积)	均压环安装
计量单位				m^2	10m
基价(元)				**9.60**	**40.00**
其中	人工费(元)			4.46	23.49
	材料费(元)			4.07	5.84
	机械费(元)			1.07	10.67
名称		单位	单价(元)	消耗量	
人工	二类人工	工日	135.00	0.033	0.174
材料	镀锌圆钢 ϕ10~14	kg	4.67	0.546	—
	复合硅酸盐水泥 P·C 32.5R 综合	kg	0.32	0.117	—
	防锈漆 C53-1	kg	4.90	0.002	—
	镀锌扁钢支架 40×3	kg	4.50	0.058	—
	热轧普碳高速盘条 HPB300 综合	kg	3.97	—	1.000

四、避雷引下线安装

工作内容:平直、下料、测位、打眼、埋卡子、焊接、固定、刷漆。

计量单位:10m

定额编号				2-5-8	2-5-9	2-5-10
项目				避雷引下线		
				利用金属构件	安装在建(构)筑物上	利用建筑结构钢筋引下
基价(元)				**18.72**	**91.82**	**96.56**
其中	人工费(元)			10.67	66.15	50.63
	材料费(元)			3.38	10.33	6.58
	机械费(元)			4.67	15.34	39.35
名称		单位	单价(元)	消耗量		
人工	二类人工	工日	135.00	0.079	0.490	0.375
材料	避雷线	m	—	—	(10.500)	—
	防锈漆 C53-1	kg	6.90	0.040	0.112	—
	热轧普碳高速盘条 HPB300 综合	kg	3.97	—	—	0.600

五、接地极(板)制作、安装

工作内容:尖端加工、油漆、焊接并打入地下、接地电阻试验。　　**计量单位:**见表

定　额　编　号				2-5-11	2-5-12	2-5-13	2-5-14
项　　目				钢管接地极 (一组3根)	每增加一根 钢管接地极	角钢接地极 (一组3根)	每增加一根 角钢接地极
计　量　单　位				组	根	组	根
基　价　(元)				**253.54**	**60.12**	**208.06**	**44.94**
其中	人　工　费　(元)			169.16	37.94	144.45	29.70
	材　料　费　(元)			17.59	5.37	13.62	4.04
	机　械　费　(元)			66.79	16.81	49.99	11.20
名　称		单位	单价(元)	消　耗　量			
人工	二类人工	工日	135.00	1.253	0.281	1.070	0.220
材料	接地极	根	—	(3.000)	(1.000)	(3.000)	(1.000)
	镀锌扁钢(综合)	kg	4.50	0.624	0.208	0.624	0.208
	沥青清漆	kg	9.83	0.048	0.016	0.048	0.016

工作内容:下料、加工、埋入地下、接地电阻试验。　　**计量单位:**块

定　额　编　号				2-5-15	2-5-16
项　　目				铜板接地极	钢板接地极
基　价　(元)				**236.25**	**194.21**
其中	人　工　费　(元)			153.50	159.98
	材　料　费　(元)			66.37	8.52
	机　械　费　(元)			16.38	25.71
名　称		单位	单价(元)	消　耗　量	
人工	二类人工	工日	135.00	1.137	1.185
材料	接地极板	块	—	(1.000)	(1.000)
	汽油 综合	kg	6.12	0.800	0.800

六、避雷针制作、安装

工作内容:针尖、针体加工,组焊,配合预埋铁件、螺栓或支架,安装固定,刷漆等。 **计量单位**:根

定额编号				2-5-17	2-5-18	2-5-19	2-5-20
项目				安装在烟囱上		安装在建筑物上	
				50m 以下	50m 以上	平面屋顶上	墙上
基价(元)				**245.86**	**537.81**	**447.22**	**299.60**
其中	人工费(元)			198.45	479.39	286.20	193.05
	材料费(元)			20.53	22.14	110.40	69.67
	机械费(元)			26.88	36.28	50.62	36.88
名称		单位	单价(元)	消耗量			
人工	二类人工	工日	135.00	1.470	3.551	2.120	1.430
材料	避雷针	根	—	(1.000)	(1.000)	(1.000)	(1.000)
	角钢 Q235B 综合	kg	3.97	—	—	—	11.910
	防锈漆 C53-1	kg	6.90	0.042	0.042	0.036	0.036
	酚醛银粉漆	kg	10.95	0.026	0.026	0.036	0.036
	汽油 综合	kg	6.12	0.236	0.236	0.246	0.246

工作内容:针尖、针体加工,组焊,配合预埋铁件、螺栓或支架,安装固定,刷漆等。 **计量单位**:根

定额编号				2-5-21	2-5-22
项目				安装在金属容器上	
				顶上	壁上
基价(元)				**230.62**	**186.32**
其中	人工费(元)			169.02	139.86
	材料费(元)			35.99	20.85
	机械费(元)			25.61	25.61
名称		单位	单价(元)	消耗量	
人工	二类人工	工日	135.00	1.252	1.036
材料	避雷针	根	—	(1.000)	(1.000)
	防锈漆 C53-1	kg	6.90	0.058	0.042
	酚醛银粉漆	kg	10.95	0.026	0.026
	汽油 综合	kg	6.12	0.236	0.236
	中厚钢板 综合	kg	3.71	3.160	—

工作内容:1. 木杆上:针尖、针体加工,木杆刨槽,配合预埋铁件、螺栓或支架,安装固定,刷漆,避雷针、引下线焊接、安装,刷漆等。

2. 水泥杆、金属构架上:针尖、针体加工,配合预埋铁件、螺栓或支架,安装固定,刷漆,避雷针、引下线焊接、安装,刷漆等。

3. 独立避雷针塔:组装,焊接,吊装,找正,固定,补漆。

计量单位:根

定额编号				2-5-23	2-5-24	2-5-25	2-5-26
项目				避雷针安装在构筑物上			独立避雷针塔安装
				木杆上	水泥杆上	金属构架上	
计量单位				根	根	根	基
基价(元)				**204.66**	**339.71**	**163.84**	**1 029.76**
其中	人工费(元)			117.86	177.66	116.91	542.03
	材料费(元)			67.19	122.70	21.32	165.23
	机械费(元)			19.61	39.35	25.61	322.50
名称		单位	单价(元)	消耗量			
人工	二类人工	工日	135.00	0.873	1.316	0.866	4.015
材料	避雷针	根	—	(1.000)	(1.000)	(1.000)	—
	防锈漆 C53-1	kg	6.90	0.036	0.074	0.042	—
	酚醛银粉漆	kg	10.95	0.020	0.026	0.026	—
	汽油 综合	kg	6.12	0.230	0.236	0.236	—
	中厚钢板 综合	kg	3.71	—	13.608	—	—
	酚醛调和漆	kg	11.29	—	—	—	0.700

注:1. 安装在木杆和水泥杆上包括避雷引下线安装。
2. 独立避雷针塔安装不含塔架制作、基础浇筑,费用另行计算。

七、接地母线敷设、接地跨接线安装

工作内容:1. 接地母线敷设、接地网安装:挖地沟,接地母线平直,下料,测位,打眼,埋卡子,煨弯,敷设,焊接,回填土夯实,刷漆。

2. 接地跨接线安装:下料,钻孔,煨弯,敷设,挖填土,固定,刷漆。

计量单位:见表

定额编号				2-5-27	2-5-28	2-5-29	2-5-30	2-5-31	2-5-32
项目				接地母线敷设		接地母线	接地跨接线	接地网安装	
				埋地敷设	其他方式敷设	户外铜接地绞线敷设		利用基础(或地梁)钢筋	利用单独母线
计量单位				10m	10m	10m	10 处	地面 m^2	地面 m^2
基价(元)				**228.66**	**98.78**	**250.55**	**99.86**	**0.95**	**5.49**
其中	人工费(元)			214.65	77.76	230.85	65.34	0.54	5.13
	材料费(元)			4.01	14.08	19.70	21.85	0.14	0.09
	机械费(元)			10.00	6.94	—	12.67	0.27	0.27
名称		单位	单价(元)	消耗量					
人工	二类人工	工日	135.00	1.590	0.576	1.710	0.484	0.004	0.038
材料	接地母线	m	—	(10.500)	(10.500)	—	—	—	(0.252)
	铜接地线	m	—	—	—	(10.230)	—	—	—
	调和漆	kg	11.21	—	0.124	—	—	—	—
	电	kW·h	0.78	—	0.013	—	—	—	—
	镀锌扁钢(综合)	kg	4.50	—	—	—	3.672	—	—
	防锈漆 C53-1	kg	6.90	—	—	—	0.032	—	—
	热轧普碳高速盘条 HPB300 综合	kg	3.97	—	—	—	—	0.024	—

八、桩承台接地

工作内容:下料、煨弯、固定、焊接、补漆。

计量单位:基

定额编号				2-5-33
项目				桩承台接地
基价(元)				**271.07**
其中	人工费(元)			143.24
	材料费(元)			86.48
	机械费(元)			41.35
名称		单位	单价(元)	消耗量
人工	二类人工	工日	135.00	1.061
材料	镀锌扁钢(综合)	kg	4.50	15.233

九、设备防雷装置安装

工作内容：开箱、检查、划线、打孔、安装、固定、接线、检验。　　　　**计量单位：**个

定额编号				2-5-34
项目				计算机信号、电源避雷器
基价（元）				**26.54**
其中	人工费（元）			23.76
	材料费（元）			2.78
	机械费（元）			—
名称		单位	单价(元)	消耗量
人工	二类人工	工日	135.00	0.176
材料	避雷器	个	—	(1.000)

十、接地装置试验

工作内容：接地电阻试验。　　　　**计量单位：**见表

定额编号				2-5-35	2-5-36
项目				独立接地装置	接地装置
计量单位				组	系统
基价（元）				**73.22**	**183.17**
其中	人工费（元）			55.35	138.51
	材料费（元）			1.49	3.72
	机械费（元）			16.38	40.94
名称		单位	单价(元)	消耗量	
人工	二类人工	工日	135.00	0.410	1.026

第六节　智能化系统设备安装

说　　明

一、本节定额包括结构化综合布线系统、楼宇自控系统、安全防范系统、有线电视系统、公共广播系统、通信系统、计算机网络系统、会议及扩声系统、智能一卡通管理系统、电源与电子设备防雷接地系统及住宅小区智能化系统,共 11 个部分。

二、有关说明:

1. 本节定额工作内容主要包括各系统的主体设备及附属设备的安装调试、设备之间的配管配线。

2. 高于超五类的综合布线系统,基价乘以系数 1.20;铜缆屏蔽信息点按照非屏蔽信息点定额,基价乘以系数 1.20。采用 RJ45 插口直接端接的无线 AP 信息点,基价乘以系数 0.80。

3. 水平布线系统安装定额按单层建筑面积 1 200m^2 以内考虑,如单层面积大于 1 200m^2 时,每递增 100m^2,信息点相应定额子目基价增加 5% 。

4. 配线架安装不区分楼层配线架与总配线架,均执行配线架安装的相应定额。

5. 卡接式配线架对数大于 100 对,按 100 对基数成比例增加;模块式配线架大于 24 口,按 24 口基数成比例增加;光纤配线架大于 12 口,按 12 口基数成比例增加。

6. 垂直主干铜缆大于 25 对时,执行垂直主干铜缆 25 对以内的定额子目,基价乘以系数 1.50。

7. 72 芯以内的垂直主干光缆安装,执行垂直主干光缆 12 芯以内的定额子目,基价乘以系数 1.50;144 芯以内的垂直主干光缆安装,执行垂直主干光缆 12 芯以内的定额子目,基价乘以系数 2.50。

8. 设计未明确现场控制器(DDC)数量,但明确 DDC 点位时,楼宇自控系统安装根据 DDC 点位数量执行楼宇自控系统安装(综合)定额;设计明确现场控制器(DDC)数量和配置时,楼宇自控系统安装执行本节其他相应定额。

9. 不同尺寸的云台摄像机、快球摄像机安装,黑白、彩色、黑白彩色自动转换摄像机安装,定额均不作调整。

10. 专用电源若未在未计价主材中列项的,实际发生时,可参照电源与电子设备防雷接地系统相应定额子目。

11. 通信系统未采用双绞线缆布线的,每一个信息点按照综合布线信息点定额,基价乘以系数 0.40,计价材料做相应替换。

12. 智能一卡通管理系统中涉及的摄像机、计算机(管理电脑)及相关外部设备执行本节相应定额子目。

工程量计算规则

一、楼宇自控系统的地下车库风机控制系统安装定额是按照每 $500m^2$ 车库面积进行计算，如车库面积大于 $500m^2$ 时按比例增加。

二、水平布线系统安装以“点”为计量单位；配线架安装以“个”为计量单位。

三、楼宇自控系统安装分别以“套(回路)”“个”“台”为计量单位。

四、安全防范系统安装分别以“套”“单元”“台”“m^2”“工位”为计量单位。

五、有线电视系统安装、公共广播系统安装以“台”为计量单位。

六、通信系统安装、会议及扩声系统、智能一卡通管理系统分别以“台”“套”为计量单位。

七、计算机网络系统安装以“台”为计量单位，计算机应用、网络系统试运行以“系统”为计量单位。

八、电源与电子设备防雷接地系统安装以“台”“套”为计量单位。

九、住宅小区智能化系统安装以“套(户)”“单元”“台(套)”为计量单位。

一、结构化综合布线系统

1. 水平布线系统安装

工作内容:1. 铜缆非屏蔽信息点:信息点模块安装、双绞线布放、配管、桥架安装、做标记、接线盒及面板安装,信息点测试。
2. 光纤信息点:光缆穿放、配管、接线盒安装、光缆终端盒安装,光纤连接盘安装,信息点测试。 **计量单位**:点

定额编号				2-6-1	2-6-2
项目				铜缆非屏蔽信息点	光纤信息点
基价(元)				**497.32**	**517.22**
其中	人工费(元)			129.74	249.35
	材料费(元)			361.65	262.79
	机械费(元)			5.93	5.08
名称		单位	单价(元)	消耗量	
人工	二类人工	工日	135.00	0.961	1.847
材料	光纤耦合器	块	—	—	(1.010)
	光缆终端盒	套	—	—	(1.000)
	双绞线缆	m	3.28	52.500	—
	终端盒面板	个	10.00	1.010	—
	光缆	m	2.40	—	51.000
	JDG 电线套管(镀锌)综合	m	3.50	15.450	25.750
	电缆桥架 综合	m	64.66	0.202	0.202
	铜芯塑料绝缘线 BVR4	m	2.16	0.480	0.800
	铜芯塑料绝缘线 BVR6	m	3.45	0.036	0.036
	酚醛防锈漆	kg	6.90	0.002	0.002
	汽油 综合	kg	6.12	0.003	0.003

2. 配线架系统安装

工作内容:配线架安装,理线架安装,卡接双绞线缆、信息点跳线、机(墙)柜整理。 **计量单位**:个

定额编号				2-6-3	2-6-4	2-6-5
项目				卡接式 100对配线架	模块式 24口配线架	12口光纤配线架、连接盘
基价(元)				**490.28**	**423.57**	**315.82**
其中	人工费(元)			173.48	105.30	154.31
	材料费(元)			316.80	318.27	159.87
	机械费(元)			—	—	1.64
名称		单位	单价(元)	消耗量		
人工	二类人工	工日	135.00	1.285	0.780	1.143
材料	跳线架	架	—	(1.000)	—	—
	配线架	架	—	—	(1.000)	(1.000)
	理线器	个	—	(1.010)	(1.010)	(1.010)
	跳线连接器	个	—	(48.480)	(48.480)	—
	跳线	条	12.50	24.000	24.000	12.000

3. 垂直干线系统安装

工作内容:1. 大对数铜缆:桥架安装、垂直主干电缆及垂直主干光缆安装、做标记。
2. 光纤、光缆:桥架安装、光缆接续、光纤头安装。
3. 机箱、机柜:开箱检查、划线、定位、设备组装、接线、接地、本体安装等。　**计量单位:**见表

定额编号				2-6-6	2-6-7	2-6-8
项目				垂直主干铜缆 25对以内	垂直主干光纤 12芯以内	机箱、机柜
计量单位				100m	100m	台
基价(元)				**1 101.04**	**1 335.71**	**200.79**
其中	人工费(元)			940.14	1 017.63	187.38
	材料费(元)			116.06	249.58	13.41
	机械费(元)			44.84	68.50	—
名称		单位	单价(元)	消耗量		
人工	二类人工	工日	135.00	6.964	7.538	1.388
材料	大对数电缆	m	—	(105.000)	—	—
	光缆	m	—	—	(102.000)	—
	机柜(机架)	个	—	—	—	(1.000)
	电缆桥架 综合	m	—	(30.300)	(30.300)	—
	光纤连接器材	套	22.00	—	2.695	—
	磨制光纤连接器材	套	50.00	—	1.401	—

二、楼宇自控系统

1. 设备控制系统安装

工作内容:电动调节阀、电动蝶阀、执行机构、传感器变送器、第三方通信接口等设备安装。　**计量单位:**套

定额编号				2-6-9	2-6-10	2-6-11	2-6-12
项目				单台 冷水机组	多台 冷水机组	单台 热泵机组	多台 热泵机组
基价(元)				**756.01**	**1 844.20**	**756.01**	**1 844.13**
其中	人工费(元)			597.51	1 291.28	597.51	1 291.28
	材料费(元)			85.71	372.97	85.71	372.75
	机械费(元)			72.79	179.95	72.79	180.10
名称		单位	单价(元)	消耗量			
人工	二类人工	工日	135.00	4.426	9.565	4.426	9.565
材料	通信设备接口	个	—	(1.000)	(1.000)	(1.000)	(1.000)
	法兰阀门	个	—	—	(1.000)	—	(1.000)
	冷水机组接口	个	—	(1.000)	—	—	—
	平焊法兰	片	—	—	(2.000)	—	(2.000)
	传感器	个/支	—	(7.000)	(12.000)	(7.000)	(12.000)
	室外传感器外罩	个	—	—	(2.000)	—	—
	阀门执行机构	个	—	(1.000)	(2.000)	(1.000)	(2.000)
	基表	个	—	—	(1.000)	—	(1.000)
	六角带帽螺栓 M27×120－140	套	6.81	—	9.888	—	9.888
	六角带帽螺栓 M30×130－160	套	10.34	—	13.184	—	13.184

工作内容:电动调节阀、电动蝶阀、执行机构、传感器变送器、第三方通信接口等设备安装。 **计量单位**:套

定额编号				2-6-13	2-6-14	2-6-15	2-6-16
项目				空调机组	新风机组	集水井	生活水箱
基价(元)				**905.56**	**698.13**	**110.86**	**82.19**
其中	人工费(元)			755.73	569.84	94.91	69.93
	材料费(元)			113.03	93.56	14.56	11.48
	机械费(元)			36.80	34.73	1.39	0.78
名称		单位	单价(元)	消耗量			
人工	二类人工	工日	135.00	5.598	4.221	0.703	0.518
材料	法兰阀门	个	—	(1.000)	(1.000)	—	—
	平焊法兰	片	—	(2.000)	(2.000)	—	—
	阀门执行机构	个	—	(3.000)	(2.000)	—	—
	传感器	个/支	—	(5.000)	(3.000)	(2.000)	(2.000)
	基表	个	—	(2.000)	(2.000)	—	—
	通信设备接口	个	—	(1.000)	(1.000)	(1.000)	(1.000)

工作内容:传感器变送器、第三方通信接口等设备安装。 **计量单位**:套(回路)

定额编号				2-6-17	2-6-18
项目				送排风机	地下车库风机
基价(元)				**99.60**	**99.60**
其中	人工费(元)			89.91	89.91
	材料费(元)			8.60	8.60
	机械费(元)			1.09	1.09
名称		单位	单价(元)	消耗量	
人工	二类人工	工日	135.00	0.666	0.666
材料	变送器	支	—	(1.000)	(1.000)
	通信设备接口	个	—	(1.000)	(1.000)

工作内容:传感器变送器、第三方通信接口等设备安装。 **计量单位**:见表

定额编号				2-6-19	2-6-20
项目				高低压配电柜	智能照明
计量单位				个	接口
基价(元)				**307.00**	**261.43**
其中	人工费(元)			289.85	249.89
	材料费(元)			14.91	9.30
	机械费(元)			2.24	2.24
名称		单位	单价(元)	消耗量	
人工	二类人工	工日	135.00	2.147	1.851
材料	通信设备接口	个	—	(1.000)	(1.000)
	变送器	支	—	(2.000)	—
	传感器	个/支	—	—	(1.000)

工作内容：第三方通信接口等设备安装。　　　　**计量单位：**个

定额编号				2-6-21	2-6-22	2-6-23
项目				电梯系统接口	门禁集成系统	智能配电发电机系统接口
基价（元）				**20.62**	**106.81**	**20.62**
其中	人工费（元）			19.98	100.04	19.98
	材料费（元）			0.48	0.98	0.48
	机械费（元）			0.16	5.79	0.16
名称		单位	单价(元)	消耗量		
人工	二类人工	工日	135.00	0.148	0.741	0.148
材料	通信设备接口	个	—	(1.000)	(1.000)	(1.000)

2. 现场控制器安装

工作内容：1. DDC 安装、箱体安装、DDC 内部接线、DDC 和外围设备及网络接线、调试。

2. 特殊控制器安装，接线通电测试。

3. 电线管敷设、穿线、校线、标签。　　　　**计量单位：**台

定额编号				2-6-24	2-6-25
项目				DDC 控制器	特殊控制器
基价（元）				**1 688.12**	**750.86**
其中	人工费（元）			1 004.13	405.81
	材料费（元）			675.88	338.33
	机械费（元）			8.11	6.72
名称		单位	单价(元)	消耗量	
人工	二类人工	工日	135.00	7.438	3.006
材料	控制器	台	—	(1.000)	(1.000)
	JDG 电线套管(镀锌) 综合	m	3.50	103.000	51.500
	铜芯多股绝缘电线	m	0.52	64.800	32.400
	铜芯塑料绝缘线	m	2.00	69.600	34.800
	铜芯塑料绝缘线 BVR4	m	2.16	3.200	1.600

3. 楼宇自控系统安装(综合)

工作内容:1. 电动调节阀、电动蝶阀、执行机构、传感器、变送器、第三方通信接口等设备安装。
2. DDC 安装、箱体安装、DDC 内部接线、DDC 和外围设备及网络接线、调试。
3. 电线管敷设、穿线、校线、标签。
4. 楼控系统调试。

计量单位:点位

定额编号					2-6-26
项目					楼宇自控系统安装(综合)
基价(元)					**410.97**
其中	人工费(元)				239.90
	材料费(元)				160.92
	机械费(元)				10.15
名称			单位	单价(元)	消耗量
人工	二类人工		工日	135.00	1.777
材料	JDG 电线套管(镀锌) 综合		m	3.50	18.540
	碳素结构钢镀锌焊接钢管 *DN*20×2.8		m	7.90	4.120
	铜芯多股绝缘电线		m	0.52	23.760

注:电动阀门、传感器、变送器、通信接口、控制器、箱体等主材另行计算。

4. 系统软件

工作内容:界面软件定制、软件功能定制、系统软件安装调试。

计量单位:套

定额编号				2-6-27	2-6-28	2-6-29
项目				系统监控软件	能耗监测系统软件	集中式抄表系统软件
基价(元)				**1 020.46**	**1 020.46**	**1 020.46**
其中	人工费(元)			750.06	750.06	750.06
	材料费(元)			191.11	191.11	191.11
	机械费(元)			79.29	79.29	79.29
名称		单位	单价(元)	消耗量		
人工	二类人工	工日	135.00	5.556	5.556	5.556
材料	系统软件	套	—	(1.000)	(1.000)	(1.000)
	打印纸 132－1	箱	190.00	0.950	0.950	0.950

三、安全防范系统

1. 电视监控前端设备安装

工作内容:1. 固定式摄像机:摄像机安装、镜头安装、防护罩及支架安装、配管、双绞线安装、单体调试。

2. 云台摄像机:摄像机安装、镜头安装、云台安装、控制器安装、防护罩及支架安装、配管、配线、单体调试。

3. 球形一体机:摄像机、快球分离式快球摄像机和一体化快球摄像机,快球摄像机安装,支架安装,配管,配线,单体调试。

计量单位:台

定额编号				2-6-30	2-6-31	2-6-32
项目				固定摄像机	云台摄像机	球形一体机
基价(元)				**716.25**	**773.20**	**771.65**
其中	人工费(元)			298.22	353.30	355.73
	材料费(元)			413.74	415.61	410.73
	机械费(元)			4.29	4.29	5.19
	名称	单位	单价(元)	消耗量		
人工	二类人工	工日	135.00	2.209	2.617	2.635
材料	摄像机	台	—	(1.000)	(1.000)	(1.000)
	摄像机防护罩	个	—	(1.000)	(1.000)	—
	摄像机防支架	个	—	(1.000)	(1.000)	(1.000)
	摄像机云台	个	—	—	(1.000)	—
	双绞线缆	m	3.28	52.500	52.500	52.500
	JDG 电线套管(镀锌) 综合	m	3.50	51.500	51.500	51.500
	铜芯塑料绝缘线 BVR4	m	2.16	1.600	1.600	1.600
	水泥砂浆 M10.0	m^3	222.61	0.036	0.036	0.036

2. 电视监控控制系统设备安装

工作内容:1. 矩阵主机:矩阵主机成套安装、单体调试、联体调试及系统试运行。

2. 分控键盘:分控键盘安装、调试。

3. 视频切换器:开箱检查、接线、本体安装、调试。

计量单位:台

定额编号				2-6-33	2-6-34	2-6-35
项目				矩阵主机	分控键盘	视频切换器
基价(元)				**945.00**	**59.54**	**63.91**
其中	人工费(元)			620.73	59.54	59.54
	材料费(元)			281.50	—	4.37
	机械费(元)			42.77	—	—
	名称	单位	单价(元)	消耗量		
人工	二类人工	工日	135.00	4.598	0.441	0.441
材料	电视监控设备	台	—	(1.000)	—	—
	视频系统相关设备	台	—	—	(1.000)	(1.000)
	专业视频头	个	1.72	154.400	—	—

工作内容:1. 视频综合管理平台:开箱检查、接线、本体安装、调试。
2. 硬盘录像机:硬盘录像机安装、电脑监视器安装、键盘安装、视频接口(头)、视频连接线敷设、单体调试。
3. 视频打印机、视频显示器:本体安装、连接线敷设、单体调试。

计量单位:台

定额编号				2-6-36	2-6-37	2-6-38	2-6-39
项目				视频综合管理平台	硬盘录像机	视频打印机	视频显示器
基价(元)				**1 135.98**	**144.87**	**16.85**	**14.04**
其中	人工费(元)			1 102.41	143.37	14.85	14.04
	材料费(元)			2.34	1.50	2.00	—
	机械费(元)			31.23	—	—	—
名称		单位	单价(元)	消耗量			
人工	二类人工	工日	135.00	8.166	1.062	0.110	0.104
材料	视频系统相关设备	台	—	(1.000)	—	—	—
	电视监控设备	台	—	—	(1.000)	—	—
	视频打印机	台	—	—	—	(1.000)	—
	显示及信息发布设备	台	—	—	—	—	(1.000)

工作内容:开箱检查、设备初验、定位安装、周边设备安装、调试、试运行。

计量单位:见表

定额编号				2-6-40	2-6-41	2-6-42	2-6-43	2-6-44
项目				触摸屏	LED 显示屏	拼接屏	媒体播放机顶盒	投影仪(含幕)
计量单位				台	m^2	单元	台	台
基价(元)				**94.05**	**334.00**	**339.57**	**10.50**	**138.83**
其中	人工费(元)			71.15	219.38	297.68	8.78	119.34
	材料费(元)			22.90	114.62	41.89	1.72	19.49
	机械费(元)			—	—	—	—	—
名称		单位	单价(元)	消耗量				
人工	二类人工	工日	135.00	0.527	1.625	2.205	0.065	0.884
材料	显示及信息发布设备	台	—	(1.000)	—	—	(1.000)	(1.000)
	LED 显示屏	m^2	—	—	(1.000)	—	—	—
	单元式显示屏	单元	—	—	—	(1.000)	—	—
	信号连接光缆跳线	m	38.79	—	2.400	—	—	—
	双绞线(4 对)	m	4.31	—	—	1.000	—	—
	信号连接电缆(VGA)	条	10.34	—	—	1.000	—	—
	显示设备托盘	个	10.34	1.000	—	—	—	—

工作内容:1. 电视墙:开箱检查、定位、划线、接线、本体安装、调试。
2. 操作台:本体安装、接地。

计量单位:见表

定额编号				2-6-45	2-6-46
项目				电视墙	操作台
计量单位				台	工位
基价(元)				**330.75**	**135.00**
其中	人工费(元)			330.75	135.00
	材料费(元)			—	—
	机械费(元)			—	—
名称		单位	单价(元)	消耗量	
人工	二类人工	工日	135.00	2.450	1.000
材料	视频系统相关设备	台	—	(1.000)	—
	操作台	工位		—	(1.000)

3. 入侵报警系统设备安装

工作内容：1. 入侵报警系统：入侵报警系统主机安装、报警联动控制箱安装、键盘安装、单体调试、联体调试。

2. 入侵探测器：红外、微波、双(三)鉴、被动红外、振动探测、缆式压力报警器(电子围栏)安装、开孔、固定、配管、配线。

3. 报警器：设备组装、安装、调试。

计量单位：见表

定额编号				2-6-47	2-6-48	2-6-49
项目				入侵报警系统	入侵探测器	报警器（警灯、警铃、警号）
计量单位				套	台	
基价（元）				**352.31**	**662.13**	**19.36**
其中	人工费（元）			314.42	251.64	14.85
	材料费（元）			33.15	406.41	4.20
	机械费（元）			4.74	4.08	0.31
名称		单位	单价(元)	消耗量		
人工	二类人工	工日	135.00	2.329	1.864	0.110
材料	入侵报警系统相关设备	套	—	(1.000)	—	—
	入侵探测器	套	—	—	(1.000)	—
	报警器	台	—	—	—	(1.000)
	双绞线缆	m	3.28	—	52.500	—
	JDG 电线套管(镀锌)综合	m	3.50	—	51.500	—
	水泥砂浆 M10.0	m^3	222.61	—	0.036	—

4. 巡更系统设备安装

工作内容：1. 巡更系统：开箱检查、本体安装、测试、联体调试。

2. 巡更点：安装、开孔、固定。

3. 通信点：安装、开孔、固定。

计量单位：台

定额编号				2-6-50	2-6-51	2-6-52
项目				巡更系统主机	巡更点	通信点
基价（元）				**165.40**	**4.46**	**11.88**
其中	人工费（元）			160.79	4.46	11.88
	材料费（元）			—	—	—
	机械费（元）			4.61	—	—
名称		单位	单价(元)	消耗量		
人工	二类人工	工日	135.00	1.191	0.033	0.088
材料	出入口相关设备	台	—	(1.000)	(1.000)	(1.000)

四、有线电视系统

工作内容:1. 接收及主控设备:解码器、调制器、混合器、设备安装,信号检测、配线、电缆头制作与安装、联体调试。
2. 前端装置:放大器安装,楼栋放大器安装、固定,电缆头安装,设备间连线,调试。
3. 分支分配装置:分支器、分配器安装、固定,电缆头安装,设备间连线,调试。
4. 用户终端:模块安装,接线盒及面板安装、调试,配管、配线、终端调试。

计量单位:台

定额编号				2-6-53	2-6-54	2-6-55	2-6-56
项目				接收及主控设备	前端装置	分支分配装置	用户终端
基价(元)				**533.08**	**180.06**	**28.23**	**411.20**
其中	人工费(元)			353.30	81.00	16.20	117.86
	材料费(元)			39.19	13.55	0.63	291.69
	机械费(元)			140.59	85.51	11.40	1.65
	名称	单位	单价(元)	消耗量			
人工	二类人工	工日	135.00	2.617	0.600	0.120	0.873
材料	机柜(机架)	个	—	(1.000)	—	—	—
	接收及主控设备	套	—	(1.000)	—	—	—
	干线放大器	台	—	—	(1.000)	—	—
	楼栋放大器	台	—	—	(1.000)	—	—
	网络设备	台	—	—	—	(1.000)	—
	模块	个	40.00	—	—	—	2.020
	同轴电缆	m	2.55	10.100	—	—	10.100
	双绞线缆	m	3.28	—	—	—	21.000
	JDG 电线套管(镀锌)综合	m	3.50	—	—	—	20.600

五、公共广播系统

工作内容:1. 主控设备安装:主控设备安装、呼叫站安装、分区控制设备等安装、配线、联体调试。
2. 功率放大器:功率放大器安装、机柜内固定、音频头安装、设备间连线、调试。
3. 音量控制器:音量控制器安装、控制器用户面板安装、设备间连线、调试。
4. 扬声器:扬声器安装、音频头安装、吸顶式开孔、室内音柱支架安装、室外音柱外壳安装、基座安装、固定、配管、配线、调试。

计量单位:台

定额编号				2-6-57	2-6-58	2-6-59	2-6-60
项目				主控设备安装	功率放大器	音量控制器	扬声器
基价(元)				**2 076.03**	**56.35**	**19.23**	**148.47**
其中	人工费(元)			1 840.32	51.84	14.85	91.26
	材料费(元)			207.57	4.20	4.20	56.38
	机械费(元)			28.14	0.31	0.18	0.83
	名称	单位	单价(元)	消耗量			
人工	二类人工	工日	135.00	13.632	0.384	0.110	0.676
材料	扩声系统相关设备	套	—	(1.000)	—	—	—
	扩声系统相关设备	台	—	—	(1.000)	(1.000)	(1.000)
	JDG 电线套管(镀锌)综合	m	3.50	—	—	—	10.300
	铜芯多股绝缘电线	m	0.52	129.600	—	—	10.800
	模块	个	40.00	1.212	—	—	—

六、通 信 系 统

工作内容：1. 用户程控交换机：程控交换机安装、话务台安装、软件安装调试、专用电缆安装、联体调试。

2. 成套电话分线箱：箱体安装、配线架安装、电话电缆压接、箱体接地、电缆固定、线路检测。

3. 电话中途箱：箱体安装、固定。

4. 电(光)缆引入装置：引入装置安装。

计量单位：见表

定额编号				2-6-61	2-6-62	2-6-63	2-6-64
项目				用户程控交换机	成套电话分线箱	电话中途箱	电(光)缆引入装置
计量单位				台	台	台	套
基价（元）				**621.00**	**783.68**	**1 447.53**	**76.23**
其中	人工费（元）			621.00	702.41	1 058.40	72.90
	材料费（元）			—	81.27	64.89	3.33
	机械费（元）			—	—	324.24	—
名称		单位	单价(元)	消耗量			
人工	二类人工	工日	135.00	4.600	5.203	7.840	0.540
材料	用户程控交换机	台	—	(1.000)	—	—	—
	成套电话分线箱	台	—	—	(1.000)	—	—
	交接箱(含接线排)	台	—	—	—	(1.000)	—
	引入装置	套	—	—	—	—	(1.000)
	软铜绞线 TJR7/1.33	kg	50.00	—	—	0.200	—
	地气棒	根	21.55	—	—	2.020	—

七、计算机网络系统

1. 服务器及用户系统安装

工作内容：1. 用户计算机：计算机安装、IP 地址配置、域及用户群设置、终端软件安装调试。

2. 存储设备：各类型存储设备[磁带机、磁带库、光盘塔、网络附属存储(NAS)、存储区域网络(SAN)]安装、网络设置。

3. 服务器：服务器安装、网络管理软件安装调试、网络安全及病毒检测软件安装、数据库安装、指标测试、相关设备整体调试。

4. 打印机、绘图仪：打印机、绘图仪安装，驱动程序安装、调试。

5. KVM 切换设备：本体安装、调试。

计量单位：台

定额编号				2-6-65	2-6-66	2-6-67	2-6-68	2-6-69
项目				用户计算机	存储设备	服务器	打印机、绘图仪	KVM 切换设备
基价（元）				**87.06**	**322.74**	**257.85**	**124.10**	**327.29**
其中	人工费（元）			82.62	275.40	248.00	121.37	310.91
	材料费（元）			4.44	1.00	6.82	—	14.04
	机械费（元）			—	46.34	3.03	2.73	2.34
名称		单位	单价(元)	消耗量				
人工	二类人工	工日	135.00	0.612	2.040	1.837	0.899	2.303
材料	硬件	台	—	(1.000)	—	—	—	—
	网络设备	台	—	—	(1.000)	(1.000)	—	(1.000)
	软件	套	—	(1.000)	(1.000)	(1.000)	—	—
	输入输出设备	台	—	—	—	—	(1.000)	—
	铜芯塑料绝缘线 BVR6	m	3.02	—	—	0.510	—	2.040

2. 网络交换设备及网络安全系统安装

工作内容:1. 集线器:设备安装、调试。
2. 路由器:设备安装、软件安装、网络设置、调试。
3. 防火墙:设备安装、网络设置、调试。
4. 交换机:设备安装、调试,各类接口模块;设备安装、子网调整、IP 调整、域名设置、服务器分配、端口设置、指标测试。

计量单位:台

定额编号				2-6-70	2-6-71	2-6-72	2-6-73
项目				集线器	路由器	防火墙	交换机
基价(元)				**100.17**	**203.39**	**316.98**	**340.59**
其中	人工费(元)			55.08	198.45	304.97	242.60
	材料费(元)			1.00	2.00	6.18	1.00
	机械费(元)			44.09	2.94	5.83	96.99
名称		单位	单价(元)	消耗量			
人工	二类人工	工日	135.00	0.408	1.470	2.259	1.797
材料	网络设备	台	—	(1.000)	(1.000)	(1.000)	(1.000)

工作内容:1. 网络控制器:网络控制器及无线网络控制器安装、调试。
2. 无线网络设备:AP 本体及天线安装、调试。
3. 系统试运行:按规范要求,测试各项技术指标的稳定性、可靠性,提供文档资料并进行用户培训。

计量单位:系统

定额编号				2-6-74	2-6-75	2-6-76
项目				网络控制器	无线网络设备	计算机应用、网络系统试运行
基价(元)				**116.76**	**41.45**	**346.83**
其中	人工费(元)			110.30	41.45	275.67
	材料费(元)			1.88	—	50.82
	机械费(元)			4.58	—	20.34
名称		单位	单价(元)	消耗量		
人工	二类人工	工日	135.00	0.817	0.307	2.042
材料	网络设备	台	—	(1.000)	(1.000)	—
	防静电手环	个	—	—	—	(1.000)

八、会议及扩声系统

工作内容:1. 中央控制器:中央控制器设备安装、其他附属设备安装、各关联设备调试。
2. 会议专用设备:主席机、代表机设备安装,表决机、译员机其他附属设备设备安装、各关联设备调试。
3. 音视频切换器、多路调音台:设备安装、接线端子安装、连接电缆安装、调试。

计量单位:见表

定额编号				2-6-77	2-6-78	2-6-79	2-6-80
项目				中央控制器	会议专用设备	音视频切换器	多路调音台
计量单位				套	台	台	台
基价(元)				**307.44**	**107.67**	**34.45**	**116.88**
其中	人工费(元)			297.81	74.79	28.35	111.65
	材料费(元)			8.40	30.75	4.54	4.61
	机械费(元)			1.23	2.13	1.56	0.62
名称		单位	单价(元)	消耗量			
人工	二类人工	工日	135.00	2.206	0.554	0.210	0.827
材料	中央控制器	套	—	(1.000)	—	—	—
	会议专用设备	台	—	—	(1.000)	—	—
	音频切换器	台	—	—	—	(1.000)	—
	多路调音台	台	—	—	—	—	(1.000)
	专业视频头	个	1.72	—	13.552	—	—

工作内容:设备安装、接线端子安装、连接电缆安装、调试。

计量单位:台

定额编号				2-6-81	2-6-82	2-6-83	2-6-84
项目				功率放大器	音视源	扬声器	话筒设备
基价(元)				**56.35**	**19.36**	**183.33**	**72.37**
其中	人工费(元)			51.84	14.85	173.88	65.61
	材料费(元)			4.20	4.20	8.83	6.30
	机械费(元)			0.31	0.31	0.62	0.46
名称		单位	单价(元)	消耗量			
人工	二类人工	工日	135.00	0.384	0.110	1.288	0.486
材料	扩声系统相关设备	台	—	(1.000)	(1.000)	(1.000)	(1.000)
	音响线	m	—	—	—	(100.000)	—

九、智能一卡通管理系统

工作内容:1. 中央控制器:中央控制器设备安装、系统计算机安装、系统软件安装(按功能以套计算)、其他附属设备安装、各关联设备调试。
2. 消费机/发卡机:设备安装、调试。

计量单位:台

定额编号				2-6-85	2-6-86
项目				中央控制器	消费机/发卡机
基价(元)				**317.84**	**16.74**
其中	人工费(元)			309.96	16.74
	材料费(元)			7.88	—
	机械费(元)			—	—
	名称	单位	单价(元)	消耗量	
人工	二类人工	工日	135.00	2.296	0.124
材料	软件	套	—	(1.000)	—
	硬件	台	—	(1.000)	—
	消费机/发卡机	台	—	—	(1.000)

工作内容:1. 门禁控制器:设备安装、配管、配线、调试。
2. 门禁锁:安装位置开孔、设备安装、调试。
3. 停车场管理设备:配管、配线、停车场各类显示设备、收费票据设备、停车场管理电脑(包含软件)安装、调试。
4. 车辆检测、识别机构,车位探测器:设备安装、调试。

计量单位:见表

定额编号				2-6-87	2-6-88	2-6-89	2-6-90	2-6-91
项目				门禁控制器	门禁锁	停车场管理设备	车辆检测、识别机构	车位探测器
计量单位				台	台	套	套	台
基价(元)				**368.50**	**60.64**	**1 409.86**	**168.88**	**60.07**
其中	人工费(元)			180.09	51.30	575.51	145.13	54.81
	材料费(元)			185.84	9.34	336.78	21.87	4.95
	机械费(元)			2.57	—	497.57	1.88	0.31
	名称	单位	单价(元)	消耗量				
人工	二类人工	工日	135.00	1.334	0.380	4.263	1.075	0.406
材料	出入口相关设备	台	—	(1.000)	(1.000)	—	—	—
	停车场管理相关设备	套(台)	—	—	—	(1.000)	—	(1.000)
	车辆检测、识别机构	套	—	—	—	—	(1.000)	—
	JDG 电线套管(镀锌) 综合	m	3.50	36.050	—	51.500	—	—
	铜芯多股绝缘电线	m	0.52	41.040	—	64.800	—	—
	铜芯塑料绝缘线 BVR4	m	2.16	1.120	—	1.600	—	—

工作内容:1. 道栅执行机构:道栅机安装、基座安装、电源安装、配管、配线、调试。
2. 出入口识别设备:开箱检查、设备组装、接线,本体安装。
3. 出入口执行机构:开箱检查、设备组装、接线、本体安装测试。　　**计量单位**:套

定额编号				2-6-92	2-6-93	2-6-94
项目				道栅执行机构	出入口识别设备	出入口执行机构
基价(元)				**245.54**	**49.82**	**158.00**
其中	人工费(元)			223.43	49.82	153.50
	材料费(元)			20.57	—	4.50
	机械费(元)			1.54	—	—
名称		单位	单价(元)	消耗量		
人工	二类人工	工日	135.00	1.655	0.369	1.137
材料	道栅执行机构	套	—	(1.000)	—	—
	出入口相关设备	套	—	—	(1.000)	(1.000)

十、电源与电子设备防雷接地系统

工作内容:1. 可控硅柜:安装、一次接线、接地、单体调试。
2. UPS 不间断电源柜:UPS 不间断电源安装、电池组柜安装、单体调试。
3. 电子交流稳压电源:开箱检验、清洁搬运、划线定位、安装固定、调整垂直及水平、安装附件、绝缘测试、通电前检查、单机主要性能调试等。　　**计量单位**:台

定额编号				2-6-95	2-6-96	2-6-97
项目				可控硅柜	UPS 不间断电源柜	电子交流稳压电源
基价(元)				**1 038.15**	**1 664.82**	**61.84**
其中	人工费(元)			907.20	1 427.90	56.70
	材料费(元)			15.90	95.03	4.51
	机械费(元)			115.05	141.89	0.63
名称		单位	单价(元)	消耗量		
人工	二类人工	工日	135.00	6.720	10.577	0.420
材料	可控硅柜	台	—	(1.000)	—	—
	UPS 不间断电源	台	—	—	(1.000)	—
	电池组柜	台	—	—	(2.000)	—
	稳压稳频供电源	台	—	—	—	(1.000)
	镀锌扁钢 综合	kg	3.93	1.500	6.000	—
	酚醛磁漆	kg	12.07	—	0.020	—
	汽油 综合	kg	6.12	—	0.200	—
	铜芯塑料绝缘线 BV1.5	m	0.78	—	—	0.500

工作内容:1. 本体安装、调试。

2. 接地体制作安装、调试。

计量单位:套

定额编号				2-6-98	2-6-99	2-6-100	2-6-101
项目				电涌保护器	信号电涌保护器	智能检测型电涌保护器	智能检测避雷系统
基价(元)				**86.63**	**23.77**	**51.16**	**141.63**
其中	人工费(元)			84.38	21.33	44.82	131.63
	材料费(元)			1.00	2.44	3.83	10.00
	机械费(元)			1.25	—	2.51	—
名称		单位	单价(元)	消耗量			
人工	二类人工	工日	135.00	0.625	0.158	0.332	0.975
材料	防雷相关设备	套	—	(1.000)	(1.000)	(1.000)	(1.000)

十一、住宅小区智能化系统

工作内容:1. 智能家居中央控制设备:管理中心设备硬件及软件安装、调试。

2. 智能家居用户控制系统:智能家居用户端测量、监控、报警等设备安装、调试。

3. 可视对讲中央系统:可视对讲管理中心设备硬件及软件安装、调试。

4. 可视对讲门口机:设备定位、安装、调试。

计量单位:见表

定额编号				2-6-102	2-6-103	2-6-104	2-6-105
项目				智能家居中央控制设备	智能家居用户控制系统	可视对讲中央控制系统	可视对讲门口机
计量单位				套	套(户)	套	单元
基价(元)				**486.66**	**387.15**	**1 476.19**	**147.46**
其中	人工费(元)			472.50	363.29	1 417.50	141.75
	材料费(元)			2.50	20.68	37.81	3.98
	机械费(元)			11.66	3.18	20.88	1.73
名称		单位	单价(元)	消耗量			
人工	二类人工	工日	135.00	3.500	2.691	10.500	1.050
材料	家居控制系统设备	台	—	(1.000)	(1.000)	—	(1.000)
	家居控制管理机	台	—	—	—	(1.000)	—
	家居控制管理软件	套	—	(1.000)	—	(1.000)	—

工作内容:1. 可视对讲用户机:设备定位、安装、调试。

2. 智能家居中央控制系统:中央控制系统设备安装、其他附属设备安装、各关联设备调试。

3. 报警、电梯控制系统:设备安装、接线端子安装、连接电缆安装、调试。

计量单位:台(套)

定额编号				2-6-106	2-6-107	2-6-108	2-6-109
项目				可视对讲用户机	智能家居中央控制系统	电梯控制系统	电梯对讲系统
基价(元)				**24.59**	**353.06**	**433.96**	**24.59**
其中	人工费(元)			20.25	317.25	419.31	20.25
	材料费(元)			4.34	26.59	6.50	4.34
	机械费(元)			—	9.22	8.15	—
名称		单位	单价(元)	消耗量			
人工	二类人工	工日	135.00	0.150	2.350	3.106	0.150
材料	家居控制系统设备	台	—	(1.000)	(1.000)	—	(1.000)
	电梯控制系统(含软件)	套	—	—	—	(1.000)	—

第三章
通风空调安装工程

章 说 明

一、本章定额包括风管系统制作、安装，空调水系统安装，空调器设备安装，送吸风及人防设备安装，净化系统设施安装，风管零部件制作、安装，风管绝热工程，系统调试，共八节。

二、制冷(热)站(泵站)内的设备(除制冷、热设备安装)，管道安装、玻璃钢冷却塔配管安装，膨胀水箱、补给水箱及配管均执行本定额第四章"管道安装工程"中的相应子目。

三、本章定额的工作内容除各节已说明的工序外，还包括：施工准备，设备器材、工器具的场内搬运，开箱检查，安装调整试验，收尾，清理，配合质量检验，工种间交叉配合，临时移动水、电源的停歇时间。

四、本章定额中的除锈刷油按除轻锈、刷二遍防锈漆和二遍调和漆考虑。如对除锈、刷油有特殊要求时，执行《浙江省通用安装工程预算定额》(2018 版)第十二册《刷油、防腐蚀、绝热工程》相关子目。

第一节　风管系统制作、安装

说　明

一、本节定额包括一般通风空调系统风管制作、安装，空调净化系统风管制作、安装，不锈钢风管制作、安装，铝板风管制作、安装，塑料风管制作、安装，成品玻璃钢风管安装，玻纤复合风管制作、安装，机制玻镁复合风管制作、安装，彩钢复合风管制作、安装，铝箔复合风管制作、安装，成品固定式挡烟垂壁安装，共11个部分。

二、本节定额包括下列工作内容：

1. 薄钢板风管(镀锌钢板与普通钢板)：直管及管件、法兰、加固框、导流叶片、风管检查口、支(吊、托)架的制作安装，除锈刷油(镀锌板风管除外)。

2. 净化风管：直管及管件、法兰、加固框、导流叶片、风管检查孔、支(吊、托)架的制作与安装，支架、法兰除锈刷油及净化特别要求的材料清洗、加装特殊辅材等除锈刷油。

3. 不锈钢风管：直管及管件、法兰、加固框、导流叶片、风管检查孔、支(吊、托)架的制作、安装，支架除锈刷油。

4. 铝板风管：直管及管件、法兰、加固框、支(吊、托)架的制作、组对焊接，支(吊、托)架除锈刷油、安装。

5. 塑料风管：胎具制作，风管、管件、法兰加热成型，支(吊、托)架的制作安装，支架除锈刷油。

6. 玻璃钢风管：按成品风管现场安装，包括支(吊、托)架制作及埋设，风管配合修补、粘接、组装就位、固定，支架除锈刷油。

7. 玻纤复合风管、机制玻镁复合风管、彩钢复合风管、铝箔复合风管：直管及管件制作安装、法兰风管的法兰制作安装，风管加固，支(吊、托)架制作安装及除锈刷油、安装。

8. 成品固定式挡烟垂壁安装包括定位、安装、固定。

三、有关说明：

1. 薄钢板风管整个通风系统设计采用渐缩管均匀送风者，圆形风管按平均直径，矩形风管按平均周长执行相应规格的定额子目，其人工乘以系数2.50。

2. 各种风管安装均包括支(吊、托)架制作安装、埋设及除锈刷油，但不包括风管的落地支架制作与安装，落地支架制作、安装执行本定额第六章“通用项目和措施项目工程”中“设备支架”定额的相应子目。

3. 通风管道制作安装子目中，可根据设计要求以确定板材的厚度，但人工、机械费不变。

4. 净化系统风管制作安装子目中，型钢未包括镀锌费，如设计要求镀锌时，镀锌费用另行计算。

5. 净化通风管道子目按空气洁净度100 000级编制。

6. 不锈钢板风管咬口连接制作安装参照本节镀锌薄钢板制作安装子目，其中材料乘以系数3.50。

7. 玻璃钢风管未计价主材在组价时应包括同质法兰和加固框，其重量暂按风管全重的15%计。

8. 圆弧形风管制作安装参照相应规格子目执行，人工、机械乘以系数1.40。

工程量计算规则

一、风管制作安装按设计图示内径尺寸以展开面积计算，以“m^2”为计量单位不扣除检查孔、测定孔、送风口、吸风口等所占面积。

二、计算风管长度时均以设计图示中心线长度为准，包括弯头、三通、变径管、天圆地方等管件的长度，但不包括部件所占长度。

三、柔性软风管安装按图示管道中心线长度以“m”为计量单位。

一、一般通风空调系统风管制作、安装

工作内容：直管及管件、法兰、加固框、风管检查孔、弯头导流叶片及支(吊、托)架的制作、安装，支架及法兰、加固框、除锈刷油等。

计量单位：$10m^2$

定额编号				3-1-1	3-1-2	3-1-3
项目				镀锌钢板圆形风管(咬口)	镀锌钢板矩形风管(咬口)	镀锌钢板矩形共板法兰风管
基价(元)				**858.56**	**866.22**	**681.61**
其中	人工费(元)			632.88	576.72	450.09
	材料费(元)			202.00	262.99	156.65
	机械费(元)			23.68	26.51	74.87
名称		单位	单价(元)	消耗量		
人工	二类人工	工日	135.00	4.688	4.272	3.334
材料	镀锌薄钢板 综合(δ1.2mm 以内)	m^2	—	(11.380)	(11.380)	(11.800)
	醇酸防锈漆 C53-1	kg	6.90	0.795	0.966	0.361

工作内容：直管及管件、法兰、加固框、风管检查孔、弯头导流叶片及支(吊、托)架的制作、安装，除锈刷油等。

计量单位：$10m^2$

定额编号				3-1-4	3-1-5	3-1-6	3-1-7
项目				普通钢板圆形风管(焊接)板厚 2.0mm	普通钢板矩形风管(焊接)板厚 2.0mm	普通钢板圆形风管(焊接)板厚 3.0mm	普通钢板矩形风管(焊接)板厚 3.0mm
基价(元)				**1 647.40**	**1 359.47**	**1 873.15**	**1 493.93**
其中	人工费(元)			1 177.47	933.39	1 351.08	1 023.71
	材料费(元)			313.40	308.92	366.07	353.03
	机械费(元)			156.53	117.16	156.00	117.19
名称		单位	单价(元)	消耗量			
人工	二类人工	工日	135.00	8.722	6.914	10.008	7.583
材料	热轧薄钢板 Q235B δ2.0	m^2	—	(10.800)	(10.800)	—	—
	热轧薄钢板 Q235B δ3.0	m^2	—	—	—	(10.800)	(10.800)

工作内容：软风管切断、卡箍连接、管道安装、支架制作、安装及支架除锈刷油。

计量单位：见表

定额编号				3-1-8	3-1-9	3-1-10
项目				柔性软风管安装	铝合金软管安装	铝箔保温软管安装
计量单位				m	10m	10m
基价(元)				**6.30**	**110.37**	**116.26**
其中	人工费(元)			4.86	67.64	68.31
	材料费(元)			1.44	42.73	47.95
	机械费(元)			—	—	—
名称		单位	单价(元)	消耗量		
人工	二类人工	工日	135.00	0.036	0.501	0.506
材料	柔性软风管	m	—	(1.000)	—	—
	铝合金伸缩软管	m	—	—	(6.120)	—
	铝箔保温软管	m	—	—	—	(10.020)

二、净化系统风管制作、安装

工作内容:直管及管件、法兰、加固框、风管检查孔、弯头导流叶片及支(吊、托)架的制作、安装,支架、法兰除锈刷油及净化特别要求的材料清洗、加装特殊辅材等。

计量单位:10m^2

定额编号				3-1-11
项目				镀锌钢板净化风管(咬口)
基价(元)				**1 184.87**
其中	人工费(元)			757.62
	材料费(元)			394.41
	机械费(元)			32.84
名称		单位	单价(元)	消耗量
人工	二类人工	工日	135.00	5.612
材料	镀锌薄钢板 综合	m^2	—	(11.490)

三、不锈钢风管制作、安装

工作内容:直管及管件、法兰、加固框风管检查孔、弯头导流叶片及支(吊、托)架的制作、安装,支架除锈刷油。

计量单位:10m^2

定额编号				3-1-12	3-1-13	3-1-14	3-1-15
项目				不锈钢圆形风管(电弧焊)	不锈钢圆形风管(氩弧焊)	不锈钢矩形风管(电弧焊)	不锈钢矩形风管(氩弧焊)
基价(元)				**3 235.00**	**4 176.58**	**3 389.35**	**4 330.93**
其中	人工费(元)			1 824.93	2 186.87	1 877.85	2 239.79
	材料费(元)			841.26	837.69	927.33	923.75
	机械费(元)			568.81	1 152.02	584.17	1 167.39
名称		单位	单价(元)	消耗量			
人工	二类人工	工日	135.00	13.518	16.199	13.910	16.591
材料	不锈钢板 304	m^2	—	(10.800)	(10.800)	(10.800)	(10.800)

四、铝板风管制作、安装

工作内容:直管及管件、法兰、加固框、支(吊、托)架的制作、组对焊接,支(吊、托)架除锈刷油、安装。

计量单位:10m²

定额编号				3-1-16	3-1-17	3-1-18	3-1-19
项目				铝板圆形风管(氧乙炔焊)	铝板圆形风管(氩弧焊)	铝板矩形风管(氧乙炔焊)	铝板矩形风管(氩弧焊)
基价(元)				**3 524.43**	**4 805.11**	**2 734.38**	**3 981.94**
其中	人工费(元)			2 487.92	2 631.15	1 672.52	1 845.59
	材料费(元)			921.11	895.50	935.68	924.73
	机械费(元)			115.40	1 278.46	126.18	1 211.62
名称		单位	单价(元)	消耗量			
人工	二类人工	工日	135.00	18.429	19.490	12.389	13.671
材料	纯铝板	m²	—	(10.800)	(10.800)	(10.800)	(10.800)

五、塑料风管制作、安装

工作内容:胎具制作,风管、管件、法兰加热成型,支(吊、托)架的制作、安装,支架除锈刷油。

计量单位:10m²

定额编号				3-1-20	3-1-21
项目				塑料圆形风管(热风焊)	塑料矩形风管(热风焊)
基价(元)				**2 585.82**	**2 617.21**
其中	人工费(元)			1 676.57	1 717.34
	材料费(元)			570.19	626.80
	机械费(元)			339.06	273.07
名称		单位	单价(元)	消耗量	
人工	二类人工	工日	135.00	12.419	12.721
材料	硬聚氯乙烯板 δ3~8	m²	—	(11.600)	(11.600)
	型钢 综合	kg	3.84	19.635	18.060

六、成品玻璃钢风管安装

工作内容：直管、管件、法兰的安装，风管加固，吊、托支架的制作、安装，支架除锈刷油。　　**计量单位：**10m²

					定额编号	3-1-22	3-1-23
项目						成品玻璃钢圆形风管	成品玻璃钢矩形风管
基价（元）						**445.42**	**346.55**
其中	人工费（元）					353.30	255.15
	材料费（元）					87.76	86.06
	机械费（元）					4.36	5.34
名称		单位	单价(元)			消耗量	
人工	二类人工	工日	135.00			2.617	1.890
材料	玻璃钢风管 δ1.5~4	m^2	—			(5.057)	(5.057)
	玻璃钢风管 δ4 以外	m^2	—			(5.263)	(5.263)

七、玻纤复合风管制作、安装

工作内容：直管、管件制作与安装、风管加固，吊、托支架的制作、安装，支架除锈刷油等。　　**计量单位：**10m²

定额编号				3-1-24	3-1-25
项目				玻纤复合矩形风管(粘接)	玻纤复合圆形风管(粘接)
基价（元）				**203.56**	**167.40**
其中	人工费（元）			89.10	79.92
	材料费（元）			70.15	47.62
	机械费（元）			44.31	39.86
名称		单位	单价(元)	消耗量	
人工	二类人工	工日	135.00	0.660	0.592
材料	复合型板材	m^2	—	(11.800)	(11.600)

八、机制玻镁复合风管制作、安装

工作内容：直管、管件、风管加固，吊、托支架的制作、安装，支架除锈刷油等。　　**计量单位：**10m²

定额编号				3-1-26
项目				机制玻镁复合矩形风管(粘接)
基价（元）				**316.09**
其中	人工费（元）			202.64
	材料费（元）			105.32
	机械费（元）			8.13
名称		单位	单价(元)	消耗量
人工	二类人工	工日	135.00	1.501
材料	复合风管板材	m^2	—	(11.600)

九、彩钢复合风管制作、安装

工作内容:直管、管件、法兰的制作安装,风管加固,吊、托支架的制作、安装,支架除锈刷油等。 **计量单位**:$10m^2$

定额编号				3-1-27
项目				彩钢复合矩形风管(法兰连接)
基价(元)				**397.63**
其中	人工费(元)			230.45
	材料费(元)			103.71
	机械费(元)			63.47
名称		单位	单价(元)	消耗量
人工	二类人工	工日	135.00	1.707
材料	复合风管板材	m^2	—	(10.800)
	风管专用法兰	m	—	(16.800)

十、铝箔复合风管制作、安装

工作内容:直管、管件、法兰的制作安装、风管加固,吊、托架的制作、安装,支架除锈刷油等。 **计量单位**:$10m^2$

定额编号				3-1-28
项目				铝箔复合矩形风管(法兰连接)
基价(元)				**312.37**
其中	人工费(元)			178.61
	材料费(元)			127.66
	机械费(元)			6.10
名称		单位	单价(元)	消耗量
人工	二类人工	工日	135.00	1.323
材料	复合风管板材	m^2	—	(11.000)

十一、成品固定式挡烟垂壁安装

工作内容:定位、安装、固定。 **计量单位**:m

定额编号				3-1-29
项目				成品固定式挡烟垂壁安装
基价(元)				**26.15**
其中	人工费(元)			17.55
	材料费(元)			7.40
	机械费(元)			1.20
名称		单位	单价(元)	消耗量
人工	二类人工	工日	135.00	0.130
材料	固定式挡烟垂壁	m	—	(1.000)

第二节　空调水系统安装

说　明

一、本节定额包括空调水系统配管及辐射供暖供冷装置安装,共 2 个部分。

二、空调水系统配管定额工作内容包括从冷冻站房主机引出到各风机盘管、变风量空调器的送回水管道、冷凝水管道的安装、保温、管道刷油、支(吊、托)架制作安装和刷油,以及水系统中的阀门安装,不包括各用水空调设备处阀门、温度计、压力表和用水空调的本体及其安装费。系统管道中如需镀锌者,镀锌费用另行计算。

三、空调水系统配管定额适用二管制水系统的安装,若设计采用四管制水系统时执行相应定额,基价乘以系数 1.80。

四、辐射供暖供冷装置安装包括毛细管席安装、一体化预制辐射供暖(冷)板安装、预制沟槽保温板辐射供暖供冷系统安装。毛细管席安装、一体化预制辐射供暖(冷)板安装不包括集配及计量装置安装工作内容。预制沟槽保温板辐射供暖供冷系统安装不包括集配及计量装置安装、发泡水泥绝热层或发泡混凝土、填充层、隔离层、找平层、装饰面层安装工作内容。

工程量计算规则

一、空调水系统配管定额按冷冻机组的总制冷量以“kW”为单位计算。不含各分体式空调器或组装式空调器等的制冷量。

二、辐射供暖供冷装置安装以“m^2”为单位计算。

一、空调水系统配管

工作内容:水管、各种水管阀门的安装,保温,管道刷油,套管、支(吊、托)架的制作安装和刷油等,不包括各用水空调设备处的阀门、温度计、压力表和用水空调设备的本体及其安装费。 **计量单位**:kW

定额编号				3-2-1
项目				空调水系统配管
基价(元)				**327.11**
其中	人工费(元)			72.77
	材料费(元)			238.80
	机械费(元)			15.54
名称		单位	单价(元)	消耗量
人工	二类人工	工日	135.00	0.539
材料	法兰阀门	个	—	(0.020)
	橡塑板	m^3	1 973.00	0.015
	碳素结构钢流体无缝钢管 108×4.5	m	58.45	0.707
	碳素结构钢流体无缝钢管 219×8	m	187.00	0.500
	碳素结构钢镀锌焊接钢管 *DN*32×3.5	m	14.69	0.654
	碳素结构钢镀锌焊接钢管 *DN*50×3.8	m	22.12	0.701
	碳钢平焊法兰 1.6MPa *DN*100	片	45.43	0.180
	碳钢平焊法兰 1.6MPa *DN*200	片	96.50	0.040
	型钢 综合	kg	3.84	2.120
	压制管件 *DN*100	个	30.47	0.071
	压制管件 *DN*200	个	154.00	0.024

二、辐射供暖供冷装置安装

工作内容:毛细管席挂装就位、集管熔接、黏结固定、冲洗试压(不包括集配及计量装置)。 **计量单位**:$10m^2$

定额编号				3-2-2
项目				毛细管席安装
基价(元)				**386.90**
其中	人工费(元)			201.29
	材料费(元)			177.69
	机械费(元)			7.92
名称		单位	单价(元)	消耗量
人工	二类人工	工日	135.00	1.491
材料	毛细管席	m^2	—	(10.100)

工作内容：基层清理、找平、安装、固定连接、试验。　　　　**计量单位：**m^2

定额编号				3-2-3
项目				一体化预制辐射供暖(冷)板安装
基价(元)				**55.04**
其中	人工费(元)			19.98
	材料费(元)			34.97
	机械费(元)			0.09
名称		单位	单价(元)	消耗量
人工	二类人工	工日	135.00	0.148
材料	一体化辐射板	m^2	—	(1.010)

工作内容：基层清理、泡沫塑料隔热板、预制沟槽保温板、辐射供暖供冷管、均热层、边界保温带、钢丝网。　　　　**计量单位：**$10m^2$

定额编号				3-2-4
项目				预制沟槽保温板辐射供暖供冷管安装
基价(元)				**865.29**
其中	人工费(元)			732.92
	材料费(元)			131.02
	机械费(元)			1.35
名称		单位	单价(元)	消耗量
人工	二类人工	工日	135.00	5.429
材料	泡沫塑料隔热板	m^2	—	(10.300)
	边界保温带	m	—	(15.750)
	钢丝网 综合	m^2	—	(10.300)
	辐射供暖供冷管	m	—	(61.200)
	预制沟槽保温板	m^2	—	(10.300)

第三节　空调设备安装

说　　明

一、本节定额包括分体式及窗式空调器安装、多联体空调机安装、空调机组安装、风机盘管安装、VAV 变风量末端装置安装、空气幕安装,共 6 个部分。

二、本节定额包括下列工作内容:

1. 开箱检查设备、附件、底座螺孔。

2. 吊装、找平、找正、垫垫、灌浆、螺栓固定、装梯子。

3. 找标高、打支架墙洞、配合预留孔洞、埋设吊托支架,组装,找正,垫垫,上栓紧固,除锈,刷油。

4. 电气检查接线、单机试运行。

三、成套分体式空调器安装定额中包括室内机、室外机安装,随设备带来的支架安装,长度在 5m 以内的冷媒管及其保温、保护层安装、电气接线工作。窗式空调器安装定额中包括随设备带来的支架安装。

四、多联体空调室内机安装定额中包括多联体空调室内机冷媒铜管安装、冷凝水管道安装、橡塑保温及其保护带包扎、检查接线、温控开关及其控制线路安装、支架制作与安装及除锈刷油等。

五、多联机空调室内机安装定额适用于一台室外机带动 5 台以上、10 台及以下的室内机空调系统,如采用一台室外机带动 5 台及以下室内机的空调系统,执行本定额,基价乘以系数 0.75。

六、空调机组安装定额中已包含阀门(电动阀除外)、水过滤器、温度计、压力表、软管接口安装、设备支架制作安装及除锈刷油、电机检查接线及调试。

七、风机盘管(两管制)的安装,包括风机盘管、检查接线、风机盘管温控开关及控制线路、阀门、水过滤器、软接头、减振器、支架制作安装及刷油等。

工程量计算规则

一、各式空调器按不同的安装方式以“台”为计量单位。

二、多联体空调机安装,以“台”为计量单位。

三、空调机组按不同的风量及安装方式以“台”为计量单位。

四、风机盘管按不同安装方式,以“台”为计量单位。

五、空气幕按不同长度,以“台”为计量单位。

一、分体式及窗式空调器安装

工作内容：各种室内窗式机、立柜式机、吸顶式机、嵌装式机、挂壁式机和室外机的安装，并包括随设备带来的支架安装。

计量单位：台

定额编号				3-3-1	3-3-2	3-3-3	3-3-4
项目				分体式空调器安装			窗式
				墙上安装	落地安装	吸顶式安装	
基价（元）				**149.03**	**168.11**	**186.16**	**71.74**
其中	人工费（元）			145.53	165.11	182.66	70.74
	材料费（元）			3.50	3.00	3.50	1.00
	机械费（元）			—	—	—	—
名称		单位	单价(元)	消耗量			
人工	二类人工	工日	135.00	1.078	1.223	1.353	0.524
材料	空调器	台(套)	—	(1.000)	(1.000)	(1.000)	(1.000)

二、多联体空调机安装

工作内容：开箱、检查、就位、固定，设备支架制作、安装及除锈刷油，试运转。

计量单位：台

定额编号				3-3-5	3-3-6
项目				多联体空调机室外机 制冷量(kW 以内)	
				50	200
基价（元）				**1 565.92**	**2 642.99**
其中	人工费（元）			771.66	1 407.38
	材料费（元）			661.50	1 003.25
	机械费（元）			132.76	232.36
名称		单位	单价(元)	消耗量	
人工	二类人工	工日	135.00	5.716	10.425
材料	多联体空调室外机	台(套)	—	(1.000)	(1.000)
	型钢 综合	kg	3.84	94.500	157.500
	隔振垫	块	25.00	6.000	6.000
	金属软管 $D25$	m	3.45	0.824	0.824
	金属软管活接头 $\phi 25$	套	7.33	2.040	2.040

工作内容:本体安装、冷媒铜管、冷凝水管道制作、安装,橡塑保温及其保护带包扎,检查接线,温控开关及其控制线路、支架制作与安装及除锈刷油等。

计量单位:台

定额编号				3-3-7
项目				多联体空调机室内机
基价(元)				**2 985.53**
其中	人工费(元)			626.54
	材料费(元)			2 322.92
	机械费(元)			36.07
名称		单位	单价(元)	消耗量
人工	二类人工	工日	135.00	4.641
材料	多联体空调室内机	台	—	(1.000)
	空调温控开关	个	—	(1.010)
	铜管 综合	m	48.48	30.300
	型钢 综合	kg	3.84	10.600
	分液器/分支器	个	132.74	1.700
	碳素结构钢镀锌焊接钢管	m	7.90	8.240

三、空调机组安装

工作内容：本体安装、阀门、水过滤器、软接头、压力表、温度计、风管帆布接口的安装，设备支架制作、安装及除锈刷油，电机检查接线及调试。

计量单位：台

定额编号				3-3-8	3-3-9	3-3-10	3-3-11	3-3-12
项目				整体式空调机组(吊式)安装(两管制)风量(m^3/h 以内)				
				2 000	5 000	10 000	18 000	36 000
基价(元)				**4 224.75**	**4 740.04**	**6 347.09**	**7 784.39**	**9 706.04**
其中	人工费(元)			941.63	1 097.01	1 348.11	1 644.84	2 047.14
	材料费(元)			3 136.47	3 476.63	4 745.70	5 832.87	7 261.45
	机械费(元)			146.65	166.40	253.28	306.68	397.45
名称		单位	单价(元)	消耗量				
人工	二类人工	工日	135.00	6.975	8.126	9.986	12.184	15.164
材料	空调器	台(套)	—	(1.000)	(1.000)	(1.000)	(1.000)	(1.000)
	碳钢平焊法兰 1.6MPa *DN*40	片	26.55	14.000	—	—	—	—
	碳钢平焊法兰 1.6MPa *DN*80	片	37.33	—	—	—	14.000	—
	温度仪表	支	104.00	2.000	2.000	2.000	2.000	2.000
	压力仪表	台(块)	75.41	2.000	2.000	2.000	2.000	2.000
	型钢 综合	kg	3.840	30.450	39.165	52.500	71.400	107.100
	减振器	个	89.00	4.000	4.000	4.000	6.000	6.000
	金属软管 *D*25	m	3.45	0.824	0.824	0.824	0.824	0.824
	金属软管活接头 ϕ25	套	7.33	2.040	2.040	2.040	2.040	2.040
	Y 型过滤器 *DN*40	个	248.00	1.000	—	—	—	—
	Y 型过滤器 *DN*50	个	272.00	—	1.000	—	—	—
	Y 型过滤器 *DN*65	个	349.00	—	—	1.000	—	—
	Y 型过滤器 *DN*80	个	411.00	—	—	—	1.000	—
	Y 型过滤器 *DN*100	个	551.00	—	—	—	—	1.000
	碳钢平焊法兰 1.6MPa *DN*50	片	28.79	—	14.000	—	—	—
	碳钢平焊法兰 1.6MPa *DN*65	片	34.40	—	—	14.000	—	—
	碳钢平焊法兰 1.6MPa *DN*100	片	45.43	—	—	—	—	14.000
	不锈钢软接头 PM1.6 *DN*40	个	183.00	2.000	—	—	—	—
	不锈钢软接头 PM1.6 *DN*50	个	235.00	—	2.000	—	—	—
	不锈钢软接头 PM1.6 *DN*65	个	344.00	—	—	2.000	—	—
	不锈钢软接头 PM1.6 *DN*80	个	396.00	—	—	—	2.000	—
	不锈钢软接头 PM1.6 *DN*100	个	505.00	—	—	—	—	2.000
	闸阀 Z41H－16C *DN*40	个	230.00	4.000	—	—	—	—
	闸阀 Z41H－16C *DN*50	个	250.00	—	4.000	—	—	—
	闸阀 Z41H－16C *DN*65	个	435.00	—	—	4.000	—	—
	闸阀 Z41H－16C *DN*80	个	517.00	—	—	—	4.000	—
	闸阀 Z41H－16C *DN*100	个	666.00	—	—	—	—	4.000

工作内容:本体安装、阀门、水过滤器、软接头、压力表、温度计、风管帆布接口的安装,设备支架制作、安装及除锈刷油。

计量单位:台

定额编号				3-3-13	3-3-14	3-3-15
项目				整体式空调机组(落地)安装(两管制)风量(m^3/h)		
				25 800 以内	36 000 以内	36 000 以外
基价(元)				**9 767.76**	**10 069.65**	**10 681.09**
其中	人工费(元)			2 274.35	2 499.80	2 938.14
	材料费(元)			7 100.03	7 151.41	7 282.57
	机械费(元)			393.38	418.44	460.38
名称		单位	单价(元)	消耗量		
人工	二类人工	工日	135.00	16.847	18.517	21.764
材料	空调器	台(套)	—	(1.000)	(1.000)	(1.000)
	温度仪表	支	104.00	2.000	2.000	2.000
	压力仪表	台(块)	75.41	2.000	2.000	2.000
	型钢 综合	kg	3.84	160.230	166.110	183.750
	隔振垫	块	25.00	8.000	8.000	8.000
	金属软管 *D*25	m	3.45	0.824	0.824	0.824
	金属软管活接头 ϕ25	套	7.33	2.040	2.040	2.040
	碳钢平焊法兰 1.6MPa *DN*100	片	45.43	14.000	14.000	14.000
	闸阀 Z41H-16C *DN*100	个	666.00	4.000	4.000	4.000
	Y 型过滤器 *DN*100	个	551.00	1.000	1.000	1.000
	不锈钢软接头 PM1.6 *DN*100	个	505.00	2.000	2.000	2.000

工作内容：本体安装、阀门、水过滤器、软接头、压力表、温度计、风管帆布接口的安装，设备支架制作、安装及除锈刷油。

计量单位：台

定额编号				3-3-16	3-3-17	3-3-18	3-3-19	3-3-20	3-3-21
项目				组合式空调机组安装（两管制）风量（m^3/h 以内）					
				10 000	30 000	40 000	60 000	80 000	100 000
基价（元）				**7 691.16**	**9 861.44**	**12 373.08**	**16 424.21**	**20 240.32**	**21 701.27**
其中	人工费（元）			2 120.99	3 194.64	4 409.64	6 174.90	7 935.03	9 286.92
	材料费（元）			5 182.50	6 195.87	7 429.06	9 598.34	11 559.55	11 648.14
	机械费（元）			387.67	470.93	534.38	650.97	745.74	766.21
	名称	单位	单价（元）	消耗量					
人工	二类人工	工日	135.00	15.711	23.664	32.664	45.740	58.778	68.792
材料	空调器	台（套）	—	(1.000)	(1.000)	(1.000)	(1.000)	(1.000)	(1.000)
	碳钢平焊法兰 1.6MPa *DN*80	片	37.33	—	14.000	—	—	—	—
	碳钢平焊法兰 1.6MPa *DN*125	片	66.66	—	—	—	14.000	—	—
	温度仪表	支	104.00	2.000	2.000	2.000	2.000	2.000	2.000
	压力仪表	台（块）	75.41	2.000	2.000	2.000	2.000	2.000	2.000
	型钢 综合	kg	3.84	178.920	224.070	243.810	280.455	322.455	329.175
	隔振垫	块	25.00	8.000	8.000	8.000	8.000	8.000	8.000
	金属软管 *D*25	m	3.45	0.824	0.824	0.824	0.824	—	—
	金属软管活接头 ϕ25	套	7.33	2.040	2.040	2.040	2.040	—	—
	金属软管 *D*40	m	5.00	—	—	—	—	0.824	0.824
	金属软管活接头 ϕ40	套	14.14	—	—	—	—	2.040	2.040
	闸阀 Z41H－16C *DN*65	个	435.00	4.000	—	—	—	—	—
	闸阀 Z41H－16C *DN*80	个	517.00	—	4.000	—	—	—	—
	闸阀 Z41H－16C *DN*100	个	666.00	—	—	4.000	—	—	—
	闸阀 Z41H－16C *DN*125	个	908.00	—	—	—	4.000	—	—
	闸阀 Z41H－16C *DN*150	个	1 150.00	—	—	—	—	4.000	4.000
	碳钢平焊法兰 1.6MPa *DN*65	片	34.40	14.000	—	—	—	—	—
	碳钢平焊法兰 1.6MPa *DN*100	片	45.43	—	—	14.000	—	—	—
	碳钢平焊法兰 1.6MPa *DN*150	片	75.69	—	—	—	—	14.000	14.000
	不锈钢软接头 PM1.6 *DN*65	个	344.00	2.000	—	—	—	—	—
	不锈钢软接头 PM1.6 *DN*80	个	396.00	—	2.000	—	—	—	—
	不锈钢软接头 PM1.6 *DN*100	个	505.00	—	—	2.000	—	—	—
	不锈钢软接头 PM1.6 *DN*125	个	696.00	—	—	—	2.000	—	—
	不锈钢软接头 PM1.6 *DN*150	个	901.00	—	—	—	—	2.000	2.000
	Y 型过滤器 *DN*65	个	349.00	1.000	—	—	—	—	—
	Y 型过滤器 *DN*80	个	411.00	—	1.000	—	—	—	—
	Y 型过滤器 *DN*100	个	551.00	—	—	1.000	—	—	—
	Y 型过滤器 *DN*125	个	675.00	—	—	—	1.000	—	—
	Y 型过滤器 *DN*150	个	877.00	—	—	—	—	1.000	1.000

四、风机盘管安装

工作内容:本体安装、风机盘管检查接线、温控开关及控制线路、阀门、水过滤器、软接头、减振器、支架制作与安装及除锈刷油等。

计量单位:台

定额编号				3-3-22	3-3-23	3-3-24	3-3-25
项目				风机盘管安装(两管制)			
				吊顶式	落地式	壁挂式	卡式嵌入式
基价(元)				**1 209.51**	**916.68**	**916.39**	**1 202.62**
其中	人工费(元)			307.40	185.63	186.71	308.75
	材料费(元)			885.19	723.38	722.01	883.66
	机械费(元)			16.92	7.67	7.67	10.21
名称		单位	单价(元)	消耗量			
人工	二类人工	工日	135.00	2.277	1.375	1.383	2.287
材料	风机盘管	台	—	(1.000)	(1.000)	(1.000)	(1.000)
	空调温控开关	个	—	(1.010)	(1.010)	(1.010)	(1.010)
	Y 型过滤器 *DN*20	个	35.49	0.505	0.505	0.505	0.505
	Y 型过滤器 *DN*25	个	55.22	0.505	0.505	0.505	0.505
	截止阀 J11T-16K *DN*20	个	27.59	1.010	1.010	1.010	1.010
	截止阀 J11T-16K *DN*25	个	68.97	1.010	1.010	1.010	1.010
	不锈钢软接头 PM1.6 *DN*20	个	55.10	1.000	1.000	1.000	1.000
	不锈钢软接头 PM1.6 *DN*25	个	94.83	1.000	1.000	1.000	1.000
	风机盘管二通阀 *DN*20	个	267.00	0.505	0.505	0.505	0.505
	风机盘管二通阀 *DN*25	个	284.00	0.505	0.505	0.505	0.505
	汽油 综合	kg	6.12	0.150	0.150	0.150	0.150
	铜芯多股绝缘电线	m	0.52	6.480	6.480	6.480	6.480
	碳素结构钢镀锌焊接钢管 综合 *DN*25 以内	m	9.64	6.180	6.180	6.180	6.180

五、VAV 变风量末端装置安装

工作内容:本体安装,检查接线、温控开关、支架制作与安装及除锈刷油等。

计量单位:台

定额编号				3-3-26	3-3-27
项目				VAV 变风量末端装置	
				单风道型	风机动力型
基价(元)				**150.05**	**184.85**
其中	人工费(元)			125.01	137.57
	材料费(元)			24.16	45.53
	机械费(元)			0.88	1.75
名称		单位	单价(元)	消耗量	
人工	二类人工	工日	135.00	0.926	1.019
材料	VAV 变风量末端装置	台	—	(1.000)	(1.000)
	空调温控开关	个	—	(1.010)	(1.010)

六、空气幕安装

工作内容:开箱检查,吊架(卡件)制作、安装及除锈刷油,空气幕安装,温控开关安装,试运行。 **计量单位:**台

定额编号				3-3-28	3-3-29
项目				空气幕 长度(mm 以内)	
				900	1 500
基价(元)				**330.29**	**396.88**
其中	人工费(元)			248.94	285.93
	材料费(元)			55.59	74.20
	机械费(元)			25.76	36.75
名称		单位	单价(元)	消耗量	
人工	二类人工	工日	135.00	1.844	2.118
材料	空气幕	台	—	(1.000)	(1.000)
	空调温控开关	个	—	(1.010)	(1.010)
	型钢 综合	kg	3.84	6.405	9.870

第四节　送吸风及人防设备安装

说　　明

一、本节定额包括轴流式通风机安装、离心式风机安装、除尘设备安装、人防设备及部件安装,共4个部分。

二、本节定额包括下列工作内容:

1. 开箱检查设备、附件、底座螺孔。

2. 吊装、找平、找正、垫层、灌浆、螺栓固定、装梯子。

3. 找标高、打支架墙洞、配合预留孔洞、埋设吊托支架,组装,找正,垫垫,上螺栓、紧固,除锈刷油。

4. 电机检查接线、单机试运行。

三、斜流式、混流式通风机安装执行轴流式通风机安装项目。

四、箱体式风机安装执行通风机安装的相应子目,基价乘以系数1.20;轴流式通风机如果安装在墙体里,参照轴流式通风机安装相应定额子目,人工、材料乘以系数0.70。

五、密闭穿墙套管为成品安装时,按密闭穿墙套管制作安装定额,基价乘以系数0.30,穿墙套管主材另计。

工程量计算规则

一、风机安装按设计不同型号以“台”为计量单位。

二、除尘设备安装按设备不同重量以“台”为计量单位。

三、人防两用风机、人防过滤吸收器、预滤器、除湿器、探头式含磷毒气报警器、γ射线报警器安装以“台”为计量单位。

四、人防手动密闭阀安装,人防穿墙密闭套管制作、安装,自动排气活门安装,测压装置、换气堵头、波导窗安装以“个”为计量单位;LWP油网滤尘器安装以“m^2”为计量单位。

一、轴流式通风机安装

工作内容:风机安装,支座、支架制作安装及除锈刷油,帆布接口,检查接线,单机试运行。　　**计量单位:**台

定额编号				3-4-1	3-4-2	3-4-3	3-4-4	3-4-5
项目				轴流式通风机安装(以下)				
				5#	7#	10#	16#	20#
基价(元)				**654.68**	**797.11**	**1 358.99**	**2 245.28**	**2 940.13**
其中	人工费(元)			407.70	491.40	934.88	1 670.90	2 093.58
	材料费(元)			186.99	239.33	344.05	477.48	712.53
	机械费(元)			59.99	66.38	80.06	96.90	134.02
名称		单位	单价(元)	消耗量				
人工	二类人工	工日	135.00	3.020	3.640	6.925	12.377	15.508
材料	通风机	台	—	(1.000)	(1.000)	(1.000)	(1.000)	(1.000)
	减振器	个	—	(4.000)	(4.000)	(4.000)	(4.000)	(4.000)
	型钢 综合	kg	3.84	10.500	13.230	23.100	33.915	60.690
	金属软管 $D25$	m	3.45	0.824	0.824	0.824	0.824	0.824
	金属软管活接头 $\phi25$	套	7.33	2.040	2.040	2.040	2.040	2.040

工作内容:风机安装,支座、支架制作安装及除锈刷油,帆布接口,检查接线,单机试运行。　　**计量单位:**台

定额编号				3-4-6	3-4-7
项目				屋顶式通风机安装	卫生间通风器安装
基价(元)				**434.56**	**29.57**
其中	人工费(元)			273.38	28.35
	材料费(元)			100.27	1.22
	机械费(元)			60.91	—
名称		单位	单价(元)	消耗量	
人工	二类人工	工日	135.00	2.025	0.210
材料	通风机	台	—	(1.000)	—
	风扇	台	—	—	(1.000)
	型钢 综合	kg	3.84	10.500	—
	金属软管 $D25$	m	3.45	0.824	—
	金属软管活接头 $\phi25$	套	7.33	2.040	—

二、离心式通风机安装

工作内容:风机安装,支座、支架制作与安装及除锈刷油,检查接线,单机试运行,帆布接口。　　计量单位:台

定额编号				3-4-8	3-4-9	3-4-10	3-4-11
项目				离心式通风机安装(以下)			
				$4^{\#}$	$6^{\#}$	$8^{\#}$	$12^{\#}$
基价(元)				**563.37**	**846.09**	**1 327.42**	**2 102.77**
其中	人工费(元)			337.64	554.18	941.63	1 614.60
	材料费(元)			166.05	227.58	305.31	400.13
	机械费(元)			59.68	64.33	80.48	88.04
名称		单位	单价(元)	消耗量			
人工	二类人工	工日	135.00	2.501	4.105	6.975	11.960
材料	通风机	台	—	(1.000)	(1.000)	(1.000)	(1.000)
	减振器	个	—	(4.000)	(4.000)	(4.000)	(4.000)
	型钢 综合	kg	3.84	10.500	13.650	24.150	29.400
	金属软管 $D25$	m	3.45	0.824	0.824	0.824	0.824
	金属软管活接头 $\phi25$	套	7.33	2.040	2.040	2.040	2.040

工作内容:风机安装,支座、支架制作与安装及除锈刷油,检查接线,单机试运行,帆布接口。　　计量单位:台

定额编号				3-4-12	3-4-13	3-4-14
项目				离心式通风机安装		
				$16^{\#}$以下	$22^{\#}$以下	$25^{\#}$及以上
基价(元)				**3 130.31**	**4 730.58**	**5 491.28**
其中	人工费(元)			2 499.66	3 815.37	3 798.90
	材料费(元)			532.21	774.64	1 459.76
	机械费(元)			98.44	140.57	232.62
名称		单位	单价(元)	消耗量		
人工	二类人工	工日	135.00	18.516	28.262	28.140
材料	通风机	台	—	(1.000)	(1.000)	(1.000)
	减振器	个	—	(4.000)	(4.000)	(4.000)
	型钢 综合	kg	3.84	35.700	64.575	131.250
	金属软管 $D25$	m	3.45	0.824	—	—
	金属软管活接头 $\phi25$	套	7.33	2.040	—	—
	金属软管 $D40$	m	5.00	—	0.824	0.824
	金属软管活接头 $\phi40$	套	14.14	—	2.040	2.040

三、除尘设备安装

工作内容：除尘设备安装，电机检查接线，单机试运行，支架制作安装及除锈刷油等。　　**计量单位：**台

定额编号					3-4-15	3-4-16	3-4-17	3-4-18
项目					除尘设备安装(kg/台以下)			
					100	500	1 000	3 000
基　价　(元)					**593.39**	**1 359.10**	**2 613.29**	**5 264.35**
其中	人工费(元)				404.87	845.37	1 743.66	3 479.76
	材料费(元)				113.78	354.40	632.82	1 323.48
	机械费(元)				74.74	159.33	236.81	461.11
名称			单位	单价(元)	消耗量			
人工	二类人工		工日	135.00	2.999	6.262	12.916	25.776
材料	除尘设备		台	—	(1.000)	(1.000)	(1.000)	(1.000)
	金属软管 *D*40		m	5.00	—	—	—	0.824
	金属软管活接头 $\phi40$		套	14.14	—	—	—	2.040
	金属软管 *D*25		m	3.45	0.824	0.824	0.824	—
	金属软管活接头 $\phi25$		套	7.33	2.040	2.040	2.040	—

四、人防设备及部件安装

工作内容：1. 人防两用风机：开箱、检查、就位、安装、固定、清理、电机检查接线、单机试运行、调试。
2. 人防过滤吸收器、预滤器、除湿器：开箱、检查、就位、安装、固定、清理。　　**计量单位：**台

定额编号					3-4-19	3-4-20	3-4-21	3-4-22	3-4-23
项目					人防两用风机	人防过滤吸收器安装		预滤器	除湿器
						500 型	1 000 型		
基　价　(元)					**534.07**	**250.51**	**437.30**	**1 071.43**	**511.27**
其中	人工费(元)				267.98	208.85	394.34	121.77	483.57
	材料费(元)				221.15	19.83	21.13	927.83	9.06
	机械费(元)				44.94	21.83	21.83	21.83	18.64
名称			单位	单价(元)	消耗量				
人工	二类人工		工日	135.00	1.985	1.547	2.921	0.902	3.582
材料	人防通风机		台	—	(1.000)	—	—	—	—
	过滤吸收器		台	—	—	(1.000)	(1.000)	—	—
	预滤器		台	—	—	—	—	(1.000)	—
	除湿器		台	—	—	—	—	—	(1.000)
	金属软管 *D*25		m	3.45	0.824	—	—	—	—
	柔性接头 *D*200		个	454.00	—	—	—	2.000	—
	金属软管活接头 $\phi25$		套	7.33	2.040	—	—	—	—

工作内容:外观检查、清除污锈、加热、调制接口材料、接口安装、找正、找平、紧螺栓。 **计量单位**:个

定额编号				3-4-24	3-4-25	3-4-26
项目				人防手动密闭阀(直径 mm 以内)		
				300	600	1 000
基价(元)				**219.69**	**463.32**	**885.58**
其中	人工费(元)			139.32	279.59	495.05
	材料费(元)			33.71	101.87	220.13
	机械费(元)			46.66	81.86	170.40
	名称	单位	单价(元)	消耗量		
人工	二类人工	工日	135.00	1.032	2.071	3.667
材料	手动密闭阀门	个	—	(1.000)	(1.000)	(1.000)

工作内容:密闭套管制作安装,填塞。 **计量单位**:个

定额编号				3-4-27	3-4-28	3-4-29	3-4-30	3-4-31	3-4-32	3-4-33
项目				人防穿墙密闭套管制作、安装						
				Ⅰ型(外径 mm 以内)			Ⅱ型(公称直径 mm 以内)	Ⅲ型(外径 mm 以内)		
				315	666	1 242	*DN*32	349	700	1 276
基价(元)				**184.94**	**315.96**	**528.55**	**116.52**	**164.74**	**265.46**	**419.87**
其中	人工费(元)			120.56	182.25	274.59	26.46	116.10	168.21	243.81
	材料费(元)			57.62	120.53	222.93	85.39	46.75	93.61	169.66
	机械费(元)			6.76	13.18	31.03	4.67	1.89	3.64	6.40
	名称	单位	单价(元)	消耗量						
人工	二类人工	工日	135.00	0.893	1.350	2.034	0.196	0.860	1.246	1.806

注:穿墙密闭套管为成品时,基价乘以系数 0.30,穿墙套管主材另行计算。

工作内容:1. 自动排气活门:开箱检查、除污锈、固定、紧螺栓、试动、涂防腐油。
2. 测压装置:测压板制作安装、测压装置安装。
3. 换气堵头:堵头安装。
4. 波导窗:找正、找平、固定。 **计量单位**:见表

定额编号				3-4-34	3-4-35	3-4-36	3-4-37
项目				自动排气活门	测压装置	换气堵头	波导窗
计量单位				个	套	个	
基价(元)				**353.89**	**171.55**	**81.63**	**13.72**
其中	人工费(元)			173.75	159.98	38.48	12.83
	材料费(元)			157.43	11.57	43.15	0.89
	机械费(元)			22.71	—	—	—
	名称	单位	单价(元)	消耗量			
人工	二类人工	工日	135.00	1.287	1.185	0.285	0.095
材料	排气阀门	个	—	(1.000)	—	—	—
	测压装置	套	—	—	(1.000)	—	—
	换气堵头	个	—	—	—	(1.000)	—
	波导窗	个	—	—	—	—	(1.000)

工作内容:1. LWP 油网滤尘器:放样、下料、制作框架零件、浸油、安装、找正、找平、稳固、包边、抹腻子。

2. 探头式含磷毒气报警器、γ 射线报警器:放样、下料、制作框架零件、浸油、安装、找正、找平、固定、开箱检查、除污锈、上螺栓。

计量单位:见表

定额编号				3-4-38	3-4-39	3-4-40
项目				LWP 油网滤尘器	探头式含磷毒气报警器	γ 射线报警器
计量单位				m^2	台	台
基价(元)				**487.15**	**131.55**	**70.05**
其中	人工费(元)			294.30	67.64	37.40
	材料费(元)			179.94	58.88	27.57
	机械费(元)			12.91	5.03	5.08
名称		单位	单价(元)	消耗量		
人工	二类人工	工日	135.00	2.180	0.501	0.277
材料	LWP 油网滤尘器	m^2	—	(1.000)	—	—
	探头式含磷毒气报警器	台	—	—	(1.000)	—
	γ 射线报警器	台	—	—	—	(1.000)

第五节　净化系统设施安装

说　　明

一、本节定额包括过滤器框架制作安装,净化过滤器、净化工作台、洁净室、风淋室安装。

二、本节定额包括下列工作内容:

1. 开箱、检查、配合钻孔、垫垫、口缝涂密封胶、试装、正式安装。

2. 过滤器框架包括刷油。

三、净化系统的其他部件、空调设备、通风设备的安装均执行本章相应定额子目。

工程量计算规则

一、净化过滤器、净化工作台、洁净室、风淋室等安装均以"台"为计量单位。

二、过滤器框架制作安装以"kg"为计量单位。

三、净化过滤器若设计数量未明者可按下表计算。

净化过滤器设计数量表

净 化 等 级	高效过滤器(台/10m^2)
100 级	8.72
1 000 级	3.28
5 000 级	2.38
10 000 级	0.83
50 000 级	0.78
100 000 级	0.36

净化系统设施安装

工作内容：过滤器框架制作安装：放样、下料、制作安装；高效净化过滤器安装，中、低效净化过滤器安装：开箱、检查、配合钻孔、加垫、口缝涂密封胶、安装。

计量单位：见表

定额编号					3-5-1	3-5-2	3-5-3
项目					过滤器框架制作安装	高效净化过滤器安装	中、低效净化过滤器安装
计量单位					100kg	台	台
基价（元）					**1 464.64**	**40.94**	**23.83**
其中	人工费（元）				506.79	32.81	16.20
	材料费（元）				909.94	8.13	7.63
	机械费（元）				47.91	—	—
名称			单位	单价(元)	消耗量		
人工	二类人工		工日	135.00	3.754	0.243	0.120
材料	过滤器		台	—	—	(1.000)	(1.000)
	角钢 Q235B 63×63×6		kg	3.97	31.000	—	—
	槽钢 Q235B 5#～16#		kg	4.05	73.800	—	—

工作内容：开箱、检查设备及附件、就位、找平、找正。

计量单位：台

定额编号					3-5-4	3-5-5	3-5-6
项目					净化工作台安装	洁净室、风淋室安装(t以内)	
						1.0	3.0
基价（元）					**152.51**	**868.23**	**1 730.75**
其中	人工费（元）				120.83	771.93	1 562.22
	材料费（元）				16.30	76.91	125.75
	机械费（元）				15.38	19.39	42.78
名称			单位	单价(元)	消耗量		
人工	二类人工		工日	135.00	0.895	5.718	11.572
材料	净化工作台		台	—	(1.000)	—	—
	洁净室、风淋室		台	—	—	(1.000)	(1.000)

第六节　风管零部件制作、安装

说　　明

一、本节定额包括各种成品阀类、风口、消声器、静压箱的安装,各种罩类,风帽等部件的制作、安装,共6个部分。

二、铝及铝合金阀门安装执行本节碳钢阀门安装相应定额,人工乘以系数0.80。

三、碳钢风口、木风口、玻璃钢风口安装执行本节风口安装相应定额,人工乘以系数1.20;风口宽与长之比小于或等于0.125为条缝型风口,执行百叶风口相应定额,人工乘以系数1.10。

四、带调节阀(过滤器)百叶风口、带调节阀散流器安装,按照风口安装相应定额,基价乘以系数1.50。

五、风机防虫网罩安装执行风口安装相关定额,基价乘以系数0.80。

工程量计算规则

一、各种成品阀类安装均以“个”为计量单位。

二、成品风口安装以“个”为计量单位,除不锈钢风口、塑料直片式散流器、塑料空气分布器以“kg”为计量单位。

三、成品消声器安装以“个”为计量单位。

四、静压箱制作、安装以“m^2”为计量单位。

五、各种罩类制作、安装以“kg”为计量单位,厨房油烟排气罩成品安装以“个”为计量单位。

六、风帽制作、安装以“kg”为计量单位。

一、各种成品碳钢阀类安装

工作内容：本体安装、试动。　　　　计量单位：个

定　额　编　号				3-6-1	3-6-2
项　　目				风管蝶阀	风管止回阀
基　价（元）				**50.02**	**66.35**
其中	人　工　费（元）			37.67	47.52
	材　料　费（元）			8.92	14.45
	机　械　费（元）			3.43	4.38
名　称		单位	单价(元)	消　耗　量	
人工	二类人工	工日	135.00	0.279	0.352
材料	蝶阀	个	—	(1.000)	—
	风管止回阀	个	—	—	(1.000)

工作内容：本体安装、试动。　　　　计量单位：个

定　额　编　号				3-6-3	3-6-4
项　　目				多叶调节阀	风管防火阀
基　价（元）				**71.55**	**144.74**
其中	人　工　费（元）			46.58	121.64
	材　料　费（元）			17.18	16.02
	机　械　费（元）			7.79	7.08
名　称		单位	单价(元)	消　耗　量	
人工	二类人工	工日	135.00	0.345	0.901
材料	对开多叶调节阀	个	—	(1.000)	—
	风管防火阀	个	—	—	(1.000)

工作内容：本体安装、试动。　　　　计量单位：个

定　额　编　号				3-6-5	3-6-6
项　　目				柔性软风管阀门安装	塑料柔性接口及伸缩节制作、安装
基　价（元）				**5.40**	**483.37**
其中	人　工　费（元）			5.40	304.97
	材　料　费（元）			—	128.22
	机　械　费（元）			—	50.18
名　称		单位	单价(元)	消　耗　量	
人工	二类人工	工日	135.00	0.040	2.259
材料	柔性软风管阀门	个	—	(1.000)	—

工作内容:本体安装、试动。 **计量单位**:个

定额编号					3-6-7	3-6-8
项目					空气加热器上通阀	空气加热器旁通阀
基价(元)					**88.70**	**54.51**
其中	人工费(元)				75.47	49.14
	材料费(元)				11.86	5.33
	机械费(元)				1.37	0.04
名称			单位	单价(元)	消耗量	
人工	二类人工		工日	135.00	0.559	0.364
材料	空气加热器上通阀		个	—	(1.000)	—
	空气加热器旁通阀		个	—	—	(1.000)

工作内容:本体安装、试动。 **计量单位**:个

定额编号					3-6-9	3-6-10
项目					圆形瓣式启动阀	密闭式斜插板阀
基价(元)					**110.24**	**23.94**
其中	人工费(元)				97.61	19.85
	材料费(元)				11.59	3.99
	机械费(元)				1.04	0.10
名称			单位	单价(元)	消耗量	
人工	二类人工		工日	135.00	0.723	0.147
材料	圆形瓣式启动阀		个	—	(1.000)	—
	密闭式斜插板阀		个	—	—	(1.000)

二、成品风口安装

工作内容:风口安装、试动。 **计量单位**:个

定额编号					3-6-11	3-6-12	3-6-13	3-6-14
项目					成品散流器安装	铝合金百叶风口周长(mm 以内)		
						1 280	3 300	7 000
基价(元)					**20.03**	**15.35**	**35.33**	**68.63**
其中	人工费(元)				17.55	11.61	27.41	51.57
	材料费(元)				2.48	3.62	7.80	16.06
	机械费(元)				—	0.12	0.12	1.00
名称			单位	单价(元)	消耗量			
人工	二类人工		工日	135.00	0.130	0.086	0.203	0.382
材料	散流器		个	—	(1.000)	—	—	—
	铝合金百叶风口		个	—	—	(1.000)	(1.000)	(1.000)

工作内容：风口安装、试动。　　　　计量单位：个

定额编号				3-6-15	3-6-16	3-6-17
项目				铝合金百叶风口周长(mm 以内)		消防送(排)烟口
				14 000	20 000	
基价（元）				**132.87**	**217.89**	**35.22**
其中	人工费（元）			96.66	157.95	30.65
	材料费（元）			34.10	56.85	4.51
	机械费（元）			2.11	3.09	0.06
名称		单位	单价(元)	消耗量		
人工	二类人工	工日	135.00	0.716	1.170	0.227
材料	铝合金百叶风口	个	—	(1.000)	(1.000)	—
	消防送(排)烟口	个	—	—	—	(1.000)

工作内容：风口安装、试动。　　　　计量单位：个

定额编号				3-6-18	3-6-19
项目				网式风口	旋转吹风口
基价（元）				**9.69**	**43.33**
其中	人工费（元）			8.51	32.67
	材料费（元）			1.18	10.66
	机械费（元）			—	—
名称		单位	单价(元)	消耗量	
人工	二类人工	工日	135.00	0.063	0.242
材料	网式风口	个	—	(1.000)	—
	旋转吹风口	个	—	—	(1.000)

工作内容：风口安装、试动。　　　　计量单位：见表

定额编号				3-6-20	3-6-21	3-6-22	3-6-23
项目				矩形送风口	矩形空气分布器	钢百叶窗安装框内面积(m^2)	不锈钢风口安装
						<4	
计量单位				个	个	个	100kg
基价（元）				**15.65**	**39.69**	**50.47**	**1 839.39**
其中	人工费（元）			10.53	33.08	42.39	1 799.96
	材料费（元）			5.12	6.61	8.08	28.99
	机械费（元）			—	—	—	10.44
名称		单位	单价(元)	消耗量			
人工	二类人工	工日	135.00	0.078	0.245	0.314	13.333
材料	矩形送风口	个	—	(1.000)	—	—	—
	矩形空气分布器	个	—	—	(1.000)	—	—
	钢百叶窗	个	—	—	—	(1.000)	—
	不锈钢风口	kg	—	—	—	—	(100.000)

工作内容:风口安装、试动。 **计量单位:**个

定额编号					3-6-24	3-6-25
项目					送吸风口	活动箅式风口
基价(元)					**19.42**	**24.68**
其中	人工费(元)				16.20	23.90
	材料费(元)				3.22	0.43
	机械费(元)				—	0.35
	名称		单位	单价(元)	消耗量	
人工	二类人工		工日	135.00	0.120	0.177
材料	送吸风口		个	—	(1.000)	—
	活动箅式风口		个	—	—	(1.000)

工作内容:风口安装、试动。 **计量单位:**见表

定额编号				3-6-26	3-6-27	3-6-28
项目				塑料直片式散流器安装	塑料空气分布器安装	铝制孔板风口安装
计量单位				100kg	100kg	个
基价(元)				**1 019.40**	**504.92**	**61.68**
其中	人工费(元)			960.93	460.62	33.21
	材料费(元)			53.61	44.30	28.47
	机械费(元)			4.86	—	—
	名称	单位	单价(元)	消耗量		
人工	二类人工	工日	135.00	7.118	3.412	0.246
材料	成品塑料风口	kg	—	(100.000)	(100.000)	—
	铝制孔板风口	个	—	—	—	(1.000)

三、成品消声器安装

工作内容:消声器安装,吊托支架制作安装及除锈刷油。 **计量单位:**个

定额编号				3-6-29	3-6-30
项目				各式消声器(周长 mm 以下)	
				4 000	8 000
基价(元)				**246.71**	**648.63**
其中	人工费(元)			161.46	403.65
	材料费(元)			80.87	232.73
	机械费(元)			4.38	12.25
	名称	单位	单价(元)	消耗量	
人工	二类人工	工日	135.00	1.196	2.990
材料	消声器	个	—	(1.000)	(1.000)

四、静压箱制作、安装

工作内容：放样、下料、制作、贴吸音棉、支架制作、除锈刷油、吊装、组对、固定。 **计量单位：**10m²

定额编号				3-6-31
项目				静压箱制作、安装
基价（元）				**3 113.08**
其中	人工费（元）			1 348.38
	材料费（元）			1 639.19
	机械费（元）			125.51
名称		单位	单价(元)	消耗量
人工	二类人工	工日	135.00	9.988
材料	镀锌薄钢板 δ1.0	m²	33.58	11.490
	角钢 Q235B 63×63×6	kg	3.97	18.900
	吸音材料	m²	42.50	11.000

五、各种罩类制作、安装

工作内容：放样、下料、制作罩体、组合成型、埋设支架、吊装、对口、找正、制垫、垫垫、上螺栓、固定、装配重环及钢丝绳、试动调整。 **计量单位：**100kg

定额编号				3-6-32	3-6-33	3-6-34	3-6-35
项目				皮带防护罩	电机防雨罩	侧吸罩	中小型零件焊接台排气罩
基价（元）				**3 051.68**	**1 310.07**	**1 191.35**	**1 460.17**
其中	人工费（元）			2 390.18	605.34	623.03	898.97
	材料费（元）			549.58	620.88	527.14	522.70
	机械费（元）			111.92	83.85	41.18	38.50
名称		单位	单价(元)	消耗量			
人工	二类人工	工日	135.00	17.705	4.484	4.615	6.659

工作内容：放样、下料、制作罩体、组合成型、埋设支架、吊装、对口、找正、制垫、垫垫、上螺栓、固定、装配重环及钢丝绳、试动调整。 **计量单位：**100kg

定额编号				3-6-36	3-6-37	3-6-38	3-6-39	3-6-40	3-6-41
项目				槽边通风罩（整体式、分组式、吹式、吸式）	各型风罩调节阀	条缝槽边抽风罩、泥心烘炉排气罩	升降式回转抽风排气罩	上、下吸圆形回转罩	升降式排气罩、手段炉排气罩
基价（元）				**1 530.13**	**1 388.48**	**1 671.93**	**3 021.21**	**1 048.69**	**1 020.87**
其中	人工费（元）			903.02	765.72	939.33	2 491.02	480.87	495.32
	材料费（元）			546.10	458.75	660.87	499.95	533.97	459.54
	机械费（元）			81.01	164.01	71.73	30.24	33.85	66.01
名称		单位	单价(元)	消耗量					
人工	二类人工	工日	135.00	6.689	5.672	6.958	18.452	3.562	3.669

工作内容:放样、下料、坡口、加热成型、钻孔、焊接、组合成型、制垫、加垫、找正、紧固。 **计量单位**:100kg

定额编号				3-6-42	3-6-43	3-6-44	3-6-45
项目				塑料槽边侧吸罩	塑料槽边风罩	塑料条缝槽边抽风罩	塑料各型风罩调节阀气罩
基价(元)				**4 733.96**	**4 543.43**	**3 598.12**	**5 688.17**
其中	人工费(元)			2 948.81	2 770.07	2 034.18	3 403.62
	材料费(元)			1 263.35	1 251.56	1 142.18	1 636.57
	机械费(元)			521.80	521.80	421.76	647.98
名称		单位	单价(元)	消耗量			
人工	二类人工	工日	135.00	21.843	20.519	15.068	25.212

工作内容:支架制作安装、吊装、找平、制垫、垫垫、上螺栓、固定。 **计量单位**:个

定额编号				3-6-46
项目				厨房油烟排气罩成品安装 1 200×650
基价(元)				**385.54**
其中	人工费(元)			153.50
	材料费(元)			215.87
	机械费(元)			16.17
名称		单位	单价(元)	消耗量
人工	二类人工	工日	135.00	1.137
材料	厨房油烟排气罩	个	—	(1.000)

六、风帽制作、安装

工作内容:放样、下料、卷制、焊接、制作、组装、找正、找平、固定。 **计量单位**:见表

定额编号				3-6-47	3-6-48	3-6-49	3-6-50	3-6-51	3-6-52
项目				圆伞形风帽	锥形风帽	筒形风帽	风帽滴水盘	风帽筝绳	风帽泛水
计量单位				100kg	100kg	100kg	100kg	100kg	m^2
基价(元)				**1 311.15**	**1 292.35**	**977.97**	**1 565.76**	**986.34**	**130.34**
其中	人工费(元)			709.83	655.29	427.01	899.37	414.45	69.53
	材料费(元)			557.39	585.21	518.18	620.28	537.31	59.90
	机械费(元)			43.93	51.85	32.78	46.11	34.58	0.91
名称		单位	单价(元)	消耗量					
人工	二类人工	工日	135.00	5.258	4.854	3.163	6.662	3.070	0.515

工作内容:放样、下料、坡口、制作法兰及零件、钻孔、组合成型、制垫、加垫、找正、拉筝绳、紧固。　**计量单位:**100kg

定额编号				3-6-53	3-6-54	3-6-55	3-6-56
项目				塑料圆伞形风帽	塑料锥形风帽	塑料筒形风帽	铝板圆伞形风帽
基价(元)				**3 658.65**	**3 883.56**	**3 821.10**	**3 147.06**
其中	人工费(元)			1 983.29	2 190.11	2 127.33	1 165.05
	材料费(元)			1 175.48	1 144.04	1 144.36	1 964.52
	机械费(元)			499.88	549.41	549.41	17.49
名称		单位	单价(元)	消耗量			
人工	二类人工	工日	135.00	14.691	16.223	15.758	8.630

工作内容:组对、组装就位、找平、找正、制垫、加垫、上螺栓、拉筝绳、固定。　**计量单位:**100kg

定额编号				3-6-57	3-6-58	3-6-59
项目				玻璃钢圆伞形风帽成品安装	玻璃钢锥形风帽成品安装	玻璃钢筒形风帽成品安装
基价(元)				**251.06**	**196.16**	**142.35**
其中	人工费(元)			207.90	168.21	105.03
	材料费(元)			39.84	26.33	32.27
	机械费(元)			3.32	1.62	5.05
名称		单位	单价(元)	消耗量		
人工	二类人工	工日	135.00	1.540	1.246	0.778
材料	玻璃钢风帽	kg	—	(100.000)	(100.000)	(100.000)

第七节　风管绝热工程

说　　明

一、本节定额包括带铝箔离心玻璃棉板安装、橡塑板安装,共 2 个部分。

二、本节定额包括下列工作内容:

1. 带铝箔离心玻璃棉板安装包括运料、拆包、裁料、粘钉、安装、粘缝、修理找平。
2. 橡塑板安装包括运料、下料、安装、涂胶、贴缝、修理找平。

工程量计算规则

带铝箔离心玻璃棉板安装、橡塑板安装均以“m^3”为计量单位。

一、带铝箔离心玻璃棉板安装

工作内容：运料、拆包、裁料、粘钉、安装、粘缝、修理找平。 计量单位：m^3

定额编号				3-7-1	3-7-2
项目				带铝箔离心玻璃棉板安装（风管）厚度（mm 以内）	
				30	50
基价（元）				**406.09**	**288.98**
其中	人工费（元）			228.29	161.60
	材料费（元）			157.28	106.86
	机械费（元）			20.52	20.52
名称		单位	单价（元）	消耗量	
人工	二类人工	工日	135.00	1.691	1.197
材料	带铝箔离心玻璃棉板	m^3	—	(1.030)	(1.030)

二、橡塑板安装

工作内容：运料、下料、涂料、安装、贴缝、包扎、修理找平。 计量单位：m^3

定额编号				3-7-3	3-7-4
项目				橡塑板安装（风管）厚度（mm 以内）	
				20	40
基价（元）				**866.93**	**443.91**
其中	人工费（元）			543.51	303.89
	材料费（元）			323.42	140.02
	机械费（元）			—	—
名称		单位	单价（元）	消耗量	
人工	二类人工	工日	135.00	4.026	2.251
材料	橡塑板	m^3	—	(1.080)	(1.080)

第八节　系统调试

说　明

一、本节定额综合考虑空调水系统调试、通风空调系统调试、变风量系统调试。

二、本节定额包括下列工作内容:

1. 空调水系统调试包括系统平衡调试。

2. 通风空调系统调试包括通风管道漏光试验、漏风试验、风量测定、温度测定、各系统风口风阀调整。

3. 变风量系统调试包括通风管道漏光试验、漏风试验、风系统平衡调试。

三、变风量系统调试定额仅适用于变风量空调风系统,不得再重复计算通风空调系统调试项目。

工程量计算规则

一、空调水系统调试费按空调水系统工程人工总工日数计算,以“工日”为计量单位。

二、通风空调系统调试费按通风空调系统工程人工总工日数计算,以“工日”为计量单位。

三、变风量统调试费按变风量系统工程人工总工日数计算,以“工日”为计量单位。

系统调试

工作内容：1. 空调水系统调试：系统平衡调试。

2. 通风空调系统调试：通风管道漏光试验、漏风试验、风量测定、温度测定、各系统风口风阀调整。

3. 变风量系统调试：变风量系统通风管道漏光试验、漏风试验、风系统平衡调试。　　**计量单位**：100 工日

定额编号				3-8-1	3-8-2	3-8-3
项目				空调水系统调试费	通风空调系统调试费	变风量系统调试费
基价（元）				**921.00**	**908.15**	**1 167.62**
其中	人工费（元）			405.00	330.75	425.25
	材料费（元）			516.00	577.40	742.37
	机械费（元）			—	—	—
名称		单位	单价(元)	消耗量		
人工	二类人工	工日	135.00	3.000	2.450	3.150
材料	其他材料费	元	1.00	516.000	577.400	742.370

第四章
管道安装工程

章　说　明

一、本章定额包括民用管道工程,民用管道配套工程,工业管道工程,刷油、防腐、绝热工程,共四节。

二、民用管道工程适用于生活用给排水、燃气管道工程。

三、民用管道室内外界限的划分:

1. 给水管道以建筑物外墙皮 1.5m 为界。

2. 排水管道以出户后第一个排水检查井为界。

3. 地下引入室内的燃气管道入口处设阀门的以阀门为界。

4. 燃气管道室内部分无阀门的有引入管以引入管为界;无引入管以建筑物外墙皮 1.5m 为界。

四、工业管道工程适用于厂区范围的车间、装置、站、罐区及其相互之间各种生产介质输送管道工程。其与民用管道界限的划分:

1. 给水管道以入口水表井为界。

2. 排水管道以厂区围墙外第一个污水井为界。

3. 蒸汽和燃气以入口第一个计量表(阀门)或锅炉房、水泵房外墙皮为界。

第一节　民用管道工程

说　　明

一、本节定额包括室内给水干(立)管、室内排水立管、室内排水干管、用水点管道(支管)、室内雨水管道、室外给水管道和燃气管道安装等内容,共 7 个部分。

二、有关说明:

1. 民用管道工程中用水点管道安装定额中未包括给水干(立)管及排水干(立)管部分的管道安装,仅包括用水点、排水点除干(立)管外的支管安装,干(立)管按实计算执行干(立)管相关定额。

2. 民用管道工程中用水点管道安装定额按住宅、办公楼、宾馆、其他公共建筑设置子目,其中,医院的门诊楼工程执行办公楼相应项目,住院楼工程执行宾馆相应项目。

3. 虹吸雨水管道安装、燃气管道安装定额均已包括了干(立)管及水平支管的安装。

4. 民用管道工程中除上述管道工程以外,其他的如蒸汽管道、空压管道、真空管道、氧气管道等安装工程均执行本章工业管道安装工程相应项目。

5. 雨水管道安装除虹吸雨水管道安装、室内塑料雨水管(粘接)外,其余执行《浙江省通用安装工程预算定额》(2018 版)的相关定额。

三、管道安装项目中未包括低压器具、水表组成与安装、阀门安装,低压器具、水表组成与安装、阀门安装执行本章第二节“民用管道配套工程”的相关定额。

四、管道穿墙、过楼板套管制作与安装,执行本定额第六章“通用项目和措施项目工程”中“一般穿墙套管制作、安装”的相应子目,其中过楼板套管执行“一般穿墙套管制作、安装”相应子目时,主材按 0.2m 计,其余不变。

若设计要求穿楼板的管道要安装刚性防水套管,执行本定额第六章“通用项目和措施项目工程”中“刚性防水套管制作、安装”相应子目,基价乘以系数 0.30。

五、铸铁排水管安装定额中已包括管道沥青漆两遍的涂刷。

六、本节定额包括下列工作内容:

1. 管道及管件安装。
2. 管道支架制作、安装。
3. 管道试压。
4. 管道消毒冲洗。
5. 管道支架刷油。
6. 热水管道保温。
7. 管道灌水试验,通球试验。

七、本节定额不包括下列工作内容:

1. 二次镀锌。
2. 管道刷油(铸铁排水管除外)。
3. 各类套管制作、安装。

工程量计算规则

一、给、排水干(立)管安装,包括主干管、主立管、不分明装和暗装,均按设计图示管道中心线长度,以“m”为计量单位,不扣除阀门、管件(包括减压器、疏水器、水表、伸缩器等组成安装)所占长度。

二、给水系统用水点管道安装,不分明装和暗装,以“点”为计量单位,每一给水处为一点[包括除干(立)管以外的支管安装],当一个用水点分冷、热水供水时,则按两个给水点计算工程量。

三、排水系统支管安装,不分明装和暗装,以“点”为计量单位,每一排水处为一点[包括除排水干(立)管以外的支管安装]。

四、虹吸雨水管道安装以“点”为计量单位,一个雨水斗为一点。

五、室内燃气管道以“点”为计量单位。

一、室内给水干、立管安装

工作内容:留堵洞眼、切管、套丝、调直、钩卡、管道及接头零件安装、水压试验、消毒冲洗。 **计量单位**:10m

定额编号					4-1-1	4-1-2
项目					镀锌管(干、立管)螺纹连接(mm)	塑钢管(干、立管)螺纹连接(mm)
					*DN*15	
基价(元)					**148.72**	**163.24**
其中	人工费(元)				121.23	123.53
	材料费(元)				25.81	38.03
	机械费(元)				1.68	1.68
名称			单位	单价(元)	消耗量	
人工	二类人工		工日	135.00	0.898	0.915
材料	碳素结构钢镀锌焊接钢管		m	—	(9.910)	—
	钢塑给水管		m	—	—	(9.910)
	室内镀锌钢管接头零件 *DN*15		个	1.44	12.100	—
	给水室内钢塑复合管螺纹管件 *DN*15		个	2.45	—	12.100

工作内容:留堵洞眼、切管、套丝、调直、钩卡、管道及接头零件安装、水压试验、消毒冲洗。 **计量单位**:10m

定额编号					4-1-3	4-1-4
项目					镀锌管(干、立管)螺纹连接(mm)	塑钢管(干、立管)螺纹连接(mm)
					*DN*20	
基价(元)					**156.07**	**179.55**
其中	人工费(元)				121.23	123.53
	材料费(元)				32.85	54.03
	机械费(元)				1.99	1.99
名称			单位	单价(元)	消耗量	
人工	二类人工		工日	135.00	0.898	0.915
材料	碳素结构钢镀锌焊接钢管		m	—	(9.910)	—
	钢塑给水管		m	—	—	(9.910)
	室内镀锌钢管接头零件 *DN*20		个	1.96	12.100	—
	给水室内钢塑复合管螺纹管件 *DN*20		个	3.71	—	12.100

工作内容:留堵洞眼、切管、套丝、调直、钩卡、管道及接头零件安装、水压试验、消毒冲洗。 **计量单位:**10m

定额编号				4-1-5	4-1-6
项目				镀锌管(干、立管)螺纹连接(mm)	塑钢管(干、立管)螺纹连接(mm)
				DN25	
基价(元)				**196.01**	**227.69**
其中	人工费(元)			145.13	147.96
	材料费(元)			46.04	74.89
	机械费(元)			4.84	4.84
名称		单位	单价(元)	消耗量	
人工	二类人工	工日	135.00	1.075	1.096
材料	碳素结构钢镀锌焊接钢管	m	—	(9.910)	—
	钢塑给水管	m	—	—	(9.910)
	室内镀锌钢管接头零件 *DN*25	个	3.10	11.400	—
	给水室内钢塑复合管螺纹管件 *DN*25	个	5.63	—	11.400

工作内容:留堵洞眼、切管、套丝、调直、钩卡、管道及接头零件安装、水压试验、消毒冲洗。 **计量单位:**10m

定额编号				4-1-7	4-1-8
项目				镀锌管(干、立管)螺纹连接(mm)	塑钢管(干、立管)螺纹连接(mm)
				DN32	
基价(元)				**212.37**	**253.72**
其中	人工费(元)			145.13	147.96
	材料费(元)			60.87	99.39
	机械费(元)			6.37	6.37
名称		单位	单价(元)	消耗量	
人工	二类人工	工日	135.00	1.075	1.096
材料	碳素结构钢镀锌焊接钢管	m	—	(9.910)	—
	钢塑给水管	m	—	—	(9.910)
	室内镀锌钢管接头零件 *DN*32	个	4.90	9.830	—
	给水室内钢塑复合管螺纹管件 *DN*32	个	8.56	—	9.830

工作内容:留堵洞眼、切管、套丝、调直、钩卡、管道及接头零件安装、水压试验、消毒冲洗、支架制作与安装及除锈刷油。

计量单位:10m

定额编号				4-1-9	4-1-10	4-1-11	4-1-12	4-1-13
项目				镀锌管(干、立管)螺纹连接(mm)	塑钢管(干、立管)螺纹连接(mm)	镀锌管(干、立管)螺纹连接(mm)	塑钢管(干、立管)螺纹连接(mm)	镀锌管(干、立管)螺纹连接(mm)
				*DN*40		*DN*50		*DN*70
基价(元)				**313.42**	**355.38**	**360.00**	**411.30**	**431.03**
其中	人工费(元)			211.82	215.19	226.67	230.04	246.11
	材料费(元)			88.38	126.97	118.50	166.43	167.38
	机械费(元)			13.22	13.22	14.83	14.83	17.54
名称		单位	单价(元)	消耗量				
人工	二类人工	工日	135.00	1.569	1.594	1.679	1.704	1.823
材料	碳素结构钢镀锌焊接钢管	m	—	(10.020)	—	(10.020)	—	(10.020)
	钢塑给水管	m	—	—	(10.020)	—	(10.020)	—
	室内镀锌钢管接头零件 *DN*40	个	6.08	7.860	—	—	—	—
	给水室内钢塑复合管螺纹管件 *DN*40	个	10.99	—	7.860	—	—	—
	室内镀锌钢管接头零件 *DN*50	个	10.44	—	—	6.610	—	—
	给水室内钢塑复合管螺纹管件 *DN*50	个	17.69	—	—	—	6.610	—
	室内镀锌钢管接头零件 *DN*65	个	20.82	—	—	—	—	5.260

工作内容:留堵洞眼、切管、套丝、调直、钩卡、管道及接头零件安装、水压试验、消毒冲洗、支架制作与安装及除锈刷油。

计量单位:10m

定额编号				4-1-14	4-1-15	4-1-16	4-1-17	4-1-18
项目				塑钢管(干、立管)螺纹连接(mm)	镀锌管(干、立管)螺纹连接(mm)	塑钢管(干、立管)螺纹连接(mm)	镀锌管干、立管道螺纹连接(mm)	塑钢管(干、立管)螺纹连接(mm)
				*DN*70	*DN*80		*DN*100	
基价(元)				**498.97**	**488.05**	**560.41**	**632.41**	**759.73**
其中	人工费(元)			249.75	271.76	275.54	314.96	319.14
	材料费(元)			231.68	196.28	264.86	294.25	417.39
	机械费(元)			17.54	20.01	20.01	23.20	23.20
名称		单位	单价(元)	消耗量				
人工	二类人工	工日	135.00	1.850	2.013	2.041	2.333	2.364
材料	钢塑给水管	m	—	(10.020)	—	(10.020)	—	(10.020)
	碳素结构钢镀锌焊接钢管	m	—	—	(10.020)	—	(10.020)	—
	给水室内钢塑复合管螺纹管件 *DN*65	个	32.22	5.260	—	—	—	—
	室内镀锌钢管接头零件 *DN*80	个	26.08	—	4.630	—	—	—
	给水室内钢塑复合管螺纹管件 *DN*80	个	41.03	—	—	4.630	—	—
	室内镀锌钢管接头零件 *DN*100	个	49.06	—	—	—	4.150	—
	给水室内钢塑复合管螺纹管件 *DN*100	个	78.89	—	—	—	—	4.150

工作内容：留堵洞眼、切管、坡口、调直、煨弯、挖眼接管、异型管制作、对口焊接、管道及接头零件安装、法兰安装、水压试验、消毒冲洗、支架制作与安装及除锈刷油。 **计量单位**：10m

定额编号				4-1-19	4-1-20	4-1-21	4-1-22	4-1-23
项目				焊接钢管(干、立管)焊接连接(mm)				
				*DN*32	*DN*40	*DN*50	*DN*65	*DN*80
基价(元)				**349.54**	**399.63**	**462.69**	**573.75**	**657.65**
其中	人工费(元)			179.82	196.83	217.22	270.68	305.10
	材料费(元)			136.46	159.23	181.21	222.68	260.10
	机械费(元)			33.26	43.57	64.26	80.39	92.45
名称		单位	单价(元)	消耗量				
人工	二类人工	工日	135.00	1.332	1.458	1.609	2.005	2.260
材料	钢管	m	—	(10.250)	(10.250)	(10.100)	(10.100)	(10.100)
	碳钢平焊法兰 1.6MPa *DN*32	片	23.00	4.000	—	—	—	—
	碳钢平焊法兰 1.6MPa *DN*40	片	26.55	—	4.000	—	—	—
	碳钢平焊法兰 1.6MPa *DN*50	片	28.79	—	—	4.000	—	—
	碳钢平焊法兰 1.6MPa *DN*65	片	34.40	—	—	—	4.000	—
	碳钢平焊法兰 1.6MPa *DN*80	片	37.33	—	—	—	—	4.000
	给水室内钢管焊接管件 *DN*32	个	2.30	1.050	—	—	—	—
	给水室内钢管焊接管件 *DN*40	个	2.60	—	1.070	—	—	—
	给水室内钢管焊接管件 *DN*50	个	4.42	—	—	1.560	—	—
	给水室内钢管焊接管件 *DN*65	个	7.97	—	—	—	1.170	—
	给水室内钢管焊接管件 *DN*80	个	10.30	—	—	—	—	1.110

工作内容：留堵洞眼、切管、坡口、调直、煨弯、挖眼接管、异型管制作、对口焊接、管道及接头零件安装、法兰安装、水压试验、消毒冲洗、支架制作与安装及除锈刷油。 **计量单位**：10m

定额编号				4-1-24	4-1-25	4-1-26	4-1-27	4-1-28
项目				焊接钢管(干、立管)焊接连接(mm)				
				*DN*100	*DN*125	*DN*150	*DN*200	*DN*250
基价(元)				**788.74**	**968.06**	**1 135.37**	**1 832.90**	**2 665.65**
其中	人工费(元)			366.12	414.32	477.09	705.78	948.24
	材料费(元)			314.78	437.27	523.58	759.95	1 182.89
	机械费(元)			107.84	116.47	134.70	367.17	534.52
名称		单位	单价(元)	消耗量				
人工	二类人工	工日	135.00	2.712	3.069	3.534	5.228	7.024
材料	钢管	m	—	(10.100)	(9.870)	(9.870)	(9.700)	(9.700)
	碳钢平焊法兰 1.6MPa *DN*100	片	45.43	4.000	—	—	—	—
	碳钢平焊法兰 1.6MPa *DN*125	片	66.66	—	4.000	—	—	—
	碳钢平焊法兰 1.6MPa *DN*150	片	75.69	—	—	4.000	—	—
	碳钢平焊法兰 1.6MPa *DN*200	片	96.50	—	—	—	4.000	—
	碳钢平焊法兰 1.6MPa *DN*250	片	145.00	—	—	—	—	4.000
	给水室内钢管焊接管件 *DN*100	个	13.65	1.020	—	—	—	—
	给水室内钢管焊接管件 *DN*125	个	25.75	—	1.410	—	—	—
	给水室内钢管焊接管件 *DN*150	个	36.00	—	—	1.120	—	—
	给水室内钢管焊接管件 *DN*200	个	74.48	—	—	—	1.030	—
	给水室内钢管焊接管件 *DN*250	个	165.00	—	—	—	—	1.000

工作内容:留堵洞眼、切管、坡口、调直、煨弯、挖眼接管、异型管制作、对口焊接、管道及接头零件安装、法兰安装、水压试验、消毒冲洗、支架制作与安装及除锈刷油。 **计量单位:**10m

定额编号				4-1-29	4-1-30	4-1-31
项目				焊接钢管(干、立管)焊接连接(mm)		
				*DN*300	*DN*350	*DN*400
基价(元)				**3 288.88**	**4 027.98**	**4 868.91**
其中	人工费(元)			1 200.56	1 462.86	1 586.39
	材料费(元)			1 448.79	1 838.02	2 476.89
	机械费(元)			639.53	727.10	805.63
名称		单位	单价(元)	消耗量		
人工	二类人工	工日	135.00	8.893	10.836	11.751
材料	钢管	m	—	(9.700)	(9.500)	(9.500)
	碳钢平焊法兰 1.6MPa *DN*300	片	167.20	4.000	—	—
	碳钢平焊法兰 1.6MPa *DN*350	片	216.00	—	4.000	—
	碳钢平焊法兰 1.6MPa *DN*400	片	303.00	—	—	4.000
	给水室内钢管焊接管件 *DN*300	个	229.00	1.000	—	—
	给水室内钢管焊接管件 *DN*350	个	307.00	—	0.970	—
	给水室内钢管焊接管件 *DN*400	个	385.00	—	—	0.970

工作内容:管材清理、外观检查、调直、切管、沟槽加工、钻孔、留堵洞眼、上胶圈、用沟槽式夹箍连接沟槽管件、管道安装、支架安装及除锈刷油、消毒冲洗、水压试验。 **计量单位:**10m

定额编号				4-1-32	4-1-33	4-1-34	4-1-35	4-1-36
项目				钢管(干、立管)沟槽式连接(mm)				
				*DN*65	*DN*80	*DN*100	*DN*200	*DN*300
基价(元)				**361.58**	**401.06**	**451.52**	**828.12**	**1 397.51**
其中	人工费(元)			291.87	315.36	349.25	524.48	790.83
	材料费(元)			53.24	65.91	79.05	204.06	395.18
	机械费(元)			16.47	19.79	23.22	99.58	211.50
名称		单位	单价(元)	消耗量				
人工	二类人工	工日	135.00	2.162	2.336	2.587	3.885	5.858
材料	钢管	m	—	(9.860)	(9.860)	(9.860)	(9.860)	(9.860)

注:沟槽式钢管件,沟槽式夹箍按实计算。

工作内容：留堵洞眼、切管、调直、对口、黏结、管道及接头零件安装、水压试验、消毒冲洗、支架制作与安装及除锈刷油。

计量单位：10m

定额编号				4-1-37	4-1-38	4-1-39	4-1-40
项目				塑料给水管(干、立管)粘接连接(mm)			
				*DN*15	*DN*20	*DN*25	*DN*32
基价(元)				**63.44**	**68.72**	**85.38**	**111.37**
其中	人工费(元)			46.31	49.68	62.24	87.89
	材料费(元)			17.11	19.02	23.12	23.44
	机械费(元)			0.02	0.02	0.02	0.04
名称		单位	单价(元)	消耗量			
人工	二类人工	工日	135.00	0.343	0.368	0.461	0.651
材料	塑料给水管	m	—	(10.160)	(10.160)	(10.160)	(10.160)
	室内塑料给水管粘接管件 *DN*15	个	0.52	12.250	—	—	—
	室内塑料给水管粘接管件 *DN*20	个	0.73	—	12.250	—	—
	室内塑料给水管粘接管件 *DN*25	个	1.18	—	—	10.810	—
	室内塑料给水管粘接管件 *DN*32	个	1.53	—	—	—	8.870

工作内容：留堵洞眼、切管、调直、对口、黏结、管道及接头零件安装、水压试验、消毒冲洗、支架制作与安装及除锈刷油。

计量单位：10m

定额编号				4-1-41	4-1-42	4-1-43	4-1-44	4-1-45
项目				塑料给水管(干、立管)粘接连接(mm)				
				*DN*40	*DN*50	*DN*70	*DN*80	*DN*100
基价(元)				**154.62**	**179.72**	**216.76**	**221.13**	**244.38**
其中	人工费(元)			115.70	124.61	133.38	139.05	147.02
	材料费(元)			37.76	53.82	80.70	79.16	94.07
	机械费(元)			1.16	1.29	2.68	2.92	3.29
名称		单位	单价(元)	消耗量				
人工	二类人工	工日	135.00	0.857	0.923	0.988	1.030	1.089
材料	塑料给水管	m	—	(10.160)	(10.160)	(10.160)	(10.160)	(10.160)
	室内塑料给水管粘接管件 *DN*40	个	3.09	7.420	—	—	—	—
	室内塑料给水管粘接管件 *DN*50	个	5.75	—	6.590	—	—	—
	室内塑料给水管粘接管件 *DN*65	个	9.79	—	—	6.030	—	—
	室内塑料给水管粘接管件 *DN*80	个	14.02	—	—	—	3.950	—
	室内塑料给水管粘接管件 *DN*100	个	21.72	—	—	—	—	3.080

工作内容:留堵洞眼、切管、调直、对口、预热、熔接、管道及接头零件安装、水压试验、消毒冲洗、支架制作与安装及除锈刷油。

计量单位:10m

定额编号					4-1-46	4-1-47	4-1-48	4-1-49	4-1-50
项目					塑料给水管(干、立管)热熔连接(mm)				
					*DN*15	*DN*20	*DN*25	*DN*32	*DN*40
基价(元)					**87.78**	**100.89**	**119.88**	**138.80**	**196.36**
其中	人工费(元)				65.34	73.04	80.87	96.39	125.96
	材料费(元)				21.37	26.78	37.94	41.32	68.19
	机械费(元)				1.07	1.07	1.07	1.09	2.21
名称			单位	单价(元)	消耗量				
人工	二类人工		工日	135.00	0.484	0.541	0.599	0.714	0.933
材料	塑料给水管		m	—	(10.160)	(10.160)	(10.160)	(10.160)	(10.160)
	室内塑料给水管热熔管件 *DN*15		个	0.98	12.250	—	—	—	—
	室内塑料给水管热熔管件 *DN*20		个	1.48	—	12.250	—	—	—
	室内塑料给水管热熔管件 *DN*25		个	2.68	—	—	10.810	—	—
	室内塑料给水管热熔管件 *DN*32		个	3.72	—	—	—	8.870	—
	室内塑料给水管热熔管件 *DN*40		个	7.45	—	—	—	—	7.420

工作内容:留堵洞眼、切管、调直、对口、预热、熔接、管道及接头零件安装、水压试验、消毒冲洗、支架制作与安装及除锈刷油。

计量单位:10m

定额编号					4-1-51	4-1-52	4-1-53	4-1-54
项目					塑料给水管(干、立管)热熔连接(mm)			
					*DN*50	*DN*70	*DN*80	*DN*100
基价(元)					**238.77**	**344.80**	**366.86**	**376.36**
其中	人工费(元)				129.74	146.07	150.66	159.03
	材料费(元)				105.95	194.07	211.13	211.71
	机械费(元)				3.08	4.66	5.07	5.62
名称			单位	单价(元)	消耗量			
人工	二类人工		工日	135.00	0.961	1.082	1.116	1.178
材料	塑料给水管		m	—	(10.160)	(10.160)	(10.160)	(10.160)
	室内塑料给水管热熔管件 *DN*50		个	13.97	6.590	—	—	—
	室内塑料给水管热熔管件 *DN*65		个	28.97	—	6.030	—	—
	室内塑料给水管热熔管件 *DN*80		个	48.10	—	—	3.950	—
	室内塑料给水管热熔管件 *DN*100		个	61.03	—	—	—	3.080

工作内容:留堵洞眼、切管、调直、对口、熔接、管道及接头零件安装、水压试验、消毒冲洗、支架制作与安装及除锈刷油。

计量单位:10m

定额编号				4-1-55	4-1-56	4-1-57	4-1-58	4-1-59
项目				塑料给水管(干、立管)电熔连接(mm)				
				*DN*15	*DN*20	*DN*25	*DN*32	*DN*40
基价(元)				**111.05**	**127.92**	**150.49**	**213.56**	**246.75**
其中	人工费(元)			76.82	84.51	91.26	105.84	125.82
	材料费(元)			29.21	36.44	50.79	98.32	110.10
	机械费(元)			5.02	6.97	8.44	9.40	10.83
名称		单位	单价(元)	消耗量				
人工	二类人工	工日	135.00	0.569	0.626	0.676	0.784	0.932
材料	塑料给水管	m	—	(10.160)	(10.160)	(10.160)	(10.160)	(10.160)
	室内塑料给水管电熔管件 *DN*15	个	1.28	12.250	—	—	—	—
	室内塑料给水管电熔管件 *DN*20	个	1.93	—	12.250	—	—	—
	室内塑料给水管电熔管件 *DN*25	个	3.48	—	—	10.810	—	—
	室内塑料给水管电熔管件 *DN*32	个	9.68	—	—	—	8.870	—
	室内塑料给水管电熔管件 *DN*40	个	13.10	—	—	—	—	7.420

工作内容:留堵洞眼、切管、调直、对口、熔接、管道及接头零件安装、水压试验、消毒冲洗、支架制作与安装及除锈刷油。

计量单位:10m

定额编号				4-1-60	4-1-61	4-1-62	4-1-63
项目				塑料给水管(干、立管)电熔连接(mm)			
				*DN*50	*DN*70	*DN*80	*DN*100
基价(元)				**283.84**	**407.94**	**443.24**	**452.33**
其中	人工费(元)			139.32	148.91	162.00	170.64
	材料费(元)			133.42	246.39	268.13	268.10
	机械费(元)			11.10	12.64	13.11	13.59
名称		单位	单价(元)	消耗量			
人工	二类人工	工日	135.00	1.032	1.103	1.200	1.264
材料	塑料给水管	m	—	(10.160)	(10.160)	(10.160)	(10.160)
	室内塑料给水管电熔管件 *DN*50	个	18.16	6.590	—	—	—
	室内塑料给水管电熔管件 *DN*65	个	37.66	—	6.030	—	—
	室内塑料给水管电熔管件 *DN*80	个	62.53	—	—	3.950	—
	室内塑料给水管电熔管件 *DN*100	个	79.34	—	—	—	3.080

工作内容:管子切口、破口磨平、管口组对、焊前预热、焊接、垂直运输、管道及接头零件安装、水压试验、消毒冲洗、支架制作与安装及除锈刷油。

计量单位:10m

定额编号				4-1-64	4-1-65	4-1-66	4-1-67
项目				铜管(干、立管)氧乙炔焊连接(管外径 mm)			
				20	30	40	50
基价(元)				**268.17**	**351.22**	**348.35**	**376.98**
其中	人工费(元)			228.69	296.87	285.26	303.35
	材料费(元)			36.26	48.59	56.36	64.89
	机械费(元)			3.22	5.76	6.73	8.74
名称		单位	单价(元)	消耗量			
人工	二类人工	工日	135.00	1.694	2.199	2.113	2.247
材料	低压铜及铜合金管件	个	—	(16.370)	(11.520)	(8.030)	(7.160)
	铜及铜合金管	m	—	(10.000)	(10.000)	(10.000)	(10.000)

工作内容:管子切口、破口磨平、管口组对、焊前预热、焊接、垂直运输、管道及接头零件安装、水压试验、消毒冲洗、支架制作与安装及除锈刷油。

计量单位:10m

定额编号				4-1-68	4-1-69	4-1-70	4-1-71
项目				铜管(干、立管)氧乙炔焊连接(管外径 mm)			
				65	75	85	100
基价(元)				**444.28**	**389.98**	**469.42**	**615.37**
其中	人工费(元)			340.74	289.58	320.76	313.61
	材料费(元)			93.27	90.07	103.35	124.39
	机械费(元)			10.27	10.33	45.31	177.37
名称		单位	单价(元)	消耗量			
人工	二类人工	工日	135.00	2.524	2.145	2.376	2.323
材料	低压铜及铜合金管件	个	—	(6.510)	(4.250)	(3.910)	(2.680)
	铜及铜合金管	m	—	(10.000)	(10.000)	(10.000)	(10.000)

工作内容:管子切口、破口磨平、管口组对、焊前预热、焊接、垂直运输、管道及接头零件安装、水压试验、消毒冲洗、支架制作与安装及除锈刷油。

计量单位:10m

定额编号				4-1-72	4-1-73	4-1-74	4-1-75
项目				铜管(干、立管)氧乙炔焊连接(管外径 mm)			
				120	150	185	200
基价(元)				**987.11**	**1 239.95**	**1 446.19**	**1 623.72**
其中	人工费(元)			402.44	481.82	555.26	646.11
	材料费(元)			361.49	492.72	585.46	646.11
	机械费(元)			223.18	265.41	305.47	331.50
名称		单位	单价(元)	消耗量			
人工	二类人工	工日	135.00	2.981	3.569	4.113	4.786
材料	铜及铜合金管	m	—	(9.880)	(9.880)	(9.880)	(9.880)
	低压铜及铜合金管件	个	—	(2.300)	(2.300)	(1.850)	(1.850)
	碳钢平焊法兰 1.6MPa *DN*100	片	45.43	4.000	—	—	—
	碳钢平焊法兰 1.6MPa *DN*125	片	66.66	—	4.000	—	—
	碳钢平焊法兰 1.6MPa *DN*150	片	75.69	—	—	4.000	4.000

工作内容：管子切口、破口磨平、管口组对、焊前预热、焊接、垂直运输、管道及接头零件安装、水压试验、消毒冲洗、支架制作与安装及除锈刷油。

计量单位：10m

定额编号				4-1-76	4-1-77
项目				铜管（干、立管）氧乙炔焊连接（管外径 mm）	
				250	300
基价（元）				**2 259.27**	**3 024.32**
其中	人工费（元）			878.31	1 135.76
	材料费（元）			869.25	1 227.30
	机械费（元）			511.71	661.26
名称		单位	单价（元）	消耗量	
人工	二类人工	工日	135.00	6.506	8.413
材料	铜及铜合金管	m	—	(9.880)	(9.880)
	低压铜及铜合金管件	个	—	(1.900)	(1.900)
	碳钢平焊法兰 1.6MPa *DN*200	片	96.50	4.000	—
	碳钢平焊法兰 1.6MPa *DN*250	片	145.00	—	4.000

工作内容：留堵洞眼、切管、调直套丝、管件连接、管道安装、水压试验、消毒冲洗、支架制作与安装及除锈刷油。

计量单位：10m

定额编号				4-1-78	4-1-79	4-1-80	4-1-81	4-1-82
项目				不锈钢管（干、立管）螺纹连接（mm）				
				*DN*15	*DN*20	*DN*25	*DN*32	*DN*40
基价（元）				**169.91**	**185.11**	**218.39**	**235.44**	**267.45**
其中	人工费（元）			144.05	151.20	175.50	182.66	212.76
	材料费（元）			19.64	26.06	33.33	39.75	41.09
	机械费（元）			6.22	7.85	9.56	13.03	13.60
名称		单位	单价（元）	消耗量				
人工	二类人工	工日	135.00	1.067	1.120	1.300	1.353	1.576
材料	不锈钢管	m	—	(9.920)	(9.920)	(9.920)	(9.920)	(10.020)
	给水室内不锈钢管螺纹管件	个	—	(12.100)	(12.100)	(11.400)	(9.830)	(7.860)

工作内容：留堵洞眼、切管、调直套丝、管件连接、管道安装、水压试验、消毒冲洗、支架制作与安装及除锈刷油。

计量单位：10m

定额编号				4-1-83	4-1-84	4-1-85	4-1-86
项目				不锈钢管（干、立管）螺纹连接（mm）			
				*DN*50	*DN*70	*DN*80	*DN*100
基价（元）				**287.13**	**308.39**	**349.02**	**404.45**
其中	人工费（元）			224.64	237.06	262.31	302.54
	材料费（元）			47.55	55.47	67.73	80.80
	机械费（元）			14.94	15.86	18.98	21.11
名称		单位	单价（元）	消耗量			
人工	二类人工	工日	135.00	1.664	1.756	1.943	2.241
材料	不锈钢管	m	—	(10.020)	(10.020)	(10.020)	(10.020)
	给水室内不锈钢管螺纹管件	个	—	(6.610)	(5.260)	(4.630)	(4.150)

工作内容:留堵洞眼、切管、调直、管件连接、管道安装、水压试验、消毒冲洗、支架制作与安装及除锈刷油。

计量单位:10m

定额编号				4-1-87	4-1-88	4-1-89	4-1-90	4-1-91
项目				不锈钢管(干、立管)卡压式连接(mm)				
				*DN*15	*DN*20	*DN*25	*DN*32	*DN*40
基价(元)				**120.01**	**132.80**	**158.98**	**174.31**	**183.27**
其中	人工费(元)			100.71	106.65	125.55	132.71	140.40
	材料费(元)			16.18	21.99	28.42	34.62	35.84
	机械费(元)			3.12	4.16	5.01	6.98	7.03
名称		单位	单价(元)	消耗量				
人工	二类人工	工日	135.00	0.746	0.790	0.930	0.983	1.040
材料	薄壁不锈钢管	m	—	(9.860)	(9.860)	(9.860)	(9.860)	(9.940)
	给水室内不锈钢管卡压管件	个	—	(11.160)	(11.160)	(10.750)	(9.370)	(7.520)

工作内容:留堵洞眼、切管、调直、管件连接、管道安装、水压试验、消毒冲洗、支架制作与安装及除锈刷油。

计量单位:10m

定额编号				4-1-92	4-1-93	4-1-94	4-1-95
项目				不锈钢管(干、立管)卡压式连接(mm)			
				*DN*50	*DN*70	*DN*80	*DN*100
基价(元)				**205.73**	**225.88**	**258.02**	**306.25**
其中	人工费(元)			155.52	167.40	184.95	218.70
	材料费(元)			42.11	49.56	61.38	73.92
	机械费(元)			8.10	8.92	11.69	13.63
名称		单位	单价(元)	消耗量			
人工	二类人工	工日	135.00	1.152	1.240	1.370	1.620
材料	薄壁不锈钢管	m	—	(9.870)	(9.870)	(9.870)	(9.870)
	给水室内不锈钢管卡压管件	个	—	(6.330)	(5.260)	(4.630)	(4.150)

工作内容:留堵洞眼、切管、调直、管件连接、管道安装、水压试验、消毒冲洗、支架制作与安装及除锈刷油。

计量单位:10m

定额编号				4-1-96	4-1-97	4-1-98	4-1-99	4-1-100
项目				不锈钢管(干、立管)氩弧焊连接(mm)				
				*DN*15	*DN*20	*DN*25	*DN*32	*DN*40
基价(元)				**141.89**	**171.37**	**200.22**	**223.66**	**244.08**
其中	人工费(元)			93.69	107.73	125.28	137.97	154.04
	材料费(元)			29.55	38.88	47.76	55.76	59.47
	机械费(元)			18.65	24.76	27.18	29.93	30.57
名称		单位	单价(元)	消耗量				
人工	二类人工	工日	135.00	0.694	0.798	0.928	1.022	1.141
材料	薄壁不锈钢管	m	—	(9.860)	(9.860)	(9.860)	(9.860)	(9.940)
	给水室内氩弧焊薄壁不锈钢管件	个	—	(11.160)	(11.160)	(10.750)	(9.370)	(7.520)

工作内容：留堵洞眼、切管、调直、管件连接、管道安装、水压试验、消毒冲洗、支架制作与安装及除锈刷油。

计量单位：10m

定额编号				4-1-101	4-1-102	4-1-103	4-1-104
项目				不锈钢管(干、立管)氩弧焊连接(mm)			
				*DN*50	*DN*70	*DN*80	*DN*100
基价（元）				**274.21**	**305.99**	**351.77**	**405.31**
其中	人工费（元）			167.81	180.63	205.07	234.77
	材料费（元）			72.71	88.70	104.14	124.68
	机械费（元）			33.69	36.66	42.56	45.86
名称		单位	单价(元)	消耗量			
人工	二类人工	工日	135.00	1.243	1.338	1.519	1.739
材料	薄壁不锈钢管	m	—	(9.870)	(9.870)	(9.870)	(9.870)
	给水室内氩弧焊薄壁不锈钢管件	个	—	(6.330)	(5.260)	(4.630)	(4.150)

二、室内排水立管安装

工作内容：留堵洞眼，管道、管件安装，阻火圈安装，吊杆及管夹安装，灌水试验，通球试验。

计量单位：10m

定额编号				4-1-105	4-1-106	4-1-107	4-1-108
项目				承插塑料排水管－零件粘接(mm)			
				*DN*50	*DN*75	*DN*100	*DN*150
基价（元）				**113.19**	**158.55**	**280.74**	**440.38**
其中	人工费（元）			82.35	100.44	147.29	213.57
	材料费（元）			30.84	58.11	133.45	226.81
	机械费（元）			—	—	—	—
名称		单位	单价(元)	消耗量			
人工	二类人工	工日	135.00	0.610	0.744	1.091	1.582
材料	承插塑料排水管 *DN*50	m	—	(10.120)	(9.800)	(9.600)	(9.500)
	室内塑料排水管粘接管件 *DN*50	个	1.93	6.900	—	—	—
	室内塑料排水管粘接管件 *DN*75	个	4.20	—	8.850	—	—
	室内塑料排水管粘接管件 *DN*100	个	9.34	—	—	6.560	—
	室内塑料排水管粘接管件 *DN*150	个	23.26	—	—	—	5.950
	阻火圈 *DN*100	个	15.09	—	—	3.000	—
	阻火圈 *DN*150	个	19.39	—	—	—	3.000

工作内容:留堵洞眼,管道、管件安装,阻火圈安装,吊杆及管夹安装,灌水试验,通球试验。 **计量单位**:10m

定额编号				4-1-109	4-1-110	4-1-111	4-1-112
项目				承插塑料排水管 – 热熔连接(mm)			
				*DN*50	*DN*75	*DN*100	*DN*150
基价(元)				**153.10**	**326.34**	**643.14**	**974.49**
其中	人工费(元)			94.77	126.77	167.94	228.02
	材料费(元)			56.60	197.34	471.75	740.84
	机械费(元)			1.73	2.23	3.45	5.63
名称		单位	单价(元)	消耗量			
人工	二类人工	工日	135.00	0.702	0.939	1.244	1.689
材料	塑料排水管	m	—	(10.120)	(9.800)	(9.600)	(9.500)
	室内塑料排水管热熔管件 *DN*50	个	6.08	6.900	—	—	—
	室内塑料排水管热熔管件 *DN*75	个	20.51	—	8.850	—	—
	室内塑料排水管热熔管件 *DN*100	个	62.01	—	—	6.560	—
	室内塑料排水管热熔管件 *DN*150	个	111.00	—	—	—	5.950
	阻火圈 *DN*100	个	15.09	—	—	3.000	—
	阻火圈 *DN*150	个	19.39	—	—	—	3.000

工作内容:留堵洞眼,管道、管件安装,阻火圈安装,吊杆及管夹安装,灌水试验,通球试验。 **计量单位**:10m

定额编号				4-1-113	4-1-114	4-1-115	4-1-116
项目				承插塑料排水管 – 卡箍连接(mm)			
				*DN*50	*DN*75	*DN*100	*DN*150
基价(元)				**218.06**	**336.97**	**647.28**	**833.04**
其中	人工费(元)			81.68	109.49	147.96	201.29
	材料费(元)			136.38	227.48	499.32	631.75
	机械费(元)			—	—	—	—
名称		单位	单价(元)	消耗量			
人工	二类人工	工日	135.00	0.605	0.811	1.096	1.491
材料	塑料排水管	m	—	(10.120)	(9.800)	(9.600)	(9.500)
	室内塑料排水管件(卡箍连接) *DN*50	个	3.50	6.700	—	—	—
	塑料卡箍 *DN*50	个	6.84	14.370	—	—	—
	室内塑料排水管件(卡箍连接) *DN*75	个	11.79	—	8.400	—	—
	塑料卡箍 *DN*75	个	7.38	—	15.260	—	—
	室内塑料排水管件(卡箍连接) *DN*100	个	35.66	—	—	8.400	—
	塑料卡箍 *DN*100	个	8.84	—	—	15.250	—
	室内塑料排水管件(卡箍连接) *DN*150	个	63.79	—	—	—	5.840
	塑料卡箍 *DN*150	个	16.76	—	—	—	10.670
	阻火圈 *DN*100	个	15.09	—	—	3.000	—
	阻火圈 *DN*150	个	19.39	—	—	—	3.000

工作内容:留堵洞眼、光洁管口、切管、管卡、管道及管件安装、透气球安装、紧固螺栓、灌水试验、通球试验、刷油。

计量单位:10m

定额编号				4-1-117	4-1-118	4-1-119	4-1-120	4-1-121
项目				无承口柔性铸铁排水管－卡箍连接(mm)				
				*DN*50	*DN*75	*DN*100	*DN*150	*DN*200
基价(元)				**537.16**	**686.30**	**1 007.83**	**1 248.20**	**1 856.35**
其中	人工费(元)			140.81	172.13	221.00	241.52	248.54
	材料费(元)			392.62	508.86	775.98	995.38	1 546.55
	机械费(元)			3.73	5.31	10.85	11.30	61.26
名称		单位	单价(元)	消耗量				
人工	二类人工	工日	135.00	1.043	1.275	1.637	1.789	1.841
材料	无承口柔性排水铸铁管	m	—	(8.950)	(9.350)	(9.350)	(9.450)	(9.450)
	室内无承口柔性排水铸铁管件(卡箍连接) *DN*50	个	20.34	6.570	—	—	—	—
	不锈钢卡箍 *DN*50	个	17.09	14.300	—	—	—	—
	室内无承口柔性排水铸铁管件(卡箍连接) *DN*75	个	31.64	—	6.620	—	—	—
	不锈钢卡箍 *DN*75	个	18.44	—	15.100	—	—	—
	室内无承口柔性排水铸铁管件(卡箍连接) *DN*100	个	62.70	—	—	6.620	—	—
	不锈钢卡箍 *DN*100	个	22.12	—	—	15.100	—	—
	室内无承口柔性排水铸铁管件(卡箍连接) *DN*150	个	119.00	—	—	—	4.350	—
	不锈钢卡箍 *DN*150	个	41.90	—	—	—	10.560	—
	室内无承口柔性排水铸铁管件(卡箍连接) *DN*200	个	218.00	—	—	—	—	4.110
	不锈钢卡箍 *DN*200	个	62.15	—	—	—	—	9.750

工作内容:留堵洞眼、光洁管口、切管、管卡、管道及管件安装、透气球安装、紧固螺栓、灌水试验、通球试验、刷油。

计量单位:10m

定额编号				4-1-122	4-1-123	4-1-124	4-1-125	4-1-126
项目				柔性铸铁排水管-机械接口(mm)				
				*DN*50	*DN*75	*DN*100	*DN*150	*DN*200
基价(元)				**809.13**	**1 079.22**	**1 680.85**	**2 043.27**	**2 867.59**
其中	人工费(元)			153.09	185.76	240.30	260.42	267.30
	材料费(元)			652.31	888.15	1 429.70	1 771.55	2 539.03
	机械费(元)			3.73	5.31	10.85	11.30	61.26
名称		单位	单价(元)	消耗量				
人工	二类人工	工日	135.00	1.134	1.376	1.780	1.929	1.980
材料	柔性抗震铸铁排水管	m	—	(8.950)	(9.350)	(9.350)	(9.450)	(9.450)
	法兰压盖 *DN*50	个	29.31	14.370	—	—	—	—
	法兰压盖 *DN*75	个	36.21	—	15.260	—	—	—
	法兰压盖 *DN*100	个	56.03	—	—	15.260	—	—
	法兰压盖 *DN*150	个	103.00	—	—	—	10.670	—
	法兰压盖 *DN*200	个	149.00	—	—	—	—	9.830
	橡胶密封圈(排水) *DN*50	个	4.31	14.370	—	—	—	—
	橡胶密封圈(排水) *DN*75	个	5.17	—	15.260	—	—	—
	橡胶密封圈(排水) *DN*100	个	6.81	—	—	15.260	—	—
	橡胶密封圈(排水) *DN*150	个	7.76	—	—	—	10.670	—
	橡胶密封圈(排水) *DN*200	个	9.61	—	—	—	—	9.830
	室内柔性排水铸铁管件(机械接口) *DN*50	个	20.34	6.640	—	—	—	—
	室内柔性排水铸铁管件(机械接口) *DN*75	个	31.64	—	6.780	—	—	—
	室内柔性排水铸铁管件(机械接口) *DN*100	个	62.70	—	—	6.780	—	—
	室内柔性排水铸铁管件(机械接口) *DN*150	个	119.00	—	—	—	4.460	—
	室内柔性排水铸铁管件(机械接口) *DN*200	个	218.00	—	—	—	—	4.190

三、室内排水干管安装

工作内容：留堵洞眼，管道、管件安装，吊杆及管夹安装，灌水试验，通球试验。　　**计量单位：**10m

定额编号				4-1-127	4-1-128	4-1-129
项目				承插塑料排水管粘接（mm 以内）		
				*DN*50	*DN*100	*DN*150
基价（元）				**113.19**	**206.09**	**350.02**
其中	人工费（元）			82.35	111.11	184.41
	材料费（元）			30.84	94.98	165.61
	机械费（元）			—	—	—
名称		单位	单价（元）	消耗量		
人工	二类人工	工日	135.00	0.610	0.823	1.366
材料	塑料排水管	m	—	(10.120)	(9.200)	(9.500)
	室内塑料排水管粘接管件 *DN*50	个	1.93	6.900	—	—
	室内塑料排水管粘接管件 *DN*75	个	4.20	—	4.425	—
	室内塑料排水管粘接管件 *DN*100	个	9.34	—	5.780	—
	室内塑料排水管粘接管件 *DN*150	个	23.26	—	—	5.950

工作内容：留堵洞眼，管道、管件安装，吊杆及管夹安装，灌水试验，通球试验。　　**计量单位：**10m

定额编号				4-1-130	4-1-131	4-1-132
项目				承插塑料排水管热熔连接（mm 以内）		
				*DN*50	*DN*100	*DN*150
基价（元）				**153.10**	**602.86**	**884.13**
其中	人工费（元）			94.77	134.60	198.86
	材料费（元）			56.60	465.42	679.64
	机械费（元）			1.73	2.84	5.63
名称		单位	单价（元）	消耗量		
人工	二类人工	工日	135.00	0.702	0.997	1.473
材料	塑料排水管	m	—	(10.120)	(9.200)	(9.500)
	室内塑料排水管热熔管件 *DN*50	个	6.08	6.900	—	—
	室内塑料排水管热熔管件 *DN*75	个	20.51	—	4.425	—
	室内塑料排水管热熔管件 *DN*100	个	62.01	—	5.780	—
	室内塑料排水管热熔管件 *DN*150	个	111.00	—	—	5.950

工作内容:留堵洞眼,管道、管件安装,吊杆及管夹安装,灌水试验,通球试验。 **计量单位**:10m

定额编号				4-1-133	4-1-134	4-1-135
项目				承插塑料排水管卡箍连接(mm 以内)		
				*DN*50	*DN*100	*DN*150
基价(元)				**218.06**	**485.58**	**742.68**
其中	人工费(元)			81.68	115.97	172.13
	材料费(元)			136.38	369.61	570.55
	机械费(元)			—	—	—
名称		单位	单价(元)	消耗量		
人工	二类人工	工日	135.00	0.605	0.859	1.275
材料	塑料排水管	m	—	(10.120)	(9.200)	(9.500)
	塑料卡箍 *DN*50	个	6.84	14.370	—	—
	塑料卡箍 *DN*75	个	7.38	—	7.630	—
	塑料卡箍 *DN*100	个	8.84	—	8.780	—
	塑料卡箍 *DN*150	个	16.76	—	—	10.670
	室内塑料排水管件(卡箍连接) *DN*50	个	3.50	6.700	—	—
	室内塑料排水管件(卡箍连接) *DN*75	个	11.79	—	4.200	—
	室内塑料排水管件(卡箍连接) *DN*100	个	35.66	—	4.765	—
	室内塑料排水管件(卡箍连接) *DN*150	个	63.79	—	—	5.840

工作内容:留堵洞眼、切管、上胶圈、管道及管件安装、调制接口材料、紧固螺栓、灌水试验、通球试验、刷油。 **计量单位**:10m

定额编号				4-1-136	4-1-137	4-1-138	4-1-139	4-1-140
项目				承插铸铁排水管(机械接口)				
				*DN*50	*DN*75	*DN*100	*DN*150	*DN*200
基价(元)				**876.66**	**1 186.48**	**2 112.20**	**2 301.62**	**3 324.30**
其中	人工费(元)			153.09	185.76	240.30	259.34	267.30
	材料费(元)			719.84	995.41	1 861.05	2 035.73	2 995.74
	机械费(元)			3.73	5.31	10.85	6.55	61.26
名称		单位	单价(元)	消耗量				
人工	二类人工	工日	135.00	1.134	1.376	1.780	1.921	1.980
材料	柔性铸铁排水管	m	—	(8.950)	(9.350)	(9.050)	(9.450)	(9.450)
	法兰压盖 *DN*50	个	29.31	14.370	—	—	—	—
	法兰压盖 *DN*75	个	36.21	—	15.260	—	—	—
	法兰压盖 *DN*100	个	56.03	—	—	17.350	—	—
	法兰压盖 *DN*150	个	103.00	—	—	—	10.670	—
	法兰压盖 *DN*200	个	149.00	—	—	—	—	9.830
	橡胶密封圈(排水) *DN*50	个	4.31	14.370	—	—	—	—
	橡胶密封圈(排水) *DN*75	个	5.17	—	15.260	—	—	—
	橡胶密封圈(排水) *DN*100	个	6.81	—	—	17.350	—	—
	橡胶密封圈(排水) *DN*150	个	7.76	—	—	—	10.670	—
	橡胶密封圈(排水) *DN*200	个	9.61	—	—	—	—	9.830
	室内柔性排水铸铁管件(机械接口) *DN*50	个	20.34	9.960	—	—	—	—
	室内柔性排水铸铁管件(机械接口) *DN*75	个	31.64	—	10.170	—	—	—
	室内柔性排水铸铁管件(机械接口) *DN*100	个	62.70	—	—	11.565	—	—
	室内柔性排水铸铁管件(机械接口) *DN*150	个	119.00	—	—	—	6.690	—
	室内柔性排水铸铁管件(机械接口) *DN*200	个	218.00	—	—	—	—	6.285

四、用水点管道安装(支管)

工作内容:管道及零件安装、管卡及管件安装、刷油、水压试验、消毒冲洗。　　**计量单位:**点

定额编号				4-1-141	4-1-142
项目				给水系统—冷水	
				住宅镀锌管螺纹连接	住宅钢塑给水管螺纹连接
基价(元)				**125.06**	**266.21**
其中	人工费(元)			70.20	71.55
	材料费(元)			53.20	193.00
	机械费(元)			1.66	1.66
名称		单位	单价(元)	消耗量	
人工	二类人工	工日	135.00	0.520	0.530
材料	碳素结构钢焊接钢管 $DN15\times2.8$	m	4.40	1.982	—
	碳素结构钢焊接钢管 $DN20\times2.8$	m	5.73	1.288	—
	碳素结构钢焊接钢管 $DN25\times3.2$	m	8.34	1.883	—
	碳素结构钢焊接钢管 $DN32\times3.5$	m	8.09	0.178	—
	钢塑给水管 $DN15$	m	13.68	—	1.982
	钢塑给水管 $DN20$	m	17.82	—	1.288
	钢塑给水管 $DN25$	m	25.75	—	1.883
	钢塑给水管 $DN32$	m	33.29	—	1.883
	室内镀锌钢管接头零件 $DN15$	个	1.44	2.898	—
	室内镀锌钢管接头零件 $DN20$	个	1.96	1.573	—
	室内镀锌钢管接头零件 $DN25$	个	3.10	2.166	—
	室内镀锌钢管接头零件 $DN32$	个	4.90	0.177	—
	给水室内钢塑复合管螺纹管件 $DN15$	个	2.45	—	2.898
	给水室内钢塑复合管螺纹管件 $DN20$	个	3.71	—	1.573
	给水室内钢塑复合管螺纹管件 $DN25$	个	5.63	—	2.166
	给水室内钢塑复合管螺纹管件 $DN32$	个	8.56	—	0.177

工作内容:管道及零件安装、管卡及管件安装、水压试验、消毒冲洗。 **计量单位:**点

定额编号				4-1-143	4-1-144	4-1-145
项目				给水系统—冷水		
				住宅塑料给水管粘接	住宅塑料给水管热熔连接	住宅铜管氧乙炔焊连接
基价(元)				**57.35**	**98.97**	**773.21**
其中	人工费(元)			29.16	39.69	126.09
	材料费(元)			28.17	58.70	646.26
	机械费(元)			0.02	0.58	0.86
名称		单位	单价(元)	消耗量		
人工	二类人工	工日	135.00	0.216	0.294	0.934
材料	塑料给水管 DN15	m	1.57	2.032	—	—
	塑料给水管 DN20	m	2.53	1.321	—	—
	塑料给水管 DN25	m	3.33	1.930	—	—
	塑料给水管 DN32	m	6.06	0.183	—	—
	塑料给水管(热熔) DN15	m	4.01	—	2.032	—
	塑料给水管(热熔) DN20	m	6.90	—	1.321	—
	塑料给水管(热熔) DN25	m	9.72	—	1.930	—
	塑料给水管(热熔) DN32	m	15.15	—	0.183	—
	铜及铜合金管 ϕ20	m	35.36	—	—	2.000
	铜及铜合金管 ϕ30	m	54.52	—	—	1.300
	铜及铜合金管 ϕ40	m	73.64	—	—	2.100
	铜管件 ϕ20	个	33.89	—	—	3.290
	铜管件 ϕ30	个	44.11	—	—	1.480
	铜管件 ϕ40	个	93.10	—	—	1.650
	室内塑料给水管粘接管件 DN15	个	0.52	3.040	—	—
	室内塑料给水管粘接管件 DN20	个	0.73	1.593	—	—
	室内塑料给水管粘接管件 DN25	个	1.18	2.054	—	—
	室内塑料给水管粘接管件 DN32	个	1.53	0.160	—	—
	室内塑料给水管热熔管件 DN15	个	0.98	—	3.040	—
	室内塑料给水管热熔管件 DN20	个	1.48	—	1.593	—
	室内塑料给水管热熔管件 DN25	个	2.68	—	2.054	—
	室内塑料给水管热熔管件 DN32	个	3.72	—	0.160	—

工作内容:管道及零件安装、管卡及管件安装、刷油、水压试验、消毒冲洗。 **计量单位:**点

定额编号					4-1-146	4-1-147
项目					给水系统—冷水	
					办公楼 镀锌管 螺纹连接	办公楼 钢塑给水管 螺纹连接
基价(元)					140.75	221.56
其中	人工费(元)				66.15	67.37
	材料费(元)				72.83	152.42
	机械费(元)				1.77	1.77
名称			单位	单价(元)	消耗量	
人工	二类人工		工日	135.00	0.490	0.499
材料	碳素结构钢镀锌焊接钢管 DN15×2.8		m	6.07	1.278	—
	碳素结构钢镀锌焊接钢管 DN20×2.8		m	7.90	1.685	—
	碳素结构钢镀锌焊接钢管 DN25×3.2		m	11.38	0.486	—
	碳素结构钢镀锌焊接钢管 DN32×3.5		m	14.69	0.892	—
	碳素结构钢镀锌焊接钢管 DN40×3.5		m	17.38	0.281	—
	碳素结构钢镀锌焊接钢管 DN50×3.8		m	22.12	0.090	—
	碳素结构钢镀锌焊接钢管 DN65×4.0		m	23.47	0.120	—
	碳素结构钢镀锌焊接钢管 DN80×4.0		m	37.44	0.050	—
	室内镀锌钢管接头零件 DN15		个	1.44	1.869	—
	室内镀锌钢管接头零件 DN20		个	1.96	2.057	—
	室内镀锌钢管接头零件 DN25		个	3.10	0.559	—
	室内镀锌钢管接头零件 DN32		个	4.90	0.885	—
	室内镀锌钢管接头零件 DN40		个	6.08	0.220	—
	室内镀锌钢管接头零件 DN50		个	10.44	0.059	—
	室内镀锌钢管接头零件 DN65		个	20.82	0.063	—
	室内镀锌钢管接头零件 DN80		个	26.08	0.023	—
	给水室内钢塑复合管螺纹管件 DN15		个	2.45	—	1.869
	给水室内钢塑复合管螺纹管件 DN20		个	3.71	—	2.057
	给水室内钢塑复合管螺纹管件 DN25		个	5.63	—	0.559
	给水室内钢塑复合管螺纹管件 DN32		个	8.56	—	0.885
	给水室内钢塑复合管螺纹管件 DN65		个	32.22	—	0.063
	给水室内钢塑复合管螺纹管件 DN80		个	41.03	—	0.023
	给水室内钢塑复合管螺纹管件 DN40		个	10.99	—	0.220
	给水室内钢塑复合管螺纹管件 DN50		个	17.69	—	0.059
	钢塑给水管 DN15		m	13.68	—	1.278
	钢塑给水管 DN20		m	17.82	—	1.685
	钢塑给水管 DN25		m	25.75	—	0.486
	钢塑给水管 DN32		m	33.29	—	0.892
	钢塑给水管 DN40		m	39.97	—	0.281
	钢塑给水管 DN50		m	50.78	—	0.090
	钢塑给水管 DN70		m	68.64	—	0.120
	钢塑给水管 DN80		m	87.96	—	0.050

工作内容:管道及零件安装、管卡及管件安装、水压试验、消毒冲洗。 **计量单位**:点

定额编号				4-1-148	4-1-149	4-1-150
项目				给水系统—冷水		
				办公楼塑料给水管粘接	办公楼塑料给水管热熔连接	办公楼铜管氧乙炔焊连接
基价(元)				**71.37**	**128.95**	**799.70**
其中	人工费(元)			32.00	40.77	127.85
	材料费(元)			39.35	87.62	670.70
	机械费(元)			0.02	0.56	1.15
名称		单位	单价(元)	消耗量		
人工	二类人工	工日	135.00	0.237	0.302	0.947
材料	塑料给水管 DN15	m	1.57	1.321	—	—
	塑料给水管 DN20	m	2.53	1.727	—	—
	塑料给水管 DN25	m	3.33	0.498	—	—
	塑料给水管 DN32	m	6.06	0.194	—	—
	塑料给水管 DN40	m	9.28	1.284	—	—
	塑料给水管 DN50	m	14.98	0.091	—	—
	塑料给水管 DN70	m	24.89	0.122	—	—
	塑料给水管 DN80	m	36.49	0.051	—	—
	塑料给水管(热熔) DN15	m	4.01	—	1.321	—
	塑料给水管(热熔) DN20	m	6.90	—	1.727	—
	塑料给水管(热熔) DN25	m	9.72	—	0.498	—
	塑料给水管(热熔) DN32	m	15.15	—	0.194	—
	塑料给水管(热熔) DN40	m	23.21	—	1.284	—
	塑料给水管(热熔) DN50	m	37.44	—	0.091	—
	塑料给水管(热熔) DN70	m	49.78	—	0.122	—
	塑料给水管(热熔) DN80	m	72.98	—	0.051	—
	铜及铜合金管 ϕ20	m	35.36	—	—	1.300
	铜及铜合金管 ϕ30	m	54.52	—	—	2.080
	铜及铜合金管 ϕ40	m	73.64	—	—	0.900
	铜及铜合金管 ϕ50	m	122.42	—	—	0.280
	铜及铜合金管 ϕ65	m	199.22	—	—	0.090
	铜及铜合金管 ϕ75	m	274.02	—	—	0.119
	铜及铜合金管 ϕ85	m	363.70	—	—	0.049
	铜管件 ϕ20	个	33.89	—	—	2.080
	铜管件 ϕ30	个	44.11	—	—	2.390
	铜管件 ϕ50	个	124.00	—	—	0.870
	铜管件 ϕ65	个	205.00	—	—	0.060
	铜管件 ϕ75	个	377.00	—	—	0.050
	铜管件 ϕ85	个	545.00	—	—	0.020
	室内塑料给水管粘接管件 DN20	个	0.73	2.083	—	—
	室内塑料给水管粘接管件 DN25	个	1.18	0.530	—	—
	室内塑料给水管粘接管件 DN32	个	1.53	0.798	—	—
	室内塑料给水管粘接管件 DN40	个	3.09	0.208	—	—
	室内塑料给水管粘接管件 DN50	个	5.75	0.059	—	—
	室内塑料给水管粘接管件 DN65	个	9.79	0.072	—	—
	室内塑料给水管粘接管件 DN80	个	14.02	0.020	—	—
	室内塑料给水管热熔管件 DN15	个	0.98	—	1.976	—
	室内塑料给水管热熔管件 DN20	个	1.48	—	2.083	—
	室内塑料给水管热熔管件 DN25	个	2.68	—	0.530	—
	室内塑料给水管热熔管件 DN32	个	3.72	—	0.798	—
	室内塑料给水管热熔管件 DN40	个	7.45	—	0.208	—
	室内塑料给水管热熔管件 DN50	个	13.97	—	0.059	—
	室内塑料给水管热熔管件 DN65	个	28.97	—	0.072	—
	室内塑料给水管热熔管件 DN80	个	48.10	—	0.020	—

工作内容：管道及零件安装、管卡及管件安装、刷油、水压试验、消毒冲洗。　　**计量单位：**点

定额编号				4-1-151	4-1-152
项目				给水系统—冷水	
				宾馆镀锌管螺纹连接	宾馆钢塑给水管螺纹连接
基价（元）				**97.19**	**145.91**
其中	人工费（元）			50.09	51.03
	材料费（元）			46.10	93.88
	机械费（元）			1.00	1.00
名称		单位	单价(元)	消耗量	
人工	二类人工	工日	135.00	0.371	0.378
材料	碳素结构钢镀锌焊接钢管 *DN*15×2.8	m	6.07	2.061	—
	碳素结构钢镀锌焊接钢管 *DN*20×2.8	m	7.90	1.120	—
	碳素结构钢镀锌焊接钢管 *DN*25×3.2	m	11.38	0.481	—
	碳素结构钢镀锌焊接钢管 *DN*32×3.5	m	14.69	0.208	—
	碳素结构钢镀锌焊接钢管 *DN*40×3.5	m	17.38	0.060	—
	钢塑给水管 *DN*15	m	13.68	—	2.061
	钢塑给水管 *DN*20	m	17.82	—	1.120
	钢塑给水管 *DN*25	m	25.75	—	0.481
	钢塑给水管 *DN*32	m	33.29	—	0.208
	钢塑给水管 *DN*40	m	39.97	—	0.060
	给水室内钢塑复合管螺纹管件 *DN*15	个	2.45	—	3.014
	给水室内钢塑复合管螺纹管件 *DN*20	个	3.71	—	1.367
	给水室内钢塑复合管螺纹管件 *DN*25	个	5.63	—	0.559
	给水室内钢塑复合管螺纹管件 *DN*32	个	8.56	—	0.206
	给水室内钢塑复合管螺纹管件 *DN*40	个	10.99	—	0.047
	室内镀锌钢管接头零件 *DN*15	个	1.44	3.014	—
	室内镀锌钢管接头零件 *DN*20	个	1.96	1.367	—
	室内镀锌钢管接头零件 *DN*25	个	3.10	0.559	—
	室内镀锌钢管接头零件 *DN*32	个	4.90	0.206	—
	室内镀锌钢管接头零件 *DN*40	个	6.08	0.047	—

工作内容:管道及零件安装、管卡及管件安装、水压试验、消毒冲洗。 **计量单位**:点

定额编号				4-1-153	4-1-154	4-1-155
项目				给水系统—冷水		
				宾馆塑料给水管粘接	宾馆塑料给水管热熔连接	宾馆铜管氧乙炔焊连接
基价(元)				**42.97**	**73.77**	**567.97**
其中	人工费(元)			20.79	28.49	104.49
	材料费(元)			22.18	44.86	462.90
	机械费(元)			—	0.42	0.58
名称		单位	单价(元)	消耗量		
人工	二类人工	工日	135.00	0.154	0.211	0.774
材料	塑料给水管 *DN*15	m	1.57	3.211	—	—
	塑料给水管 *DN*20	m	2.53	1.179	—	—
	塑料给水管 *DN*25	m	3.33	0.498	—	—
	塑料给水管 *DN*32	m	6.06	0.213	—	—
	塑料给水管 *DN*40	m	9.28	0.061	—	—
	塑料给水管(热熔) *DN*15	m	4.01	—	3.211	—
	塑料给水管(热熔) *DN*20	m	6.90	—	1.179	—
	塑料给水管(热熔) *DN*25	m	9.72	—	0.498	—
	塑料给水管(热熔) *DN*32	m	15.15	—	0.213	—
	塑料给水管(热熔) *DN*40	m	23.21	—	0.061	—
	铜及铜合金管 ϕ20	m	35.36	—	—	2.080
	铜及铜合金管 ϕ30	m	54.52	—	—	1.130
	铜及铜合金管 ϕ40	m	73.64	—	—	0.710
	铜及铜合金管 ϕ50	m	122.42	—	—	0.060
	铜及铜合金管 ϕ65	m	199.22	—	—	0.070
	铜管件 ϕ20	个	33.89	—	—	3.340
	铜管件 ϕ30	个	44.11	—	—	1.280
	铜管件 ϕ40	个	93.10	—	—	0.560
	铜管件 ϕ50	个	124.00	—	—	0.040
	铜管件 ϕ65	个	205.00	—	—	0.060
	室内塑料给水管粘接管件 *DN*15	个	0.52	3.162	—	—
	室内塑料给水管粘接管件 *DN*20	个	0.73	1.384	—	—
	室内塑料给水管粘接管件 *DN*25	个	1.18	0.530	—	—
	室内塑料给水管粘接管件 *DN*32	个	1.53	0.186	—	—
	室内塑料给水管粘接管件 *DN*40	个	3.09	0.045	—	—
	室内塑料给水管热熔管件 *DN*15	个	0.98	—	3.162	—
	室内塑料给水管热熔管件 *DN*20	个	1.48	—	1.384	—
	室内塑料给水管热熔管件 *DN*25	个	2.68	—	0.530	—
	室内塑料给水管热熔管件 *DN*32	个	3.72	—	0.186	—
	室内塑料给水管热熔管件 *DN*40	个	7.45	—	0.045	—

工作内容：管道及零件安装、管卡及管件安装、刷油、水压试验、消毒冲洗。　　**计量单位**：点

定额编号				4-1-156	4-1-157
项目				给水系统—冷水	
				其他公共建筑镀锌管螺纹连接	其他公共建筑钢塑给水管螺纹连接
基价（元）				**133.97**	**230.53**
其中	人工费（元）			52.92	54.00
	材料费（元）			79.26	174.72
	机械费（元）			1.79	1.81
	名称	单位	单价(元)	消耗量	
人工	二类人工	工日	135.00	0.392	0.400
材料	室内镀锌钢管接头零件 DN15	个	1.44	0.667	—
	室内镀锌钢管接头零件 DN20	个	1.96	0.508	—
	室内镀锌钢管接头零件 DN25	个	3.10	0.821	—
	室内镀锌钢管接头零件 DN32	个	4.90	0.403	—
	室内镀锌钢管接头零件 DN40	个	6.08	0.228	—
	室内镀锌钢管接头零件 DN50	个	10.44	0.245	—
	室内镀锌钢管接头零件 DN65	个	20.82	0.158	—
	室内镀锌钢管接头零件 DN80	个	26.08	0.194	—
	碳素结构钢镀锌焊接钢管 DN15×2.8	m	6.07	0.456	—
	碳素结构钢镀锌焊接钢管 DN20×2.8	m	7.90	0.416	—
	碳素结构钢镀锌焊接钢管 DN25×3.2	m	11.38	0.714	—
	碳素结构钢镀锌焊接钢管 DN32×3.5	m	14.69	0.406	—
	碳素结构钢镀锌焊接钢管 DN40×3.5	m	17.38	0.291	—
	碳素结构钢镀锌焊接钢管 DN50×3.8	m	22.12	0.371	—
	碳素结构钢镀锌焊接钢管 DN65×4.0	m	23.47	0.301	—
	碳素结构钢镀锌焊接钢管 DN80×4.0	m	37.44	0.421	—
	钢塑给水管 DN15	m	13.68	—	0.456
	钢塑给水管 DN20	m	17.82	—	0.416
	钢塑给水管 DN25	m	25.75	—	0.714
	钢塑给水管 DN32	m	33.29	—	0.406
	钢塑给水管 DN40	m	39.97	—	0.291
	钢塑给水管 DN50	m	50.78	—	0.371
	钢塑给水管 DN80	m	87.96	—	0.711
	给水室内钢塑复合管螺纹管件 DN15	个	2.45	—	0.667
	给水室内钢塑复合管螺纹管件 DN20	个	3.71	—	0.508
	给水室内钢塑复合管螺纹管件 DN25	个	5.63	—	0.821
	给水室内钢塑复合管螺纹管件 DN32	个	8.56	—	0.403
	给水室内钢塑复合管螺纹管件 DN40	个	10.99	—	0.228
	给水室内钢塑复合管螺纹管件 DN50	个	17.69	—	0.245
	给水室内钢塑复合管螺纹管件 DN80	个	41.03	—	0.329

工作内容:管道及零件安装、管卡及管件安装、水压试验、消毒冲洗。 **计量单位**:点

定额编号				4-1-158	4-1-159	4-1-160
项目				给水系统—冷水		
				其他公共建筑塑料给水管粘接	其他公共建筑塑料给水管热熔连接	其他公共建筑铜管氧乙炔焊连接
基价(元)				**76.07**	**133.96**	**841.66**
其中	人工费(元)			28.76	30.38	87.08
	材料费(元)			47.29	103.15	752.81
	机械费(元)			0.02	0.43	1.77
	名称	单位	单价(元)	消耗量		
人工	二类人工	工日	135.00	0.213	0.225	0.645
材料	铜及铜合金管 $\phi20$	m	35.36	—	—	0.460
	铜及铜合金管 $\phi30$	m	54.52	—	—	1.140
	铜及铜合金管 $\phi40$	m	73.64	—	—	0.410
	铜及铜合金管 $\phi50$	m	122.42	—	—	0.290
	铜及铜合金管 $\phi65$	m	199.22	—	—	0.370
	铜及铜合金管 $\phi75$	m	274.02	—	—	0.294
	铜及铜合金管 $\phi85$	m	363.70	—	—	0.412
	铜管件 $\phi20$	个	33.89	—	—	0.750
	铜管件 $\phi30$	个	44.11	—	—	1.280
	铜管件 $\phi40$	个	93.10	—	—	0.330
	铜管件 $\phi50$	个	124.00	—	—	0.200
	铜管件 $\phi65$	个	205.00	—	—	0.240
	铜管件 $\phi75$	个	377.00	—	—	0.120
	铜管件 $\phi85$	个	545.00	—	—	0.110
	塑料给水管(热熔) *DN*15	m	4.01	—	0.467	—
	塑料给水管(热熔) *DN*20	m	6.90	—	0.427	—
	塑料给水管(热熔) *DN*25	m	9.72	—	0.732	—
	塑料给水管(热熔) *DN*32	m	15.15	—	0.417	—
	塑料给水管(热熔) *DN*50	m	37.44	—	0.376	—
	塑料给水管(热熔) *DN*70	m	49.78	—	0.305	—
	塑料给水管(热熔) *DN*80	m	72.98	—	0.427	—
	室内塑料给水管热熔管件 *DN*15	个	0.98	—	0.699	—
	室内塑料给水管热熔管件 *DN*20	个	1.48	—	0.515	—
	室内塑料给水管热熔管件 *DN*25	个	2.68	—	0.778	—
	室内塑料给水管热熔管件 *DN*32	个	3.72	—	0.364	—
	室内塑料给水管热熔管件 *DN*50	个	13.97	—	0.244	—
	室内塑料给水管热熔管件 *DN*65	个	28.97	—	0.181	—
	室内塑料给水管热熔管件 *DN*80	个	48.10	—	0.166	—
	塑料给水管 *DN*15	m	1.57	0.467	—	—
	塑料给水管 *DN*20	m	2.53	0.427	—	—
	塑料给水管 *DN*25	m	3.33	0.732	—	—
	塑料给水管 *DN*40	m	9.28	0.295	—	—
	塑料给水管 *DN*50	m	14.98	0.376	—	—
	塑料给水管 *DN*70	m	24.89	0.305	—	—
	塑料给水管 *DN*80	m	36.49	0.427	—	—
	室内塑料给水管粘接管件 *DN*15	个	0.52	0.699	—	—
	室内塑料给水管粘接管件 *DN*20	个	0.73	0.515	—	—
	室内塑料给水管粘接管件 *DN*25	个	1.18	0.778	—	—
	室内塑料给水管粘接管件 *DN*40	个	3.09	0.215	—	—
	室内塑料给水管粘接管件 *DN*50	个	5.75	0.244	—	—
	室内塑料给水管粘接管件 *DN*65	个	9.79	0.181	—	—
	室内塑料给水管粘接管件 *DN*80	个	14.02	0.166	—	—

工作内容：管道及零件安装、管卡及管件安装、水压试验、消毒冲洗。　　计量单位：点

定额编号				4-1-161	4-1-162	4-1-163	4-1-164
项目				不锈钢管螺纹连接—冷水			
				住宅	办公楼	宾馆	其他公用建筑
基价（元）				**431.13**	**514.33**	**294.45**	**638.45**
其中	人工费（元）			73.31	68.58	52.92	54.00
	材料费（元）			355.45	443.29	239.86	582.37
	机械费（元）			2.37	2.46	1.67	2.08
名称		单位	单价(元)	消耗量			
人工	二类人工	工日	135.00	0.543	0.508	0.392	0.400
材料	不锈钢管(螺纹连接) *DN*15	m	33.24	1.984	1.280	2.063	0.456
	不锈钢管(螺纹连接) *DN*20	m	45.29	1.290	1.686	1.121	0.417
	不锈钢管(螺纹连接) *DN*25	m	67.68	1.885	0.486	0.486	0.714
	不锈钢管(螺纹连接) *DN*32	m	90.89	0.179	0.893	0.208	0.407
	不锈钢管(螺纹连接) *DN*40	m	122.00	—	0.281	0.060	0.291
	不锈钢管(螺纹连接) *DN*50	m	195.00	—	0.090	—	0.371
	不锈钢管(螺纹连接) *DN*65	m	252.00	—	0.120	—	0.301
	不锈钢管(螺纹连接) *DN*80	m	352.00	—	0.050	—	0.421
	给水室内不锈钢管螺纹管件 *DN*20	个	12.31	1.573	2.057	1.367	0.508
	给水室内不锈钢管螺纹管件 *DN*15	个	7.59	2.898	1.869	3.014	0.667
	给水室内不锈钢管螺纹管件 *DN*25	个	16.03	2.166	0.559	0.559	0.821
	给水室内不锈钢管螺纹管件 *DN*32	个	33.68	0.177	0.885	0.206	0.403
	给水室内不锈钢管螺纹管件 *DN*40	个	45.11	—	0.220	0.047	0.228
	给水室内不锈钢管螺纹管件 *DN*50	个	74.74	—	0.059	—	0.245
	给水室内不锈钢管螺纹管件 *DN*65	个	137.00	—	0.063	—	0.158
	给水室内不锈钢管螺纹管件 *DN*80	个	198.00	—	0.023	—	0.194

工作内容:管道及零件安装、管卡及管件安装、水压试验、消毒冲洗。 **计量单位**:点

定额编号					4-1-165	4-1-166	4-1-167	4-1-168
项目					不锈钢管卡压式连接—冷水			
					住宅	办公楼	宾馆	其他公共建筑
基价(元)					**280.44**	**347.52**	**192.94**	**435.61**
其中	人工费(元)				48.47	44.69	34.97	34.56
	材料费(元)				231.68	302.54	157.78	400.82
	机械费(元)				0.29	0.29	0.19	0.23
名称		单位	单价(元)		消耗量			
人工	二类人工	工日	135.00		0.359	0.331	0.259	0.256
材料	不锈钢管(卡压式) *DN*15	m	15.40		1.972	1.272	2.051	0.454
	不锈钢管(卡压式) *DN*20	m	26.95		1.282	1.676	1.114	0.414
	不锈钢管(卡压式) *DN*25	m	34.65		1.873	0.483	0.483	0.710
	不锈钢管(卡压式) *DN*32	m	49.28		0.177	0.887	0.207	0.404
	不锈钢管(卡压式) *DN*40	m	63.14		—	0.278	0.060	0.288
	不锈钢管(卡压式) *DN*50	m	73.15		—	0.089	—	0.365
	不锈钢管(卡压式) *DN*70	m	185.00		—	0.118	—	0.296
	不锈钢管(卡压式) *DN*80	m	219.00		—	0.049	—	0.415
	给水室内不锈钢管卡压管件 *DN*15	个	8.94		2.682	1.730	2.789	0.617
	给水室内不锈钢管卡压管件 *DN*20	个	14.48		1.451	1.897	1.261	0.469
	给水室内不锈钢管卡压管件 *DN*25	个	18.85		2.043	0.527	0.527	0.774
	给水室内不锈钢管卡压管件 *DN*32	个	39.63		0.169	0.843	0.197	0.384
	给水室内不锈钢管卡压管件 *DN*40	个	53.08		—	0.211	0.045	0.218
	给水室内不锈钢管卡压管件 *DN*50	个	87.93		—	0.057	—	0.234
	给水室内不锈钢管卡压管件 *DN*65	个	161.00		—	0.063	—	0.158
	给水室内不锈钢管卡压管件 *DN*80	个	233.00		—	0.023	—	0.194

工作内容:管道及零件安装、管卡及管件安装、水压试验、消毒冲洗。 **计量单位:**点

定额编号					4-1-169	4-1-170	4-1-171	4-1-172
项目					不锈钢管氩弧焊连接—冷水			
					住宅	办公楼	宾馆	其他公共建筑
基价(元)					**289.44**	**355.22**	**198.80**	**527.57**
其中	人工费(元)				47.12	45.09	33.75	38.75
	材料费(元)				231.58	299.78	157.63	480.06
	机械费(元)				10.74	10.35	7.42	8.76
名称		单位	单价(元)		消耗量			
人工	二类人工	工日	135.00		0.349	0.334	0.250	0.287
材料	不锈钢管(卡压式) *DN*15	m	15.40		1.972	1.272	2.051	0.454
	不锈钢管(卡压式) *DN*20	m	26.95		1.282	1.676	1.114	0.414
	不锈钢管(卡压式) *DN*25	m	34.65		1.873	0.483	0.483	0.710
	不锈钢管(卡压式) *DN*32	m	49.28		0.177	0.887	0.207	0.404
	不锈钢管(卡压式) *DN*40	m	63.14		—	0.278	0.060	0.288
	不锈钢管(卡压式) *DN*50	m	73.15		—	0.089	—	0.365
	不锈钢管(卡压式) *DN*70	m	185.00		—	0.118	—	0.296
	不锈钢管(卡压式) *DN*80	m	219.00		—	0.049	—	0.415
	不锈钢管(卡压式) *DN*100	m	301.00		—	—	—	0.197
	给水室内氩弧焊薄壁不锈钢管件 *DN*20	个	13.03		1.451	1.897	1.261	0.469
	给水室内氩弧焊薄壁不锈钢管件 *DN*25	个	16.97		2.043	0.527	0.527	0.774
	给水室内氩弧焊薄壁不锈钢管件 *DN*32	个	35.66		0.169	0.843	0.197	0.384
	给水室内氩弧焊薄壁不锈钢管件 *DN*40	个	47.77		—	0.211	0.045	0.218
	给水室内氩弧焊薄壁不锈钢管件 *DN*50	个	79.14		—	0.057	—	0.234
	给水室内氩弧焊薄壁不锈钢管件 *DN*65	个	145.00		—	0.063	—	0.158
	给水室内氩弧焊薄壁不锈钢管件 *DN*80	个	209.00		—	0.023	—	0.194
	给水室内氩弧焊薄壁不锈钢管件 *DN*100	个	308.00		—	—	—	0.083

工作内容:管道及零件安装、管卡及管件安装、刷油、水压试验、消毒冲洗、管道保温。 **计量单位**:点

定额编号				4-1-173	4-1-174
项目				给水系统—热水	
				住宅镀锌管螺纹连接	住宅钢塑给水管螺纹连接
基价(元)				**200.81**	**261.95**
其中	人工费(元)			77.22	78.44
	材料费(元)			122.35	182.27
	机械费(元)			1.24	1.24
名称		单位	单价(元)	消耗量	
人工	二类人工	工日	135.00	0.572	0.581
材料	钢塑给水管 *DN*15	m	13.68	—	2.359
	钢塑给水管 *DN*20	m	17.82	—	1.942
	钢塑给水管 *DN*25	m	25.75	—	0.872
	室内镀锌钢管接头零件 *DN*15	个	1.44	3.449	—
	室内镀锌钢管接头零件 *DN*20	个	1.96	2.372	—
	室内镀锌钢管接头零件 *DN*25	个	3.10	1.003	—
	碳素结构钢镀锌焊接钢管 *DN*15×2.8	m	6.07	2.359	—
	碳素结构钢镀锌焊接钢管 *DN*20×2.8	m	7.90	1.942	—
	碳素结构钢镀锌焊接钢管 *DN*25×3.2	m	11.38	0.872	—
	给水室内钢塑复合管螺纹管件 *DN*15	个	2.45	—	3.449
	给水室内钢塑复合管螺纹管件 *DN*20	个	3.71	—	2.372
	给水室内钢塑复合管螺纹管件 *DN*25	个	5.63	—	1.003

工作内容:管道及零件安装、管卡及管件安装、水压试验、消毒冲洗、管道保温。 **计量单位**:点

定额编号				4-1-175	4-1-176	4-1-177
项目				给水系统—热水		
				住宅塑料给水管粘接	住宅塑料给水管热熔连接	住宅铜管氧乙炔焊连接
基价(元)				**128.51**	**164.71**	**742.41**
其中	人工费(元)			38.07	48.74	147.96
	材料费(元)			90.42	115.40	593.68
	机械费(元)			0.02	0.57	0.77
名称		单位	单价(元)	消耗量		
人工	二类人工	工日	135.00	0.282	0.361	1.096
材料	铜及铜合金管 $\phi20$	m	35.36	—	—	2.380
	铜及铜合金管 $\phi30$	m	54.52	—	—	2.840
	铜管件 $\phi20$	个	33.89	—	—	3.820
	铜管件 $\phi30$	个	44.11	—	—	3.210
	塑料给水管 *DN*15	m	1.57	2.418	—	—
	塑料给水管 *DN*20	m	2.53	1.991	—	—
	塑料给水管 *DN*25	m	3.33	0.894	—	—
	室内塑料给水管粘接管件 *DN*15	个	0.52	3.618	—	—
	室内塑料给水管粘接管件 *DN*25	个	1.18	0.951	—	—
	室内塑料给水管粘接管件 *DN*20	个	0.73	2.401	—	—
	塑料给水管(热熔) *DN*15	m	4.01	—	2.418	—
	塑料给水管(热熔) *DN*20	m	6.90	—	1.991	—
	塑料给水管(热熔) *DN*25	m	9.72	—	0.894	—
	室内塑料给水管热熔管件 *DN*15	个	0.98	—	3.618	—
	室内塑料给水管热熔管件 *DN*20	个	1.48	—	2.401	—
	室内塑料给水管热熔管件 *DN*25	个	2.68	—	0.951	—

工作内容:管道及零件安装、管卡及管件安装、水压试验、消毒冲洗、管道保温。 **计量单位:**点

定额编号				4-1-178	4-1-179
项目				给水系统—热水	
				办公楼镀锌管螺纹连接	办公楼钢塑给水管
基价(元)				**195.76**	**261.23**
其中	人工费(元)			69.26	70.34
	材料费(元)			125.11	189.50
	机械费(元)			1.39	1.39
名称		单位	单价(元)	消耗量	
人工	二类人工	工日	135.00	0.513	0.521
材料	室内镀锌钢管接头零件 *DN*15	个	1.44	0.667	—
	室内镀锌钢管接头零件 *DN*20	个	1.96	3.061	—
	室内镀锌钢管接头零件 *DN*25	个	3.10	0.730	—
	室内镀锌钢管接头零件 *DN*32	个	4.90	0.423	—
	室内镀锌钢管接头零件 *DN*40	个	6.08	0.126	—
	室内镀锌钢管接头零件 *DN*50	个	10.44	0.106	—
	碳素结构钢镀锌焊接钢管 *DN*15×2.8	m	6.07	0.456	—
	碳素结构钢镀锌焊接钢管 *DN*20×2.8	m	7.90	2.507	—
	碳素结构钢镀锌焊接钢管 *DN*25×3.2	m	11.38	0.634	—
	碳素结构钢镀锌焊接钢管 *DN*32×3.5	m	14.69	0.426	—
	碳素结构钢镀锌焊接钢管 *DN*40×3.5	m	17.38	0.160	—
	碳素结构钢镀锌焊接钢管 *DN*50×3.8	m	22.12	0.160	—
	给水室内钢塑复合管螺纹管件 *DN*15	个	2.45	—	0.667
	钢塑给水管 *DN*15	m	13.68	—	0.456
	钢塑给水管 *DN*20	m	17.82	—	2.507
	钢塑给水管 *DN*25	m	25.75	—	0.634
	钢塑给水管 *DN*32	m	33.29	—	0.426
	钢塑给水管 *DN*40	m	39.97	—	0.160
	钢塑给水管 *DN*50	m	50.78	—	0.160
	给水室内钢塑复合管螺纹管件 *DN*20	个	3.71	—	3.061
	给水室内钢塑复合管螺纹管件 *DN*25	个	5.63	—	0.730
	给水室内钢塑复合管螺纹管件 *DN*32	个	8.56	—	0.423
	给水室内钢塑复合管螺纹管件 *DN*40	个	10.99	—	0.126
	给水室内钢塑复合管螺纹管件 *DN*50	个	17.69	—	0.106

工作内容：管道及零件安装、管卡及管件安装、水压试验、消毒冲洗、管道保温。 **计量单位**：点

定额编号					4-1-180	4-1-181	4-1-182
项目					给水系统—热水		
					办公楼塑料给水管粘接	办公楼塑料给水管热熔连接	办公楼铜管氧乙炔焊连接
基价（元）					**131.42**	**172.65**	**746.47**
其中	人工费（元）				37.80	46.44	140.13
	材料费（元）				93.60	125.72	605.07
	机械费（元）				0.02	0.49	1.27
名称			单位	单价(元)	消耗量		
人工	二类人工		工日	135.00	0.280	0.344	1.038
材料	塑料给水管 *DN*15		m	1.57	0.467	—	—
	塑料给水管 *DN*20		m	2.53	2.570	—	—
	塑料给水管 *DN*25		m	3.33	0.650	—	—
	塑料给水管 *DN*32		m	6.06	0.437	—	—
	塑料给水管 *DN*40		m	9.28	0.163	—	—
	塑料给水管 *DN*50		m	14.98	0.163	—	—
	室内塑料给水管粘接管件 *DN*15		个	0.52	0.699	—	—
	室内塑料给水管粘接管件 *DN*20		个	0.73	3.099	—	—
	室内塑料给水管粘接管件 *DN*25		个	1.18	0.692	—	—
	室内塑料给水管粘接管件 *DN*32		个	1.53	0.381	—	—
	室内塑料给水管粘接管件 *DN*40		个	3.09	0.119	—	—
	室内塑料给水管粘接管件 *DN*50		个	5.75	0.105	—	—
	塑料给水管(热熔) *DN*15		m	4.01	—	0.467	—
	塑料给水管(热熔) *DN*20		m	6.90	—	2.570	—
	塑料给水管(热熔) *DN*25		m	9.72	—	0.650	—
	塑料给水管(热熔) *DN*32		m	15.15	—	0.437	—
	塑料给水管(热熔) *DN*40		m	23.21	—	0.163	—
	塑料给水管(热熔) *DN*50		m	37.44	—	0.163	—
	室内塑料给水管热熔管件 *DN*15		个	0.98	—	0.699	—
	室内塑料给水管热熔管件 *DN*20		个	1.48	—	3.099	—
	室内塑料给水管热熔管件 *DN*25		个	2.68	—	0.692	—
	室内塑料给水管热熔管件 *DN*32		个	3.72	—	0.381	—
	室内塑料给水管热熔管件 *DN*40		个	7.45	—	0.119	—
	室内塑料给水管热熔管件 *DN*50		个	13.97	—	0.105	—
	铜及铜合金管 ϕ20		m	35.36	—	—	0.460
	铜及铜合金管 ϕ30		m	54.52	—	—	3.160
	铜及铜合金管 ϕ40		m	73.64	—	—	0.430
	铜及铜合金管 ϕ50		m	122.42	—	—	0.160
	铜及铜合金管 ϕ65		m	199.22	—	—	0.160
	铜管件 ϕ20		个	33.89	—	—	0.740
	铜管件 ϕ30		个	44.11	—	—	3.570
	铜管件 ϕ40		个	93.10	—	—	0.340
	铜管件 ϕ50		个	124.00	—	—	0.120
	铜管件 ϕ65		个	205.00	—	—	0.100

工作内容:管道及零件安装、管卡及管件安装、水压试验、消毒冲洗、管道保温。 **计量单位:**点

定额编号					4-1-183	4-1-184
项目					给水系统—热水	
					宾馆镀锌管螺纹连接	宾馆钢塑给水管螺纹连接
基价(元)					**133.68**	**174.20**
其中	人工费(元)				50.90	51.71
	材料费(元)				81.96	121.67
	机械费(元)				0.82	0.82
名称			单位	单价(元)	消耗量	
人工	二类人工		工日	135.00	0.377	0.383
材料	室内镀锌钢管接头零件 *DN*15		个	1.44	2.347	—
	室内镀锌钢管接头零件 *DN*20		个	1.96	1.355	—
	室内镀锌钢管接头零件 *DN*25		个	3.10	0.752	—
	室内镀锌钢管接头零件 *DN*32		个	4.90	0.020	—
	碳素结构钢镀锌焊接钢管 *DN*15×2.8		m	6.07	1.605	—
	碳素结构钢镀锌焊接钢管 *DN*20×2.8		m	7.90	1.110	—
	碳素结构钢镀锌焊接钢管 *DN*25×3.2		m	11.38	0.654	—
	碳素结构钢镀锌焊接钢管 *DN*32×3.5		m	14.69	0.020	—
	钢塑给水管 *DN*15		m	13.68	—	1.605
	钢塑给水管 *DN*20		m	17.82	—	1.110
	钢塑给水管 *DN*25		m	25.75	—	0.654
	钢塑给水管 *DN*32		m	33.29	—	0.020
	给水室内钢塑复合管螺纹管件 *DN*15		个	2.45	—	2.347
	给水室内钢塑复合管螺纹管件 *DN*20		个	3.71	—	1.355
	给水室内钢塑复合管螺纹管件 *DN*25		个	5.63	—	0.752
	给水室内钢塑复合管螺纹管件 *DN*32		个	8.56	—	0.020

工作内容:管道及零件安装、管卡及管件安装、水压试验、消毒冲洗、管道保温。 **计量单位**:点

定额编号				4-1-185	4-1-186	4-1-187
项目				给水系统—热水		
				宾馆塑料给水管粘接	宾馆塑料给水管热熔连接	宾馆铜管氧乙炔焊连接
基价(元)				**86.49**	**110.47**	**523.02**
其中	人工费(元)			25.11	32.13	103.82
	材料费(元)			61.38	77.98	418.41
	机械费(元)			—	0.36	0.79
名称		单位	单价(元)	消耗量		
人工	二类人工	工日	135.00	0.186	0.238	0.769
材料	塑料给水管 *DN*15	m	1.57	1.646	—	—
	塑料给水管 *DN*20	m	2.53	1.138	—	—
	塑料给水管 *DN*25	m	3.33	0.671	—	—
	塑料给水管 *DN*32	m	6.06	0.020	—	—
	室内塑料给水管粘接管件 *DN*15	个	0.52	2.462	—	—
	室内塑料给水管粘接管件 *DN*20	个	0.73	1.372	—	—
	室内塑料给水管粘接管件 *DN*25	个	1.18	0.713	—	—
	室内塑料给水管粘接管件 *DN*32	个	1.53	0.018	—	—
	塑料给水管(热熔) *DN*15	m	4.01	—	1.646	—
	塑料给水管(热熔) *DN*20	m	6.90	—	1.138	—
	塑料给水管(热熔) *DN*25	m	9.72	—	0.671	—
	塑料给水管(热熔) *DN*32	m	15.15	—	0.020	—
	室内塑料给水管热熔管件 *DN*15	个	0.98	—	2.462	—
	室内塑料给水管热熔管件 *DN*20	个	1.48	—	1.372	—
	室内塑料给水管热熔管件 *DN*25	个	2.68	—	0.713	—
	室内塑料给水管热熔管件 *DN*32	个	3.72	—	0.018	—
	铜及铜合金管 ϕ20	m	35.36	—	—	1.620
	铜及铜合金管 ϕ30	m	54.52	—	—	1.120
	铜及铜合金管 ϕ40	m	73.64	—	—	0.660
	铜管件 ϕ20	个	33.89	—	—	2.600
	铜管件 ϕ30	个	44.11	—	—	1.260
	铜管件 ϕ40	个	93.10	—	—	0.530

工作内容:管道及零件安装、管卡及管件安装、水压试验、消毒冲洗、管道保温。 **计量单位**:点

定额编号				4-1-188	4-1-189	4-1-190
项目				不锈钢管螺纹连接—热水		
				住宅	办公楼	宾馆
基价(元)				**450.30**	**487.34**	**299.12**
其中	人工费(元)			81.00	71.96	53.33
	材料费(元)			367.17	413.30	244.41
	机械费(元)			2.13	2.08	1.38
名称		单位	单价(元)	消耗量		
人工	二类人工	工日	135.00	0.600	0.533	0.395
材料	不锈钢管(螺纹连接) *DN*15	m	33.24	2.361	0.456	1.607
	不锈钢管(螺纹连接) *DN*20	m	45.29	1.944	2.510	1.111
	不锈钢管(螺纹连接) *DN*25	m	67.68	0.873	0.635	0.655
	不锈钢管(螺纹连接) *DN*32	m	90.89	—	0.427	0.020
	不锈钢管(螺纹连接) *DN*40	m	122.00	—	0.160	—
	不锈钢管(螺纹连接) *DN*50	m	195.00	—	0.160	—
	给水室内不锈钢管螺纹管件 *DN*15	个	7.59	3.449	0.667	2.347
	给水室内不锈钢管螺纹管件 *DN*20	个	12.31	2.372	3.061	1.355
	给水室内不锈钢管螺纹管件 *DN*25	个	16.03	1.003	0.730	0.752
	给水室内不锈钢管螺纹管件 *DN*32	个	33.68	—	0.423	0.020
	给水室内不锈钢管螺纹管件 *DN*40	个	45.11	—	0.126	—
	给水室内不锈钢管螺纹管件 *DN*50	个	74.74	—	0.106	—

工作内容:管道及零件安装、管卡及管件安装、水压试验、消毒冲洗、管道保温。 **计量单位**:点

定额编号				4-1-191	4-1-192	4-1-193
项目				不锈钢管卡压式连接—热水		
				住宅	办公楼	宾馆
基价(元)				**322.18**	**348.23**	**213.45**
其中	人工费(元)			57.51	51.03	37.80
	材料费(元)			264.41	296.94	175.49
	机械费(元)			0.26	0.26	0.16
名称		单位	单价(元)	消耗量		
人工	二类人工	工日	135.00	0.426	0.378	0.280
材料	不锈钢管(卡压式) *DN*15	m	15.40	2.347	0.454	1.597
	不锈钢管(卡压式) *DN*20	m	26.95	1.933	2.495	1.104
	不锈钢管(卡压式) *DN*25	m	34.65	0.868	0.631	0.651
	不锈钢管(卡压式) *DN*32	m	49.28	—	0.424	0.020
	不锈钢管(卡压式) *DN*40	m	63.14	—	0.159	—
	不锈钢管(卡压式) *DN*50	m	73.15	—	0.158	—
	给水室内不锈钢管卡压管件 *DN*15	个	8.94	3.192	0.617	2.172
	给水室内不锈钢管卡压管件 *DN*20	个	14.48	2.187	2.823	1.250
	给水室内不锈钢管卡压管件 *DN*25	个	18.85	0.946	0.688	0.710
	给水室内不锈钢管卡压管件 *DN*32	个	39.63	—	0.403	0.019
	给水室内不锈钢管卡压管件 *DN*40	个	53.08	—	0.120	—
	给水室内不锈钢管卡压管件 *DN*50	个	87.93	—	0.101	—

工作内容:管道及零件安装、管卡及管件安装、水压试验、消毒冲洗、管道保温。　　**计量单位:**点

定　额　编　号				4-1-194	4-1-195	4-1-196
项　　目				不锈钢管氩弧焊连接—热水		
				住宅	办公楼	宾馆
基　价（元）				**330.77**	**356.70**	**219.04**
其中	人　工　费（元）			56.03	51.57	36.86
	材　料　费（元）			264.81	295.79	175.67
	机　械　费（元）			9.93	9.34	6.51
名　称		单位	单价(元)	消　耗　量		
人工	二类人工	工日	135.00	0.415	0.382	0.273
材料	给水室内氩弧焊薄壁不锈钢管件 *DN*15	个	8.04	3.192	0.617	2.172
	不锈钢管(卡压式) *DN*15	m	15.40	2.347	0.454	1.597
	不锈钢管(卡压式) *DN*20	m	26.95	1.933	2.495	1.104
	不锈钢管(卡压式) *DN*25	m	34.65	0.868	0.631	0.651
	不锈钢管(卡压式) *DN*32	m	49.28	—	0.424	0.020
	不锈钢管(卡压式) *DN*40	m	63.14	—	0.159	—
	不锈钢管(卡压式) *DN*50	m	73.15	—	0.158	—
	给水室内氩弧焊薄壁不锈钢管件 *DN*20	个	13.03	2.187	2.823	1.250
	给水室内氩弧焊薄壁不锈钢管件 *DN*25	个	16.97	0.946	0.688	0.710
	给水室内氩弧焊薄壁不锈钢管件 *DN*32	个	35.66	—	0.403	0.019
	给水室内氩弧焊薄壁不锈钢管件 *DN*40	个	47.77	—	0.120	—
	给水室内氩弧焊薄壁不锈钢管件 *DN*50	个	79.14	—	0.101	—

工作内容:切管、调直、管道及零件安装、灌水试验、刷油。 **计量单位**:点

定额编号					4-1-197	4-1-198
项目					排水系统	
					承插塑料管	柔性抗震铸铁管
基价(元)					**91.40**	**573.36**
其中	人工费(元)				36.99	59.94
	材料费(元)				54.41	511.16
	机械费(元)				—	2.26
名称			单位	单价(元)	消耗量	
人工	二类人工		工日	135.00	0.274	0.444
材料	法兰压盖 *DN*75		个	36.21	—	0.885
	法兰压盖 *DN*100		个	56.03	—	2.707
	柔性抗震铸铁排水管 *DN*50		m	38.95	—	0.671
	柔性抗震铸铁排水管 *DN*75		m	55.89	—	0.542
	柔性抗震铸铁排水管 *DN*100		m	70.28	—	1.412
	橡胶密封圈(排水) *DN*50		个	4.31	—	1.078
	橡胶密封圈(排水) *DN*75		个	5.17	—	0.885
	橡胶密封圈(排水) *DN*100		个	6.81	—	2.707
	室内柔性排水铸铁管件(机械接口) *DN*50		个	20.34	—	0.498
	室内柔性排水铸铁管件(机械接口) *DN*75		个	31.64	—	0.393
	室内柔性排水铸铁管件(机械接口) *DN*100		个	62.70	—	1.203
	承插塑料排水管 *DN*50		m	4.31	0.304	—
	承插塑料排水管 *DN*75		m	8.55	1.284	—
	承插塑料排水管 *DN*100		m	14.87	0.619	—
	室内塑料排水管粘接管件 *DN*50		个	1.93	0.207	—
	室内塑料排水管粘接管件 *DN*75		个	4.20	1.159	—
	室内塑料排水管粘接管件 *DN*100		个	9.34	0.832	—
	室内塑料排水管粘接管件 *DN*150		个	23.26	0.405	—

五、室内雨水管道安装

工作内容：留堵洞眼、管道及管件安装、不锈钢吊架、管夹安装、雨水斗安装、灌水试验。　　**计量单位：**点

定额编号					4-1-199
项目					虹吸雨水管道安装
					HDPE 管
基价（元）					**3 755.45**
其中	人工费（元）				1 212.17
	材料费（元）				2 538.10
	机械费（元）				5.18
名称		单位	单价(元)		消耗量
人工	二类人工	工日	135.00		8.979
材料	虹吸式雨水斗	个	—		(1.000)
	室内虹吸式雨水管 HDPE *DN*75	m	14.30		0.530
	室内虹吸式雨水管 HDPE *DN*100	m	32.47		1.823
	室内虹吸式雨水管 HDPE *DN*150	m	69.54		10.950
	室内虹吸式雨水管 HDPE *DN*200	m	107.69		3.120
	室内虹吸式雨水管 HDPE *DN*250	m	167.90		1.100
	室内塑料雨水管电熔管件 *DN*75	个	10.97		0.383
	室内塑料雨水管电熔管件 *DN*100	个	34.04		2.404
	室内塑料雨水管电熔管件 *DN*150	个	61.35		3.417
	室内塑料雨水管电熔管件 *DN*200	个	75.39		1.533
	室内塑料雨水管电熔管件 *DN*250	个	96.72		2.447

工作内容：切口，留堵洞眼，阻火圈安装，粘接，管道、管件及管卡安装，雨水斗安装，灌水试验，通球试验。　　**计量单位：**10m

定额编号				4-1-200	4-1-201	4-1-202	4-1-203
项目				承插塑料雨水管－零件粘接(mm)			
				*DN*75	*DN*100	*DN*150	*DN*200
基价（元）				**143.66**	**269.69**	**393.98**	**518.02**
其中	人工费（元）			110.70	149.04	203.18	272.30
	材料费（元）			32.96	120.65	190.80	245.72
	机械费（元）			—	—	—	—
名称		单位	单价(元)	消耗量			
人工	二类人工	工日	135.00	0.820	1.104	1.505	2.017
材料	塑料雨水管	m	—	(9.900)	(9.500)	(9.750)	(9.470)

六、室外给水管道安装

工作内容:切管、套丝、调直、管道及管件安装、水压试验、消毒冲洗。 **计量单位:**10m

定额编号				4-1-204	4-1-205	4-1-206
项目				镀锌管螺纹连接(mm 以内)		
				*DN*50	*DN*100	*DN*150
基价(元)				**61.60**	**126.12**	**279.26**
其中	人工费(元)			48.47	69.53	105.98
	材料费(元)			12.04	53.70	168.67
	机械费(元)			1.09	2.89	4.61
名称		单位	单价(元)	消耗量		
人工	二类人工	工日	135.00	0.359	0.515	0.785
材料	碳素结构钢镀锌焊接钢管	m	—	(10.150)	(10.130)	(10.130)
	给水室外镀锌钢管螺纹管件 *DN*15	个	1.21	0.304	—	—
	给水室外镀锌钢管螺纹管件 *DN*20	个	1.67	0.307	—	—
	给水室外镀锌钢管螺纹管件 *DN*25	个	2.59	0.326	—	—
	给水室外镀锌钢管螺纹管件 *DN*32	个	3.96	0.326	—	—
	给水室外镀锌钢管螺纹管件 *DN*40	个	5.80	0.316	—	—
	给水室外镀锌钢管螺纹管件 *DN*50	个	8.75	0.315	—	—
	给水室外镀锌钢管螺纹管件 *DN*65	个	16.08	—	0.581	—
	给水室外镀锌钢管螺纹管件 *DN*80	个	23.52	—	0.568	—
	给水室外镀锌钢管螺纹管件 *DN*100	个	39.29	—	0.554	—
	给水室外镀锌钢管螺纹管件 *DN*125	个	81.22	—	—	0.795
	给水室外镀锌钢管螺纹管件 *DN*150	个	112.00	—	—	0.755

工作内容:切管、坡口、调直、煨弯、挖眼接管、异径管制作、对口、焊接、管道及管件安装、水压试验、消毒冲洗、刷油。 **计量单位:**10m

定额编号				4-1-207	4-1-208	4-1-209
项目				焊接钢管焊接连接(mm 以内)		
				*DN*50	*DN*100	*DN*150
基价(元)				**93.37**	**159.14**	**275.68**
其中	人工费(元)			66.69	101.79	152.55
	材料费(元)			13.83	29.23	69.48
	机械费(元)			12.85	28.12	53.65
名称		单位	单价(元)	消耗量		
人工	二类人工	工日	135.00	0.494	0.754	1.130
材料	钢管	m	—	(10.150)	(10.150)	(10.000)
	给水室外钢管焊接管件 *DN*32	个	1.64	0.096	—	—
	给水室外钢管焊接管件 *DN*40	个	1.86	0.092	—	—
	给水室外钢管焊接管件 *DN*50	个	3.16	0.139	—	—
	给水室外钢管焊接管件 *DN*65	个	5.69	—	0.135	—
	给水室外钢管焊接管件 *DN*80	个	9.50	—	0.116	—
	给水室外钢管焊接管件 *DN*100	个	12.41	—	0.119	—
	给水室外钢管焊接管件 *DN*125	个	23.41	—	—	0.335
	给水室外钢管焊接管件 *DN*150	个	32.73	—	—	0.335

工作内容：切管、组对、预热、熔接、管道及管件安装、水压试验、消毒冲洗。　　计量单位：10m

定额编号					4-1-210	4-1-211
项目					塑料管热熔连接(mm 以内)	
					*DN*50	*DN*100
基价(元)					**48.35**	**180.05**
其中	人工费(元)				33.48	48.06
	材料费(元)				14.24	130.46
	机械费(元)				0.63	1.53
名称			单位	单价(元)	消耗量	
人工	二类人工		工日	135.00	0.248	0.356
材料	塑料给水管		m	—	(10.150)	(10.150)
	室外塑料给水管热熔管件 *DN*25		个	1.39	1.387	—
	室外塑料给水管热熔管件 *DN*32		个	2.48	0.503	—
	室外塑料给水管热熔管件 *DN*40		个	5.78	0.486	—
	室外塑料给水管热熔管件 *DN*50		个	10.23	0.478	—
	室外塑料给水管热熔管件 *DN*80		个	37.98	—	1.802
	室外塑料给水管热熔管件 *DN*100		个	59.05	—	0.928

工作内容：切管、调直、热熔零件、管道及管件安装、水压试验、消毒冲洗。　　计量单位：10m

定额编号					4-1-212	4-1-213	4-1-214
项目					塑料管粘接连接(mm 以内)		
					*DN*50	*DN*100	*DN*150
基价(元)					**45.22**	**99.20**	**159.93**
其中	人工费(元)				33.62	48.33	71.42
	材料费(元)				11.56	50.83	88.45
	机械费(元)				0.04	0.04	0.06
名称			单位	单价(元)	消耗量		
人工	二类人工		工日	135.00	0.249	0.358	0.529
材料	塑料给水管		m	—	(10.150)	(10.150)	(10.150)
	室外塑料给水管粘接管件 *DN*25		个	0.93	1.274	—	—
	室外塑料给水管粘接管件 *DN*32		个	1.44	0.444	—	—
	室外塑料给水管粘接管件 *DN*40		个	2.91	0.572	—	—
	室外塑料给水管粘接管件 *DN*50		个	5.26	0.562	—	—
	室外塑料给水管粘接管件 *DN*80		个	12.48	—	1.638	—
	室外塑料给水管粘接管件 *DN*100		个	19.66	—	1.092	—
	室外塑料给水管粘接管件 *DN*125		个	29.84	—	—	0.930
	室外塑料给水管粘接管件 *DN*150		个	48.97	—	—	0.870

工作内容:切管、调直、热熔零件、管道及管件安装、水压试验、消毒冲洗。 **计量单位**:10m

定额编号				4-1-215	4-1-216	4-1-217
项目				塑料管电熔连接(mm 以内)		
				*DN*50	*DN*100	*DN*150
基价(元)				**70.12**	**242.57**	**329.35**
其中	人工费(元)			48.60	66.29	81.00
	材料费(元)			18.85	172.18	243.22
	机械费(元)			2.67	4.10	5.13
名称		单位	单价(元)	消耗量		
人工	二类人工	工日	135.00	0.360	0.491	0.600
材料	塑料给水管	m	—	(10.150)	(10.150)	(10.150)
	室外塑料给水管电熔管件 *DN*25	个	1.80	1.274	—	—
	室外塑料给水管电熔管件 *DN*32	个	3.22	0.444	—	—
	室外塑料给水管电熔管件 *DN*40	个	7.52	0.572	—	—
	室外塑料给水管电熔管件 *DN*50	个	13.30	0.562	—	—
	室外塑料给水管电熔管件 *DN*80	个	49.38	—	1.638	—
	室外塑料给水管电熔管件 *DN*100	个	76.77	—	1.092	—
	室外塑料给水管电熔管件 *DN*125	个	115.00	—	—	0.930
	室外塑料给水管电熔管件 *DN*150	个	138.00	—	—	0.870

工作内容:切管、管道及管件安装、调制接口材料、接口养护、水压试验、消毒冲洗。 **计量单位**:10m

定额编号				4-1-218	4-1-219	4-1-220
项目				承插铸铁给水管 – 膨胀水泥接口(mm 以内)		
				*DN*100	*DN*200	*DN*300
基价(元)				**137.97**	**274.94**	**503.47**
其中	人工费(元)			91.67	137.84	163.62
	材料费(元)			45.02	118.18	282.93
	机械费(元)			1.28	18.92	56.92
名称		单位	单价(元)	消耗量		
人工	二类人工	工日	135.00	0.679	1.021	1.212
材料	承插铸铁给水管	m	—	(10.100)	(10.050)	(9.900)
	室外承插铸铁给水管件 *DN*75	个	22.60	0.535	—	—
	室外承插铸铁给水管件 *DN*100	个	42.26	0.535	—	—
	室外承插铸铁给水管件 *DN*150	个	71.01	—	0.505	—
	室外承插铸铁给水管件 *DN*200	个	122.00	—	0.490	—
	室外承插铸铁给水管件 *DN*250	个	206.00	—	—	0.460
	室外承插铸铁给水管件 *DN*300	个	326.00	—	—	0.440

工作内容：管口除沥青、切管、管道及管件安装、调制接口材料、接口养护、水压试验、消毒冲洗。　　**计量单位：**10m

定额编号					4-1-221	4-1-222
项目					承插铸铁给水管－膨胀水泥接口(mm以内)	
					*DN*400	*DN*500
基价（元）					**741.33**	**1 014.38**
其中	人工费（元）				173.88	251.64
	材料费（元）				484.22	669.78
	机械费（元）				83.23	92.96
	名称		单位	单价(元)	消耗量	
人工	二类人工		工日	135.00	1.288	1.864
材料	承插铸铁给水管		m	—	(9.900)	(9.850)
	室外承插铸铁给水管件 *DN*350		个	463.00	0.415	—
	室外承插铸铁给水管件 *DN*400		个	547.00	0.405	—
	室外承插铸铁给水管件 *DN*450		个	669.00	—	0.385
	室外承插铸铁给水管件 *DN*500		个	809.00	—	0.380

工作内容：切管、上胶圈、接口、管道安装、水压试验、消毒冲洗。　　**计量单位：**10m

定额编号					4-1-223	4-1-224	4-1-225
项目					承插铸铁给水管－胶圈连接(mm以内)		
					*DN*100	*DN*200	*DN*300
基价（元）					**169.53**	**316.06**	**599.10**
其中	人工费（元）				86.67	127.71	178.34
	材料费（元）				81.58	169.43	363.84
	机械费（元）				1.28	18.92	56.92
	名称		单位	单价(元)	消耗量		
人工	二类人工		工日	135.00	0.642	0.946	1.321
材料	承插铸铁给水管		m	—	(10.100)	(10.050)	(9.900)
	室外承插铸铁给水管件 *DN*100		个	42.26	1.070	—	—
	室外承插铸铁给水管件 *DN*150		个	71.01	—	0.505	—
	室外承插铸铁给水管件 *DN*200		个	122.00	—	0.490	—
	室外承插铸铁给水管件 *DN*250		个	206.00	—	—	0.460
	室外承插铸铁给水管件 *DN*300		个	326.00	—	—	0.440

工作内容:切管、上胶圈、接口、管道安装、水压试验、消毒冲洗。 **计量单位**:10m

定额编号				4-1-226	4-1-227
项目				承插铸铁给水管－胶圈连接(mm 以内)	
				*DN*400	*DN*500
基价(元)				**871.22**	**1 197.60**
其中	人工费(元)			189.27	273.92
	材料费(元)			598.72	830.72
	机械费(元)			83.23	92.96
名称		单位	单价(元)	消耗量	
人工	二类人工	工日	135.00	1.402	2.029
材料	承插铸铁给水管	m	—	(9.900)	(9.850)
	室外承插铸铁给水管件 *DN*350	个	463.00	0.415	—
	室外承插铸铁给水管件 *DN*400	个	547.00	0.405	—
	室外承插铸铁给水管件 *DN*450	个	669.00	—	0.385
	室外承插铸铁给水管件 *DN*500	个	809.00	—	0.380

工作内容:切管、调直、套丝、上零件、管道及管件安装、水压试验、消毒、冲洗。 **计量单位**:10m

定额编号				4-1-228	4-1-229	4-1-230
项目				室外钢塑给水管螺纹连接(mm 以内)		
				*DN*50	*DN*100	*DN*150
基价(元)				**76.59**	**189.24**	**433.62**
其中	人工费(元)			49.68	71.28	110.84
	材料费(元)			26.08	114.31	314.98
	机械费(元)			0.83	3.65	7.80
名称		单位	单价(元)	消耗量		
人工	二类人工	工日	135.00	0.368	0.528	0.821
材料	钢塑给水管	m	—	(10.150)	(10.150)	(10.150)
	室外钢塑给水管管件 *DN*15	个	3.74	0.285	—	—
	室外钢塑给水管管件 *DN*20	个	5.49	0.288	—	—
	室外钢塑给水管管件 *DN*25	个	7.77	0.288	—	—
	室外钢塑给水管管件 *DN*32	个	11.39	0.288	—	—
	室外钢塑给水管管件 *DN*40	个	13.53	0.372	—	—
	室外钢塑给水管管件 *DN*50	个	22.53	0.370	—	—
	室外钢塑给水管管件 *DN*65	个	38.51	—	0.528	—
	室外钢塑给水管管件 *DN*80	个	49.30	—	0.516	—
	室外钢塑给水管管件 *DN*100	个	88.57	—	0.652	—
	室外钢塑给水管管件 *DN*150	个	179.00	—	—	1.630

七、燃气管道安装

工作内容：干管、立管、支管及零件安装、支架制作安装及刷油、气压试验、严密性试验、空气吹扫。　　**计量单位：**点

定额编号				4-1-231	4-1-232
项目				燃气接驳口配管	
				一般用气点	实验室用气点
基价（元）				**153.09**	**611.31**
其中	人工费（元）			60.21	254.48
	材料费（元）			89.58	343.49
	机械费（元）			3.30	13.34
名称		单位	单价(元)	消耗量	
人工	二类人工	工日	135.00	0.446	1.885
材料	碳素结构钢镀锌焊接钢管 *DN*25×3.2	m	11.38	—	2.040
	碳素结构钢镀锌焊接钢管 *DN*32×3.5	m	14.69	1.520	9.900
	碳素结构钢镀锌焊接钢管 *DN*40×3.5	m	17.38	1.490	3.540
	碳素结构钢镀锌焊接钢管 *DN*50×3.8	m	22.12	0.490	1.440
	碳素结构钢镀锌焊接钢管 *DN*80×4.0	m	37.44	0.179	—
	碳素结构钢镀锌焊接钢管 *DN*100×4.0	m	48.99	0.030	—
	燃气室内镀锌钢管螺纹管件 *DN*25	个	3.16	—	1.683
	燃气室内镀锌钢管螺纹管件 *DN*32	个	4.99	1.240	8.078
	燃气室内镀锌钢管螺纹管件 *DN*40	个	6.20	1.165	2.784
	燃气室内镀锌钢管螺纹管件 *DN*50	个	10.65	0.387	1.136
	燃气室内镀锌钢管螺纹管件 *DN*80	个	26.60	0.095	—
	燃气室内镀锌钢管螺纹管件 *DN*100	个	50.04	0.013	—

第二节 民用管道配套工程

说 明

一、本节定额与第一节“民用管道工程”配套使用,包括成品防火套管安装,低压器具、水表组成与安装,卫生器具安装,给排水设备安装,阀门安装,共 5 个部分。

二、橡胶软接头、水过滤器执行阀门安装定额。

工程量计算规则

一、成品防火套管安装按不同管径,以“个”为计量单位。

二、减压器、疏水器按不同的连接方式和不同管径,以“组”为计量单位。

三、水表按不同的连接方式和不同管径,以“组”为计量单位。

四、水表箱安装按箱体容纳表位,以“个”为计量单位。

五、卫生器具以“组”或“个”为计量单位。

六、各种给排水设备安装项目除另有说明外,按设计图示规格、型号,均以“台”为计量单位。

七、变频、稳压、无负压给水设备按同一底座为一套设备,不分泵组出口管道公称直径,以“套”为计量单位。

八、太阳能集热装置区分平板、玻璃真空管型式,以“m^2”为计量单位。

九、地源热泵机组,以“组”为计量单位。

十、电热水器分挂式、立式安装,以“台”为计量单位。

十一、水箱安装项目按水箱设计容量,以“台”为计量单位。

十二、阀门安装以“个”为计量单位。

一、成品防火套管安装

工作内容：就位、固定、堵洞。　　　　**计量单位：**个

定额编号				4-2-1	4-2-2
项目				成品防火套管安装(mm 以内)	
				管外径 110	管外径 250
基价（元）				**29.02**	**52.06**
其中	人工费（元）			25.92	45.90
	材料费（元）			3.10	6.16
	机械费（元）			—	—
名称		单位	单价(元)	消耗量	
人工	二类人工	工日	135.00	0.192	0.340
材料	成品防火套管	个	—	(1.000)	(1.000)

二、低压器具、水表组成与安装

工作内容：切管、套丝、组对、安装、旁通管安装、水压试验。　　　　**计量单位：**组

定额编号				4-2-3	4-2-4
项目				减压器(螺纹连接)(mm 以内)	
				*DN*50	*DN*100
基价（元）				**538.64**	**1 341.18**
其中	人工费（元）			235.58	660.02
	材料费（元）			299.41	671.12
	机械费（元）			3.65	10.04
名称		单位	单价(元)	消耗量	
人工	二类人工	工日	135.00	1.745	4.889
材料	螺纹减压阀	个	—	(1.000)	(1.000)
	螺纹 Y 型过滤器	个	—	(1.000)	(1.000)
	螺纹挠性接头	个	—	(1.010)	(1.010)
	螺纹阀门	个	—	(3.030)	(3.030)
	碳素结构钢镀锌焊接钢管 *DN*20×2.8	m	7.90	0.260	—
	碳素结构钢镀锌焊接钢管 *DN*25×3.2	m	11.38	0.298	—
	碳素结构钢镀锌焊接钢管 *DN*32×3.5	m	14.69	0.351	—
	碳素结构钢镀锌焊接钢管 *DN*40×3.5	m	17.38	0.382	—
	碳素结构钢镀锌焊接钢管 *DN*50×3.8	m	22.12	0.399	—
	碳素结构钢镀锌焊接钢管 *DN*65×4.0	m	23.47	0.406	0.732
	碳素结构钢镀锌焊接钢管 *DN*80×4.0	m	37.44	—	0.932
	碳素结构钢镀锌焊接钢管 *DN*100×4.0	m	48.99	—	1.062
	截止阀 J11T-16K *DN*15	个	19.83	2.056	2.056
	弹簧压力表 Y-100 0~1.6MPa	只	56.03	2.030	2.030

工作内容:切管、套丝、组对、焊接、制垫、加垫、紧螺栓、安装、旁通管安装、水压试验。 **计量单位:**组

定额编号				4-2-5	4-2-6
项目				减压器(法兰连接)(mm 以内)	
				*DN*50	*DN*100
基价(元)				**482.54**	**1 160.17**
其中	人工费(元)			216.14	688.64
	材料费(元)			237.82	380.25
	机械费(元)			28.58	91.28
名称		单位	单价(元)	消耗量	
人工	二类人工	工日	135.00	1.601	5.101
材料	减压阀	个	—	(1.000)	(1.000)
	法兰式 Y 型过滤器	个	—	(1.000)	(1.000)
	法兰挠性接头	个	—	(1.000)	(1.000)
	碳钢平焊法兰	片	—	(4.000)	(4.000)
	法兰阀门	个	—	(3.000)	(3.000)
	碳素结构钢焊接钢管 *DN*20×2.8	m	5.73	0.260	—
	碳素结构钢焊接钢管 *DN*25×3.2	m	8.34	0.298	—
	碳素结构钢焊接钢管 *DN*32×3.5	m	8.09	0.351	—
	碳素结构钢焊接钢管 *DN*40×3.5	m	9.93	0.382	—
	碳素结构钢焊接钢管 *DN*50×3.8	m	12.62	0.399	—
	碳素结构钢焊接钢管 *DN*65×4.0	m	22.59	—	0.732
	碳素结构钢焊接钢管 *DN*80×4.0	m	28.45	—	0.931
	碳素结构钢焊接钢管 *DN*100×4.0	m	37.24	—	1.061
	截止阀 J11T-16K *DN*15	个	19.83	2.056	2.056
	弹簧压力表 Y-100 0~1.6MPa	只	56.03	2.030	2.030

工作内容：切管、套丝、组对、制垫、加垫、安装、旁通管安装、水压试验。　　计量单位：组

定额编号				4-2-7	4-2-8	4-2-9
项目				疏水器（螺纹连接）（mm）	疏水器（法兰连接）（mm）	
				DN50 以下		DN50 以上
基价（元）				**250.45**	**231.40**	**549.24**
其中	人工费（元）			102.33	69.66	176.31
	材料费（元）			144.89	113.61	251.61
	机械费（元）			3.23	48.13	121.32
名称		单位	单价(元)	消耗量		
人工	二类人工	工日	135.00	0.758	0.516	1.306
材料	螺纹疏水器	个	—	(1.000)	—	—
	螺纹 Y 型过滤器	个	—	(1.000)	—	—
	螺纹阀门	个	—	(3.030)	—	—
	法兰疏水器	个	—	—	(1.000)	(1.000)
	法兰式 Y 型过滤器	个	—	—	(1.000)	(1.000)
	法兰阀门	个	—	—	(3.000)	(3.000)
	碳钢平焊法兰	片	—	—	(6.000)	(6.000)
	碳素结构钢镀锌焊接钢管 *DN*15×2.8	m	6.07	0.770	—	—
	碳素结构钢镀锌焊接钢管 *DN*20×2.8	m	7.90	0.468	—	—
	碳素结构钢镀锌焊接钢管 *DN*25×3.2	m	11.38	0.460	—	—
	碳素结构钢镀锌焊接钢管 *DN*32×3.5	m	14.69	0.644	—	—
	碳素结构钢镀锌焊接钢管 *DN*40×3.5	m	17.38	0.560	—	—
	碳素结构钢焊接钢管 *DN*15×2.8	m	4.40	—	0.490	—
	碳素结构钢焊接钢管 *DN*20×2.8	m	5.73	—	0.794	0.466
	碳素结构钢焊接钢管 *DN*25×3.2	m	8.34	—	0.514	0.132
	碳素结构钢焊接钢管 *DN*32×3.5	m	8.09	—	0.538	—
	碳素结构钢焊接钢管 *DN*40×3.5	m	9.93	—	0.517	0.334
	碳素结构钢焊接钢管 *DN*50×3.8	m	12.62	—	—	0.875
	碳素结构钢焊接钢管 *DN*65×4.0	m	22.59	—	—	1.271
	碳素结构钢焊接钢管 *DN*80×4.0	m	28.45	—	—	1.115
	截止阀 J11T－16K *DN*15	个	19.83	2.020	2.020	2.020

工作内容：切管、套丝、水表安装、阀门安装、水压试验。　　计量单位：组

定额编号				4-2-10	4-2-11
项目				螺纹水表（mm 以下）	
				*DN*32	*DN*50
基价（元）				**35.30**	**55.92**
其中	人工费（元）			29.30	44.82
	材料费（元）			5.27	10.09
	机械费（元）			0.73	1.01
名称		单位	单价(元)	消耗量	
人工	二类人工	工日	135.00	0.217	0.332
材料	螺纹阀门	个	—	(1.010)	(1.010)
	螺纹水表	只	—	(1.000)	(1.000)

工作内容:切管,法兰焊接,制垫,加垫,水表、止回阀、阀门安装,上螺栓,水压试验。 **计量单位**:组

定额编号				4-2-12	4-2-13	4-2-14
项目				焊接法兰水表(无旁通管)(mm)		
				*DN*80 以下	*DN*150 以下	*DN*150 以上
基价(元)				**191.38**	**362.27**	**1 142.45**
其中	人工费(元)			129.33	243.54	545.27
	材料费(元)			48.92	97.02	263.38
	机械费(元)			13.13	21.71	333.80
名称		单位	单价(元)	消耗量		
人工	二类人工	工日	135.00	0.958	1.804	4.039
材料	法兰水表	只	—	(1.000)	(1.000)	(1.000)
	法兰挠性接头	个	—	(1.000)	(1.000)	(1.000)
	碳钢平焊法兰	片	—	(2.000)	(2.000)	(2.000)
	闸阀	个	—	(2.000)	(2.000)	(2.000)
	止回阀	个	—	(1.000)	(1.000)	(1.000)

工作内容:场内搬运、嵌墙修凿、找正找平。 **计量单位**:个

定额编号				4-2-15	4-2-16
项目				住宅嵌墙水表箱安装(表以内)	
				2	4
基价(元)				**32.79**	**61.96**
其中	人工费(元)			26.87	49.82
	材料费(元)			5.00	10.53
	机械费(元)			0.92	1.61
名称		单位	单价(元)	消耗量	
人工	二类人工	工日	135.00	0.199	0.369
材料	水表箱	台	—	(1.000)	(1.000)

三、卫生器具安装

工作内容:盆及附件安装、上下管连接、试水。 **计量单位**:10 组

定额编号				4-2-17	4-2-18	4-2-19	4-2-20
项目				浴盆安装	净身盆安装	洗脸盆安装	
				冷热水		冷水	冷热水
基价(元)				**776.72**	**455.12**	**394.60**	**498.14**
其中	人工费(元)			661.10	365.31	304.29	380.97
	材料费(元)			115.62	89.81	90.31	117.17
	机械费(元)			—	—	—	—
名称		单位	单价(元)	消耗量			
人工	二类人工	工日	135.00	4.897	2.706	2.254	2.822
材料	浴盆	套	—	(10.100)	—	—	—
	净身盆	套	—	—	(10.100)	—	—
	洗脸盆	套	—	—	—	(10.100)	(10.100)

工作内容:器具安装、托架安装、上下管连接、试水。　　**计量单位**:10组

定额编号				4-2-21	4-2-22	4-2-23	4-2-24
项目				洗涤盆安装	化验盆安装	成套淋浴器安装	
				单嘴	双联	冷水	冷热水
基价(元)				**333.62**	**319.15**	**80.39**	**199.38**
其中	人工费(元)			256.77	273.38	48.47	140.00
	材料费(元)			76.85	45.77	31.92	59.38
	机械费(元)			—	—	—	—
名称		单位	单价(元)	消耗量			
人工	二类人工	工日	135.00	1.902	2.025	0.359	1.037
材料	洗涤盆	套	—	(10.100)	—	—	—
	化验盆	套	—	—	(10.100)	—	—
	成品淋浴器(含固定件)	套	—	—	—	(10.100)	(10.100)

工作内容:大便器与水箱及附件安装、上下管连接、试水。　　**计量单位**:10组

定额编号				4-2-25	4-2-26
项目				大便器安装	
				蹲式	坐式
基价(元)				**600.10**	**519.10**
其中	人工费(元)			341.55	439.43
	材料费(元)			258.55	79.67
	机械费(元)			—	—
名称		单位	单价(元)	消耗量	
人工	二类人工	工日	135.00	2.530	3.255
材料	蹲便器	套	—	(10.100)	—
	坐便器	套	—	—	(10.100)

工作内容:小便器安装、感应式冲洗器安装、上下管连接、试水。　　**计量单位**:10组

定额编号				4-2-27	4-2-28	4-2-29	4-2-30
项目				小便器安装			
				普通挂式	感应式(挂式)	普通立式	感应式(立式)
基价(元)				**289.82**	**333.79**	**326.01**	**361.54**
其中	人工费(元)			199.26	267.71	238.28	298.89
	材料费(元)			90.56	66.08	87.73	62.65
	机械费(元)			—	—	—	—
名称		单位	单价(元)	消耗量			
人工	二类人工	工日	135.00	1.476	1.983	1.765	2.214
材料	小便器	套	—	(10.100)	(10.100)	(10.100)	(10.100)

工作内容:上水嘴、试水。　　**计量单位**:10 个

定额编号				4-2-31
项目				水龙头安装
				普通
基价(元)				**17.80**
其中	人工费(元)			16.61
	材料费(元)			1.19
	机械费(元)			—
名称		单位	单价(元)	消耗量
人工	二类人工	工日	135.00	0.123
材料	水嘴	个	—	(10.100)

工作内容:地漏安装、与下水管连接、试水。　　**计量单位**:10 个

定额编号				4-2-32	4-2-33
项目				地漏安装(mm)	
				*DN*75 以下	*DN*75 以上
基价(元)				**161.50**	**290.69**
其中	人工费(元)			158.09	284.31
	材料费(元)			3.41	6.38
	机械费(元)			—	—
名称		单位	单价(元)	消耗量	
人工	二类人工	工日	135.00	1.171	2.106
材料	地漏	个	—	(10.100)	(10.100)

工作内容:扫除口安装、与下水管连接、试水。　　**计量单位**:10 个

定额编号				4-2-34	4-2-35
项目				地面扫除口安装(mm)	
				*DN*75 以下	*DN*75 以上
基价(元)				**53.77**	**69.86**
其中	人工费(元)			50.36	64.40
	材料费(元)			3.41	5.46
	机械费(元)			—	—
名称		单位	单价(元)	消耗量	
人工	二类人工	工日	135.00	0.373	0.477
材料	地面扫除口	个	—	(10.100)	(10.100)

四、给排水设备安装

工作内容:基础定位、开箱检查、基础铲平麻面、成套设备安装、单机试运转。 **计量单位**:套

定额编号				4-2-36	4-2-37	4-2-38
项目				变频给水设备安装	稳压给水设备安装	无负压给水设备安装
基价(元)				**2 791.58**	**2 731.14**	**2 783.37**
其中	人工费(元)			1 328.81	1 257.39	1 292.49
	材料费(元)			166.79	165.54	182.67
	机械费(元)			1 295.98	1 308.21	1 308.21
名称		单位	单价(元)	消耗量		
人工	二类人工	工日	135.00	9.843	9.314	9.574
材料	变频给水设备	套	—	(1.000)	—	—
	稳压给水设备	套	—	—	(1.000)	—
	无负压给水设备	套	—	—	—	(1.000)

工作内容:1. 气压罐安装:外观检查、罐体及其配套的部件、附件安装、就位、充水、试压、调试。
2. 太阳能集热装置安装:开箱检查、集热板稳固、安装、与进出水管连接、通水试验。
3. 地源(水源、气源)热泵机组安装:基础验收、开箱检查、设备及附件就位、固定、垫铁焊接、单机试运转。 **计量单位**:见表

定额编号				4-2-39	4-2-40	4-2-41	4-2-42
项目				气压罐安装	太阳能集热装置		地源(水源、气源)热泵机组安装
					平板式	全玻璃真空管	
计量单位				台	m^2	m^2	组
基价(元)				**1 205.58**	**64.15**	**127.10**	**3 626.47**
其中	人工费(元)			572.40	33.35	47.25	2 451.60
	材料费(元)			97.74	2.51	3.58	467.16
	机械费(元)			535.44	28.29	76.27	707.71
名称		单位	单价(元)	消耗量			
人工	二类人工	工日	135.00	4.240	0.247	0.350	18.160
材料	气压罐	台	—	(1.000)	—	—	—
	太阳能集热装置	m^2	—	—	(1.000)	(1.000)	—
	地源(水源、气源)热泵机组	组	—	—	—	—	(1.000)

工作内容:基础验收、开箱检查、设备及附件就位、固定、单机试运转。 **计量单位**:台

定额编号				4-2-43
项目				除砂器安装
基价(元)				**434.13**
其中	人工费(元)			379.49
	材料费(元)			35.20
	机械费(元)			19.44
名称		单位	单价(元)	消耗量
人工	二类人工	工日	135.00	2.811
材料	除砂器	台	—	(1.000)

工作内容:外观检查、设备安装、接管、通水试验。 **计量单位**:台

定额编号				4-2-44	4-2-45
项目				水处理器安装(螺纹连接)	水处理器安装(法兰连接)
基价(元)				**79.67**	**610.63**
其中	人工费(元)			60.89	439.97
	材料费(元)			18.78	96.54
	机械费(元)			—	74.12
名称		单位	单价(元)	消耗量	
人工	二类人工	工日	135.00	0.451	3.259
材料	水处理器	台	—	(1.000)	(1.000)
	平焊法兰	片	—	—	(2.000)

工作内容:外观检查、设备就位、设备以及附件安装、接管、调试。 **计量单位**:台

定额编号				4-2-46	4-2-47	4-2-48
项目				水箱自洁器安装	水质净化器安装	紫外线杀菌设备安装
基价(元)				**102.69**	**901.49**	**462.63**
其中	人工费(元)			101.25	413.91	166.59
	材料费(元)			1.44	22.63	21.99
	机械费(元)			—	464.95	274.05
名称		单位	单价(元)	消耗量		
人工	二类人工	工日	135.00	0.750	3.066	1.234
材料	水箱自洁器	台	—	(1.000)	—	—
	水质净化器	台	—	—	(1.000)	—
	紫外线杀菌设备	台	—	—	—	(1.000)

工作内容:就位、稳固、附件安装、水压试验。 **计量单位**:台

定额编号				4-2-49	4-2-50	4-2-51
项目				蒸汽间断式开水炉安装	电热水器安装(挂式)	电热水器安装(立式)
基价(元)				**137.29**	**91.34**	**209.34**
其中	人工费(元)			134.46	82.62	199.40
	材料费(元)			2.83	8.72	9.94
	机械费(元)			—	—	—
名称		单位	单价(元)	消耗量		
人工	二类人工	工日	135.00	0.996	0.612	1.477
材料	蒸汽间断式开水炉	台	—	(1.000)	—	—
	电热水器	台	—	—	(1.000)	(1.000)

工作内容：就位、稳固、附件安装、水压试验。　　　　**计量单位：**台

定额编号				4-2-52	4-2-53	4-2-54	4-2-55
项目				立式电开水炉安装	空气能热水器安装	容器式热交换器安装	消毒器安装（湿式）
基价（元）				**70.75**	**107.52**	**631.84**	**58.50**
其中	人工费（元）			66.56	99.90	509.63	52.52
	材料费（元）			4.19	7.62	34.17	5.98
	机械费（元）			—	—	88.04	—
名称		单位	单价(元)	消耗量			
人工	二类人工	工日	135.00	0.493	0.740	3.775	0.389
材料	电开水炉	台	—	(1.000)	—	—	—
	空气能热水器	台	—	—	(1.000)	—	—
	容器式水加热器	台	—	—	—	(1.000)	—
	湿式消毒器	台	—	—	—	—	(1.000)

工作内容：就位、找平找正、附件安装、调试。　　　　**计量单位：**台

定额编号				4-2-56	4-2-57	4-2-58
项目				消毒器安装（干式）	消毒锅安装	直饮水设备安装
基价（元）				**86.69**	**116.29**	**774.39**
其中	人工费（元）			78.44	110.30	460.62
	材料费（元）			8.25	5.99	109.62
	机械费（元）			—	—	204.15
名称		单位	单价(元)	消耗量		
人工	二类人工	工日	135.00	0.581	0.817	3.412
材料	干式消毒器	台	—	(1.000)	—	—
	消毒锅	台	—	—	(1.000)	—
	直饮水设备	台	—	—	—	(1.000)

工作内容：稳固、找平、找正、安装、调距、上零件、消毒、清洗、满水试验。　　　　**计量单位：**台

定额编号				4-2-59	4-2-60	4-2-61	4-2-62	4-2-63
项目				整体水箱安装（总容量 m^3 以内）				
				3	15	35	60	100
基价（元）				**314.45**	**652.99**	**927.42**	**1 171.48**	**4 227.59**
其中	人工费（元）			184.55	362.75	480.87	585.09	1 983.96
	材料费（元）			49.99	111.19	202.79	293.17	662.95
	机械费（元）			79.91	179.05	243.76	293.22	1 580.68
名称		单位	单价(元)	消耗量				
人工	二类人工	工日	135.00	1.367	2.687	3.562	4.334	14.696
材料	整体水箱	台	—	(1.000)	(1.000)	(1.000)	(1.000)	(1.000)

注：未计价主材——水。

工作内容:1. 塑料模块蓄水水箱安装:定位、模块卸车、搬运、模块拼装、固定、渗水试验。
2. 一体式雨水中水处理设备安装:基础定位、开箱检查、设备及其配套的部件、附件整体安装、单机试运转。

计量单位:台

定额编号				4-2-64	4-2-65	4-2-66	4-2-67	4-2-68
项目				塑料模块蓄水水箱(容积 m^3 以内)				一体式雨水中水处理设备
				50	100	200	300	
基价(元)				**556.67**	**909.36**	**2 154.34**	**3 183.45**	**3 774.61**
其中	人工费(元)			444.42	684.86	1 706.40	2 511.00	2 764.13
	材料费(元)			—	—	—	—	155.97
	机械费(元)			112.25	224.50	447.94	672.45	854.51
名称		单位	单价(元)	消耗量				
人工	二类人工	工日	135.00	3.292	5.073	12.640	18.600	20.475
材料	塑料模块蓄水水箱(含配件)	台	—	(1.000)	(1.000)	(1.000)	(1.000)	—
	一体式雨水中水处理设备	台	—	—	—	—	—	(1.000)

注:未计价主材——水。

五、阀门安装

工作内容:切管、套丝、阀门连接、水压试验。

计量单位:个

定额编号				4-2-69	4-2-70
项目				螺纹阀安装(mm 以内)	
				*DN*50	*DN*100
基价(元)				**20.70**	**94.37**
其中	人工费(元)			11.61	47.39
	材料费(元)			8.62	45.49
	机械费(元)			0.47	1.49
名称		单位	单价(元)	消耗量	
人工	二类人工	工日	135.00	0.086	0.351
材料	螺纹阀门	个	—	(1.010)	(1.010)

工作内容:切管、焊接法兰、阀门连接、制垫、加垫、紧螺栓、水压试验。

计量单位:个

定额编号				4-2-71	4-2-72	4-2-73	4-2-74
项目				焊接法兰阀安装(mm 以内)			
				*DN*100	*DN*150	*DN*200	*DN*250
基价(元)				**106.51**	**172.84**	**299.10**	**452.06**
其中	人工费(元)			56.16	89.78	137.03	155.66
	材料费(元)			36.35	62.52	95.48	191.40
	机械费(元)			14.00	20.54	66.59	105.00
名称		单位	单价(元)	消耗量			
人工	二类人工	工日	135.00	0.416	0.665	1.015	1.153
材料	法兰阀门	个	—	(1.000)	(1.000)	(1.000)	(1.000)
	平焊法兰	片	—	(2.000)	(2.000)	(2.000)	(2.000)

工作内容：切管、焊接法兰、阀门连接、制垫、加垫、紧螺栓、水压试验。　　**计量单位**：个

定额编号				4-2-75	4-2-76	4-2-77
项目				焊接法兰阀安装(mm 以内)		
				DN300	DN350	DN400
基价(元)				**500.47**	**733.03**	**799.32**
其中	人工费(元)			181.85	222.48	270.68
	材料费(元)			195.98	377.21	382.90
	机械费(元)			122.64	133.34	145.74
名称		单位	单价(元)	消耗量		
人工	二类人工	工日	135.00	1.347	1.648	2.005
材料	法兰阀门	个	—	(1.000)	(1.000)	(1.000)
	平焊法兰	片	—	(2.000)	(2.000)	(2.000)

工作内容：切管、沟槽法兰短管安装、阀门连接、制垫、加垫、紧螺栓、水压试验。　　**计量单位**：个

定额编号				4-2-78	4-2-79
项目				法兰阀门安装(沟槽法兰短管连接)(mm 以内)	
				DN100	DN200
基价(元)				**144.48**	**227.68**
其中	人工费(元)			81.14	123.12
	材料费(元)			36.09	53.66
	机械费(元)			27.25	50.90
名称		单位	单价(元)	消耗量	
人工	二类人工	工日	135.00	0.601	0.912
材料	卡箍连接件(含胶圈)	套	—	(2.000)	(2.000)
	沟槽法兰短管	个	—	(2.000)	(2.000)
	法兰阀门	个	—	(1.000)	(1.000)

工作内容：阀门安装、水压试验。　　**计量单位**：个

定额编号				4-2-80	4-2-81
项目				沟槽式阀门安装(mm 以内)	
				DN100	DN200
基价(元)				**42.08**	**176.15**
其中	人工费(元)			38.34	169.16
	材料费(元)			3.74	6.99
	机械费(元)			—	—
名称		单位	单价(元)	消耗量	
人工	二类人工	工日	135.00	0.284	1.253
材料	沟槽阀门	个	—	(1.000)	(1.000)
	沟槽式夹箍	套	—	(2.000)	(2.000)

第三节　工业管道安装工程

说　　明

一、本节定额适用于本省新建、扩建工业建筑项目中厂区范围内的车间、装置、站、罐区及其相互之间各种生产用介质输送管道的安装工程,包括低压管道、中压管道、阀门安装,共 3 个部分。

二、管道公称压力分为低、中、高三个压力等级,其等级范围划分如下:

低压　$P \leqslant 1.6$MPa

中压　$1.6\text{MPa} < P \leqslant 10$MPa

高压　$P > 10$MPa

考虑我省的实际情况,本节定额仅列入低、中压管道,若为高压管道,执行《浙江省通用安装工程预算定额》(2018 版)的相应项目。

三、本节定额工作内容包括:

1. 管道安装包括:管道安装、管件连接、管口焊缝热处理、无损探伤、焊口局部充氩保护焊接、管道液压试验、吹(冲)洗、清洗、气密性试验、管道支架制作与安装、管道及支架的除锈刷油等工作内容。

2. 阀门安装包括法兰安装与阀门安装,适用于低压阀门安装,若为中压阀门,定额基价乘以系数 1.20。

四、本节定额工作内容不包括:

1. 阀门的单独压力试验、解体检查与清洗、研磨等。

2. 管道的保温、保冷。

3. 管道的脱脂、化学清洗。

4. 管道的静电接地。

5. 管道支架未包括弹簧和木垫的价格。

6. 配合单体试车的水、电、气及特殊气体的消耗。

工程量计算规则

一、各种管道,均按设计管道所示中心线长度,以“延长米”计算,不扣除阀门、管件所占长度。

二、管道安装以“m”为计量单位。

三、阀门安装以“个”为计量单位。

一、低 压 管 道

1. 碳钢管(螺纹连接)

工作内容:管子切口、坡口加工,套丝,管道、管件安装,管道、管件试压和清洗,支架制作、安装,管道、支架除锈刷油。

计量单位:10m

定额编号				4-3-1	4-3-2	4-3-3	4-3-4
项目				公称直径(mm 以内)			
				DN25	DN32	DN40	DN50
基价(元)				**257.26**	**291.86**	**332.33**	**394.21**
其中	人工费(元)			215.73	241.65	275.27	325.49
	材料费(元)			28.04	34.89	40.89	51.30
	机械费(元)			13.49	15.32	16.17	17.42
名称		单位	单价(元)	消耗量			
人工	二类人工	工日	135.00	1.598	1.790	2.039	2.411
材料	碳钢管	m	—	(10.000)	(10.000)	(10.000)	(10.000)
	低压碳钢螺纹连接管件	个	—	(8.019)	(8.019)	(8.019)	(8.019)

2. 碳钢板卷管(电弧焊)

工作内容:管子切口、坡口加工,焊接,管道、管件安装,管道、管件试压和清洗,支架制作、安装,管道、支架除锈刷油。

计量单位:10m

定额编号				4-3-5	4-3-6	4-3-7	4-3-8
项目				公称直径(mm 以内)			
				DN200	DN250	DN300	DN350
基价(元)				**993.04**	**1 344.80**	**1 676.94**	**2 037.67**
其中	人工费(元)			552.42	733.86	916.65	1 093.64
	材料费(元)			277.87	408.44	517.04	643.20
	机械费(元)			162.75	202.50	243.25	300.83
名称		单位	单价(元)	消耗量			
人工	二类人工	工日	135.00	4.092	5.436	6.790	8.101
材料	碳钢板卷管	m	—	(9.880)	(9.880)	(9.880)	(9.880)
	碳钢板卷管件	个	—	(2.000)	(2.000)	(2.000)	(2.000)

工作内容:管子切口、坡口加工,焊接,管道、管件安装,管道、管件试压和清洗,支架制作、安装,管道、支架除锈刷油。

计量单位:10m

定额编号				4-3-9	4-3-10	4-3-11	4-3-12
项目				公称直径(mm 以内)			
				*DN*400	*DN*450	*DN*500	*DN*600
基价(元)				**2 279.44**	**2 629.09**	**3 263.60**	**4 013.81**
其中	人工费(元)			1 227.15	1 406.70	1 747.58	2 047.95
	材料费(元)			715.27	841.44	1 061.63	1 343.78
	机械费(元)			337.02	380.95	454.39	622.08
名称		单位	单价(元)	消耗量			
人工	二类人工	工日	135.00	9.090	10.420	12.945	15.170
材料	碳钢板卷管	m	—	(9.880)	(9.780)	(9.780)	(9.780)
	碳钢板卷管件	个	—	(2.000)	(2.000)	(2.000)	(2.000)

工作内容:管子切口、坡口加工,焊接,管道、管件安装,管道、管件试压和清洗,支架制作、安装,管道、支架除锈刷油。

计量单位:10m

定额编号				4-3-13	4-3-14	4-3-15	4-3-16
项目				公称直径(mm 以内)			
				*DN*700	*DN*800	*DN*900	*DN*1 000
基价(元)				**4 711.99**	**5 909.34**	**6 670.43**	**7 418.39**
其中	人工费(元)			2 386.67	3 001.19	3 373.38	3 733.29
	材料费(元)			1 602.30	2 035.87	2 310.98	2 555.70
	机械费(元)			723.02	872.28	986.07	1 129.40
名称		单位	单价(元)	消耗量			
人工	二类人工	工日	135.00	17.679	22.231	24.988	27.654
材料	碳钢板卷管	m	—	(9.670)	(9.670)	(9.670)	(9.570)
	碳钢板卷管件	个	—	(2.000)	(2.000)	(2.000)	(2.000)

工作内容:管子切口、坡口加工,焊接,管道、管件安装,管道、管件试压和清洗,支架制作、安装,管道、支架除锈刷油。

计量单位:10m

定额编号				4-3-17	4-3-18	4-3-19
项目				公称直径(mm 以内)		
				*DN*1 200	*DN*1 400	*DN*1 600
基价(元)				**8 923.54**	**10 501.02**	**12 061.41**
其中	人工费(元)			4 464.45	5 237.46	5 941.22
	材料费(元)			3 059.89	3 602.37	4 178.31
	机械费(元)			1 399.20	1 661.19	1 941.88
名称		单位	单价(元)	消耗量		
人工	二类人工	工日	135.00	33.070	38.796	44.009
材料	碳钢板卷管	m	—	(9.570)	(9.570)	(9.360)
	碳钢板卷管件	个	—	(2.000)	(2.000)	(2.000)

3. 碳钢管(电弧焊)

工作内容：管子切口、坡口加工，焊接，管道、管件安装，无损探伤，管道、管件试压和清洗，支架制作、安装，管道、支架除锈刷油。

计量单位：10m

定额编号				4-3-20	4-3-21	4-3-22	4-3-23
项目				公称直径(mm 以内)			
				*DN*25	*DN*50	*DN*65	*DN*80
基价（元）				**337.13**	**419.06**	**532.54**	**581.20**
其中	人工费（元）			227.75	275.27	331.43	359.10
	材料费（元）			59.65	79.55	111.68	126.48
	机械费（元）			49.73	64.24	89.43	95.62
名称		单位	单价(元)	消耗量			
人工	二类人工	工日	135.00	1.687	2.039	2.455	2.660
材料	碳钢管	m	—	(9.720)	(9.570)	(9.570)	(9.570)
	碳钢管件	个	—	(3.800)	(3.150)	(3.150)	(2.770)

工作内容：管子切口、坡口加工，焊接，管道、管件安装，无损探伤，管道、管件试压和清洗，支架制作、安装，管道、支架除锈刷油。

计量单位：10m

定额编号				4-3-24	4-3-25	4-3-26	4-3-27
项目				公称直径(mm 以内)			
				*DN*100	*DN*125	*DN*150	*DN*200
基价（元）				**729.41**	**881.63**	**1 084.73**	**1 637.70**
其中	人工费（元）			414.59	489.24	598.32	863.33
	材料费（元）			153.33	211.58	256.37	405.21
	机械费（元）			161.49	180.81	230.04	369.16
名称		单位	单价(元)	消耗量			
人工	二类人工	工日	135.00	3.071	3.624	4.432	6.395
材料	碳钢管	m	—	(9.570)	(9.410)	(9.410)	(9.410)
	碳钢管件	个	—	(2.770)	(2.520)	(2.920)	(3.800)

工作内容：管子切口、坡口加工，焊接，管道、管件安装，无损探伤，管道、管件试压和清洗，支架制作、安装，管道、支架除锈刷油。

计量单位：10m

定额编号				4-3-28	4-3-29	4-3-30	4-3-31
项目				公称直径(mm 以内)			
				*DN*250	*DN*300	*DN*350	*DN*400
基价（元）				**2 088.65**	**2 508.86**	**2 973.48**	**3 261.43**
其中	人工费（元）			1 080.00	1 287.09	1 506.74	1 630.26
	材料费（元）			560.16	696.85	847.50	959.04
	机械费（元）			448.49	524.92	619.24	672.13
名称		单位	单价(元)	消耗量			
人工	二类人工	工日	135.00	8.000	9.534	11.161	12.076
材料	碳钢管	m	—	(9.360)	(9.360)	(9.360)	(9.360)
	碳钢管件	个	—	(2.930)	(2.950)	(2.920)	(2.780)

工作内容:管子切口、坡口加工,焊接,管道、管件安装,无损探伤,管道、管件试压和清洗,支架制作、安装,管道、支架除锈刷油。

计量单位:10m

定额编号				4-3-32	4-3-33
项目				公称直径(mm 以内)	
				*DN*450	*DN*500
基价(元)				**3 951.53**	**4 790.64**
其中	人工费(元)			1 957.91	2 382.08
	材料费(元)			1 197.94	1 493.88
	机械费(元)			795.68	914.68
名称		单位	单价(元)	消耗量	
人工	二类人工	工日	135.00	14.503	17.645
材料	碳钢管	m	—	(9.250)	(9.250)
	碳钢管件	个	—	(2.780)	(2.780)

4. 碳钢管(氩电联焊)

工作内容:管子切口、坡口加工,焊接,管道、管件安装,无损探伤,管道、管件试压和清洗,支架制作、安装,管道、支架除锈刷油。

计量单位:10m

定额编号				4-3-34	4-3-35	4-3-36	4-3-37
项目				公称直径(mm 以内)			
				*DN*25	*DN*50	*DN*65	*DN*80
基价(元)				**343.93**	**444.68**	**548.67**	**599.51**
其中	人工费(元)			234.09	285.39	345.20	374.63
	材料费(元)			62.89	81.60	115.85	131.19
	机械费(元)			46.95	77.69	87.62	93.69
名称		单位	单价(元)	消耗量			
人工	二类人工	工日	135.00	1.734	2.114	2.557	2.775
材料	碳钢管	m	—	(9.720)	(9.570)	(9.570)	(9.570)
	碳钢管件	个	—	(3.800)	(3.150)	(3.150)	(2.770)

工作内容:管子切口、坡口加工,焊接,管道、管件安装,无损探伤,管道、管件试压和清洗,支架制作、安装,管道、支架除锈刷油。

计量单位:10m

定额编号				4-3-38	4-3-39	4-3-40	4-3-41
项目				公称直径(mm 以内)			
				*DN*100	*DN*125	*DN*150	*DN*200
基价(元)				**769.57**	**911.43**	**1 128.57**	**1 722.18**
其中	人工费(元)			440.78	508.01	611.82	885.60
	材料费(元)			159.36	218.65	260.80	413.48
	机械费(元)			169.43	184.77	255.95	423.10
名称		单位	单价(元)	消耗量			
人工	二类人工	工日	135.00	3.265	3.763	4.532	6.560
材料	碳钢管	m	—	(9.570)	(9.410)	(9.410)	(9.410)
	碳钢管件	个	—	(2.770)	(2.520)	(2.920)	(3.800)

工作内容:管子切口、坡口加工,焊接,管道、管件安装,无损探伤,管道、管件试压和清洗,支架制作、安装,管道、支架除锈刷油。

计量单位:10m

定额编号				4-3-42	4-3-43	4-3-44	4-3-45
项目				公称直径(mm 以内)			
				*DN*250	*DN*300	*DN*350	*DN*400
基价(元)				**2 200.63**	**2 639.41**	**3 126.40**	**3 436.29**
其中	人工费(元)			1 110.51	1 324.76	1 558.31	1 681.83
	材料费(元)			570.04	706.84	848.43	970.68
	机械费(元)			520.08	607.81	719.66	783.78
名称		单位	单价(元)	消耗量			
人工	二类人工	工日	135.00	8.226	9.813	11.543	12.458
材料	碳钢管	m	—	(9.360)	(9.360)	(9.360)	(9.360)
	碳钢管件	个	—	(2.930)	(2.950)	(2.920)	(2.780)

工作内容:管子切口、坡口加工,焊接,管道、管件安装,无损探伤,管道、管件试压和清洗,支架制作、安装,管道、支架除锈刷油。

计量单位:10m

定额编号				4-3-46	4-3-47
项目				公称直径(mm 以内)	
				*DN*450	*DN*500
基价(元)				**4 162.25**	**5 025.53**
其中	人工费(元)			2 020.68	2 451.74
	材料费(元)			1 210.97	1 507.83
	机械费(元)			930.60	1 065.96
名称		单位	单价(元)	消耗量	
人工	二类人工	工日	135.00	14.968	18.161
材料	碳钢管	m	—	(9.250)	(9.250)
	碳钢管件	个	—	(2.780)	(2.780)

5. 合金钢管(氩电联焊)

工作内容:光谱分析,管子切口、坡口加工,焊口局部充氩保护,焊接,管道、管件安装,管子焊口热处理,无损探伤,管道、管件试压和清洗,支架制作、安装,管道、支架除锈刷油。

计量单位:10m

定额编号				4-3-48	4-3-49	4-3-50	4-3-51
项目				公称直径(mm 以内)			
				*DN*25	*DN*50	*DN*65	*DN*80
基价(元)				**426.59**	**525.25**	**656.01**	**869.66**
其中	人工费(元)			297.14	351.95	428.63	552.56
	材料费(元)			74.95	94.24	127.49	167.04
	机械费(元)			54.50	79.06	99.89	150.06
名称		单位	单价(元)	消耗量			
人工	二类人工	工日	135.00	2.201	2.607	3.175	4.093
材料	合金钢管	m	—	(9.840)	(9.840)	(9.840)	(9.530)
	合金钢管件	个	—	(4.370)	(3.350)	(3.350)	(4.970)

工作内容:光谱分析,管子切口、坡口加工,焊口局部充氩保护,焊接,管道、管件安装,管子焊口热处理,无损探伤,管道、管件试压和清洗,支架制作、安装,管道、支架除锈刷油。 **计量单位**:10m

定额编号				4-3-52	4-3-53	4-3-54	4-3-55
项目				公称直径(mm 以内)			
				DN100	DN125	DN150	DN200
基价(元)				**1 204.07**	**1 247.16**	**1 559.30**	**2 020.81**
其中	人工费(元)			733.73	735.75	883.98	1 119.02
	材料费(元)			235.38	267.19	327.30	469.09
	机械费(元)			234.96	244.22	348.02	432.70
	名称	单位	单价(元)	消耗量			
人工	二类人工	工日	135.00	5.435	5.450	6.548	8.289
材料	合金钢管	m	—	(9.530)	(9.530)	(9.380)	(9.380)
	合金钢管件	个	—	(4.770)	(3.600)	(4.700)	(3.800)

工作内容:光谱分析,管子切口、坡口加工,焊口局部充氩保护,焊接,管道、管件安装,管子焊口热处理,无损探伤,管道、管件试压和清洗,支架制作、安装,管道、支架除锈刷油。 **计量单位**:10m

定额编号				4-3-56	4-3-57	4-3-58	4-3-59
项目				公称直径(mm 以内)			
				DN250	DN300	DN350	DN400
基价(元)				**2 527.51**	**2 755.49**	**3 252.32**	**3 560.58**
其中	人工费(元)			1 365.80	1 495.67	1 711.40	1 864.22
	材料费(元)			658.93	774.53	953.25	1 041.06
	机械费(元)			502.78	485.29	587.67	655.30
	名称	单位	单价(元)	消耗量			
人工	二类人工	工日	135.00	10.117	11.079	12.677	13.809
材料	合金钢管	m	—	(9.380)	(9.380)	(9.380)	(9.380)
	合金钢管件	个	—	(2.740)	(1.830)	(1.830)	(1.830)

工作内容:光谱分析,管子切口、坡口加工,焊口局部充氩保护,焊接,管道、管件安装,管子焊口热处理,无损探伤,管道、管件试压和清洗,支架制作、安装,管道、支架除锈刷油。 **计量单位**:10m

定额编号				4-3-60	4-3-61
项目				公称直径(mm 以内)	
				DN450	DN500
基价(元)				**4 360.41**	**5 236.01**
其中	人工费(元)			2 227.10	2 696.63
	材料费(元)			1 350.89	1 640.39
	机械费(元)			782.42	898.99
	名称	单位	单价(元)	消耗量	
人工	二类人工	工日	135.00	16.497	19.975
材料	合金钢管	m	—	(9.380)	(9.380)
	合金钢管件	个	—	(1.830)	(1.830)

6. 不锈钢卷板管(氩电联焊)

工作内容:管子切口、坡口加工,焊口局部充氩保护,焊接,管道、管件安装,焊缝钝化,管道、管件试压和清洗,支架制作、安装,支架除锈刷油。

计量单位:10m

定额编号					4-3-62	4-3-63	4-3-64
项目					公称直径(mm以内)		
					DN200	DN250	DN300
基价(元)					**1 239.47**	**1 663.03**	**2 037.07**
其中	人工费(元)				647.87	858.60	1 048.82
	材料费(元)				289.92	428.88	537.54
	机械费(元)				301.68	375.55	450.71
名称		单位	单价(元)		消耗量		
人工	二类人工	工日	135.00		4.799	6.360	7.769
材料	不锈钢板卷管	m	—		(9.980)	(9.980)	(9.980)
	不锈钢板卷管件	个	—		(2.000)	(2.000)	(2.000)

工作内容:管子切口、坡口加工,焊口局部充氩保护,焊接,管道、管件安装,焊缝钝化,管道、管件试压和清洗,支架制作、安装,支架除锈刷油。

计量单位:10m

定额编号				4-3-65	4-3-66
项目				公称直径(mm以内)	
				DN350	DN400
基价(元)				**2 262.15**	**2 516.66**
其中	人工费(元)			1 164.78	1 294.79
	材料费(元)			632.95	700.94
	机械费(元)			464.42	520.93
名称		单位	单价(元)	消耗量	
人工	二类人工	工日	135.00	8.628	9.591
材料	不锈钢板卷管	m	—	(9.880)	(9.880)
	不锈钢板卷管件	个	—	(1.500)	(1.500)

7. 不锈钢管(氩电联焊)

工作内容:管子切口、坡口加工,焊口局部充氩保护,焊接,管道、管件安装,焊缝无损探伤,焊缝钝化,管道、管件试压和清洗,支架制作、安装及除锈刷油。

计量单位:10m

定额编号				4-3-67	4-3-68	4-3-69	4-3-70
项目				公称直径(mm以内)			
				DN25	DN50	DN65	DN80
基价(元)				**463.08**	**638.47**	**779.41**	**837.75**
其中	人工费(元)			321.03	413.51	499.64	522.05
	材料费(元)			80.33	112.80	147.33	160.72
	机械费(元)			61.72	112.16	132.44	154.98
名称		单位	单价(元)	消耗量			
人工	二类人工	工日	135.00	2.378	3.063	3.701	3.867
材料	不锈钢管	m	—	(9.840)	(9.740)	(9.740)	(9.530)
	不锈钢管件	个	—	(5.100)	(4.900)	(4.800)	(4.600)

工作内容:管子切口、坡口加工,焊口局部充氩保护,焊接,管道、管件安装,焊缝无损探伤,焊缝钝化,管道、管件试压和清洗,支架制作、安装及除锈刷油。

计量单位:10m

定额编号				4-3-71	4-3-72	4-3-73	4-3-74
项目				公称直径(mm 以内)			
				*DN*100	*DN*125	*DN*150	*DN*200
基价(元)				**897.38**	**988.34**	**1 160.58**	**2 226.40**
其中	人工费(元)			529.61	565.38	637.07	1 171.13
	材料费(元)			174.50	209.77	262.47	562.97
	机械费(元)			193.27	213.19	261.04	492.30
名称		单位	单价(元)	消耗量			
人工	二类人工	工日	135.00	3.923	4.188	4.719	8.675
材料	不锈钢管	m	—	(9.530)	(9.530)	(9.380)	(9.380)
	不锈钢管件	个	—	(2.990)	(2.370)	(2.370)	(3.470)

工作内容:管子切口、坡口加工,焊口局部充氩保护,焊接,管道、管件安装,焊缝无损探伤,焊缝钝化,管道、管件试压和清洗,支架制作、安装及除锈刷油。

计量单位:10m

定额编号				4-3-75	4-3-76
项目				公称直径(mm 以内)	
				*DN*250	*DN*300
基价(元)				**3 245.54**	**3 855.95**
其中	人工费(元)			1 597.46	1 837.08
	材料费(元)			885.77	1 089.20
	机械费(元)			762.31	929.67
名称		单位	单价(元)	消耗量	
人工	二类人工	工日	135.00	11.833	13.608
材料	不锈钢管	m	—	(9.380)	(9.380)
	不锈钢管件	个	—	(4.200)	(4.200)

8. 成品衬里钢管安装(法兰连接)

工作内容:管口组对,法兰连接,管道、管件安装,支架制作、安装,管道试压和清洗,管道、支架除锈刷油。

计量单位:10m

定额编号				4-3-77	4-3-78	4-3-79	4-3-80
项目				公称直径(mm 以内)			
				*DN*32	*DN*50	*DN*65	*DN*80
基价(元)				**261.89**	**353.66**	**424.30**	**475.55**
其中	人工费(元)			232.07	294.98	335.21	371.39
	材料费(元)			21.29	46.50	73.31	86.26
	机械费(元)			8.53	12.18	15.78	17.90
名称		单位	单价(元)	消耗量			
人工	二类人工	工日	135.00	1.719	2.185	2.483	2.751
材料	成品衬里管道	m	—	(10.000)	(10.000)	(10.000)	(10.000)

工作内容：管口组对，法兰连接，管道、管件安装，支架制作、安装，管道试压和清洗，管道、支架除锈刷油。

计量单位：10m

定额编号				4-3-81	4-3-82	4-3-83	4-3-84
项目				公称直径(mm以内)			
				*DN*100	*DN*125	*DN*150	*DN*200
基价（元）				**580.75**	**697.43**	**808.67**	**1 157.89**
其中	人工费（元）			436.32	493.83	566.46	780.57
	材料费（元）			110.28	163.21	195.40	304.64
	机械费（元）			34.15	40.39	46.81	72.68
名称		单位	单价(元)	消耗量			
人工	二类人工	工日	135.00	3.232	3.658	4.196	5.782
材料	成品衬里管道	m	—	(10.000)	(10.000)	(10.000)	(10.000)

工作内容：管口组对，法兰连接，管道、管件安装，支架制作、安装，管道试压和清洗，管道、支架除锈刷油。

计量单位：10m

定额编号				4-3-85	4-3-86	4-3-87	4-3-88
项目				公称直径(mm以内)			
				*DN*250	*DN*300	*DN*350	*DN*400
基价（元）				**1 578.20**	**1 926.66**	**2 217.10**	**2 456.69**
其中	人工费（元）			1 035.72	1 253.61	1 406.57	1 558.04
	材料费（元）			441.25	550.38	666.68	739.06
	机械费（元）			101.23	122.67	143.85	159.59
名称		单位	单价(元)	消耗量			
人工	二类人工	工日	135.00	7.672	9.286	10.419	11.541
材料	成品衬里管道	m	—	(10.000)	(10.000)	(10.000)	(10.000)

工作内容：管口组对，法兰连接，管道、管件安装，支架制作、安装，管道试压和清洗，管道、支架除锈刷油。

计量单位：10m

定额编号				4-3-89	4-3-90
项目				公称直径(mm以内)	
				*DN*450	*DN*500
基价（元）				**2 953.42**	**3 647.32**
其中	人工费（元）			1 821.83	2 228.99
	材料费（元）			938.23	1 176.76
	机械费（元）			193.36	241.57
名称		单位	单价(元)	消耗量	
人工	二类人工	工日	135.00	13.495	16.511
材料	成品衬里管道	m	—	(10.000)	(10.000)

9. 塑料管(热熔对接)

工作内容:管材清理及外观检查,切管口、坡口,管口组对,热熔连接,管道、管件安装,支架制作、安装及除锈刷油,管道试压和清洗。

计量单位:10m

定额编号				4-3-91	4-3-92	4-3-93	4-3-94
项目				塑料管(热熔对接)安装(mm 以内)			
				*DN*20	*DN*40	*DN*65	*DN*80
基价(元)				**843.19**	**1 678.34**	**2 331.19**	**2 975.96**
其中	人工费(元)			292.55	523.26	699.98	882.90
	材料费(元)			16.70	34.88	61.31	71.42
	机械费(元)			533.94	1 120.20	1 569.90	2 021.64
	名称	单位	单价(元)	消耗量			
人工	二类人工	工日	135.00	2.167	3.876	5.185	6.540
材料	塑料管	m	—	(10.000)	(10.000)	(10.000)	(10.000)
	塑料管件	个	—	(24.000)	(21.500)	(19.400)	(19.400)

工作内容:管材清理及外观检查,切管口、坡口,管口组对,热熔连接,管道、管件安装,支架制作、安装及除锈刷油,管道试压和清洗。

计量单位:10m

定额编号				4-3-95	4-3-96	4-3-97	4-3-98
项目				塑料管(热熔对接)安装(mm 以内)			
				*DN*100	*DN*125	*DN*150	*DN*200
基价(元)				**3 479.59**	**3 907.03**	**4 361.23**	**5 270.92**
其中	人工费(元)			1 004.00	1 236.47	1 252.40	1 816.16
	材料费(元)			88.93	134.93	160.72	262.11
	机械费(元)			2 386.66	2 535.63	2 948.11	3 192.65
	名称	单位	单价(元)	消耗量			
人工	二类人工	工日	135.00	7.437	9.159	9.277	13.453
材料	塑料管	m	—	(10.000)	(10.000)	(10.000)	(10.000)
	塑料管件	个	—	(17.700)	(17.700)	(14.100)	(14.100)

工作内容:管材清理及外观检查,切管口、坡口,管口组对,热熔连接,管道、管件安装,支架制作、安装及除锈刷油,管道试压和清洗。

计量单位:10m

定额编号				4-3-99	4-3-100	4-3-101	4-3-102
项目				塑料管(热熔对接)安装(mm 以内)			
				*DN*250	*DN*300	*DN*400	*DN*500
基价(元)				**6 062.33**	**7 073.64**	**7 552.88**	**9 339.02**
其中	人工费(元)			2 363.31	2 691.50	3 021.57	3 781.35
	材料费(元)			374.40	437.67	541.17	687.14
	机械费(元)			3 324.62	3 944.47	3 990.14	4 870.53
	名称	单位	单价(元)	消耗量			
人工	二类人工	工日	135.00	17.506	19.937	22.382	28.010
材料	塑料管	m	—	(10.000)	(10.000)	(10.000)	(10.000)
	塑料管件	个	—	(11.200)	(11.200)	(9.000)	(9.000)

10. 塑料管(承插粘接)

工作内容:管材清理及外观检查,管子切口,组对,粘接,管道、管件安装,支架制作、安装及除锈刷油,管道试压和清洗。

计量单位:10m

定额编号				4-3-103	4-3-104	4-3-105
项目				公称直径(mm 以内)		
				*DN*20	*DN*40	*DN*65
基价(元)				**192.28**	**327.22**	**472.18**
其中	人工费(元)			165.24	268.38	378.81
	材料费(元)			18.51	46.66	77.12
	机械费(元)			8.53	12.18	16.25
名称		单位	单价(元)	消耗量		
人工	二类人工	工日	135.00	1.224	1.988	2.806
材料	承插塑料管	m	—	(10.000)	(10.000)	(10.000)
	承插塑料管件	个	—	(24.000)	(21.500)	(19.400)

工作内容:管材清理及外观检查,管子切口,组对,粘接,管道、管件安装,支架制作、安装及除锈刷油,管道试压和清洗。

计量单位:10m

定额编号				4-3-106	4-3-107	4-3-108
项目				公称直径(mm 以内)		
				*DN*80	*DN*100	*DN*125
基价(元)				**568.80**	**630.47**	**804.02**
其中	人工费(元)			441.45	484.92	604.13
	材料费(元)			94.15	111.74	161.56
	机械费(元)			33.20	33.81	38.33
名称		单位	单价(元)	消耗量		
人工	二类人工	工日	135.00	3.270	3.592	4.475
材料	承插塑料管	m	—	(10.000)	(10.000)	(10.000)
	承插塑料管件	个	—	(19.400)	(17.700)	(17.700)

工作内容:管材清理及外观检查,管子切口,组对,粘接,管道、管件安装,支架制作、安装及除锈刷油,管道试压和清洗。

计量单位:10m

定额编号				4-3-109	4-3-110	4-3-111
项目				公称直径(mm 以内)		
				*DN*150	*DN*200	*DN*250
基价(元)				**899.36**	**1 194.39**	**1 647.66**
其中	人工费(元)			661.10	832.28	1 115.78
	材料费(元)			192.66	295.94	434.83
	机械费(元)			45.60	66.17	97.05
名称		单位	单价(元)	消耗量		
人工	二类人工	工日	135.00	4.897	6.165	8.265
材料	承插塑料管	m	—	(10.000)	(10.000)	(10.000)
	承插塑料管件	个	—	(16.300)	(16.000)	(16.000)

二、中 压 管 道

1. 碳钢管(氩电联焊)

工作内容:管子切口、坡口加工,焊接,管道、管件安装,无损探伤,管道、管件试压和清洗,管架制作、安装,管道、管架除锈刷油。

计量单位:10m

定额编号				4-3-112	4-3-113	4-3-114	4-3-115
项目				公称直径(mm 以内)			
				DN25	DN50	DN65	DN80
基价 (元)				**1 265.80**	**1 392.02**	**1 520.98**	**1 632.07**
其中	人工费 (元)			751.55	818.78	888.03	951.75
	材料费 (元)			347.91	372.35	410.32	442.65
	机械费 (元)			166.34	200.89	222.63	237.67
	名称	单位	单价(元)	消耗量			
人工	二类人工	工日	135.00	5.567	6.065	6.578	7.050
材料	碳钢管	m	—	(9.720)	(9.570)	(9.570)	(9.570)
	碳钢对焊管件	个	—	(3.800)	(3.150)	(3.150)	(2.770)

工作内容:管子切口、坡口加工,焊接,管道、管件安装,无损探伤,管道、管件试压和清洗,管架制作、安装,管道、管架除锈刷油。

计量单位:10m

定额编号				4-3-116	4-3-117	4-3-118	4-3-119
项目				公称直径(mm 以内)			
				DN100	DN125	DN150	DN200
基价 (元)				**1 869.45**	**2 151.13**	**2 510.79**	**3 610.29**
其中	人工费 (元)			1 053.27	1 192.19	1 358.24	1 910.39
	材料费 (元)			495.02	593.60	688.62	983.93
	机械费 (元)			321.16	365.34	463.93	715.97
	名称	单位	单价(元)	消耗量			
人工	二类人工	工日	135.00	7.802	8.831	10.061	14.151
材料	碳钢管	m	—	(9.570)	(9.410)	(9.410)	(9.410)
	碳钢管件	个	—	(2.770)	(2.520)	(2.920)	(3.800)

工作内容:管子切口、坡口加工,焊接,管道、管件安装,无损探伤,管道、管件试压和清洗,管架制作、安装,管道、管架除锈刷油。

计量单位:10m

定额编号				4-3-120	4-3-121	4-3-122	4-3-123
项目				公称直径(mm 以内)			
				DN250	DN300	DN350	DN400
基价 (元)				**4 119.43**	**4 670.64**	**5 319.46**	**5 808.69**
其中	人工费 (元)			2 155.95	2 397.87	2 673.95	2 881.04
	材料费 (元)			1 164.28	1 355.83	1 565.24	1 697.96
	机械费 (元)			799.20	916.94	1 080.27	1 229.69
	名称	单位	单价(元)	消耗量			
人工	二类人工	工日	135.00	15.970	17.762	19.807	21.341
材料	碳钢管	m	—	(9.360)	(9.360)	(9.360)	(9.360)
	碳钢管件	个	—	(2.930)	(2.950)	(2.920)	(2.780)

工作内容：管子切口、坡口加工，焊接，管道、管件安装，无损探伤，管道、管件试压和清洗，管架制作、安装，管道、管架除锈刷油。　　**计量单位**：10m

定额编号				4-3-124	4-3-125
项目				公称直径(mm 以内)	
				*DN*450	*DN*500
基价（元）				**6 782.44**	**8 016.94**
其中	人工费（元）			3 320.06	3 936.60
	材料费（元）			1 992.96	2 420.95
	机械费（元）			1 469.42	1 659.39
名称		单位	单价(元)	消耗量	
人工	二类人工	工日	135.00	24.593	29.160
材料	碳钢管	m	—	(9.250)	(9.250)
	碳钢管件	个	—	(2.780)	(2.780)

2. 合金钢管(氩电联焊)

工作内容：光谱分析，管子切口、坡口加工，焊口局部充氩保护，焊接，管道、管件安装，管子焊口热处理，无损探伤，管道、管件试压和清洗，支架制作、安装，管道、支架除锈刷油。　　**计量单位**：10m

定额编号				4-3-126	4-3-127	4-3-128	4-3-129
项目				公称直径(mm 以内)			
				*DN*25	*DN*50	*DN*65	*DN*80
基价（元）				**1 151.07**	**1 569.06**	**1 745.31**	**2 620.38**
其中	人工费（元）			713.88	939.06	1 040.58	1 526.18
	材料费（元）			289.59	404.85	447.94	679.67
	机械费（元）			147.60	225.15	256.79	414.53
名称		单位	单价(元)	消耗量			
人工	二类人工	工日	135.00	5.288	6.956	7.708	11.305
材料	合金钢管	m	—	(9.840)	(9.840)	(9.840)	(9.530)
	合金钢管件	个	—	(4.370)	(3.350)	(3.350)	(5.600)

工作内容：光谱分析，管子切口、坡口加工，焊口局部充氩保护，焊接，管道、管件安装，管子焊口热处理，无损探伤，管道、管件试压和清洗，支架制作、安装，管道、支架除锈刷油。　　**计量单位**：10m

定额编号				4-3-130	4-3-131	4-3-132	4-3-133
项目				公称直径(mm 以内)			
				*DN*100	*DN*125	*DN*150	*DN*200
基价（元）				**3 218.55**	**3 396.44**	**3 503.04**	**3 994.49**
其中	人工费（元）			1 826.42	1 913.76	1 941.03	2 170.80
	材料费（元）			817.77	888.49	922.90	1 078.79
	机械费（元）			574.36	594.19	639.11	744.90
名称		单位	单价(元)	消耗量			
人工	二类人工	工日	135.00	13.529	14.176	14.378	16.080
材料	合金钢管	m	—	(9.530)	(9.530)	(9.530)	(9.380)
	合金钢管件	个	—	(5.600)	(5.100)	(4.720)	(3.800)

工作内容:光谱分析,管子切口、坡口加工,焊口局部充氩保护,焊接,管道、管件安装,管子焊口热处理,无损探伤,管道、管件试压和清洗,支架制作、安装,管道、支架除锈刷油。 **计量单位**:10m

定额编号				4-3-134	4-3-135	4-3-136	4-3-137
项目				公称直径(mm 以内)			
				*DN*250	*DN*300	*DN*350	*DN*400
基价(元)				**4 202.83**	**4 573.34**	**5 036.22**	**5 610.55**
其中	人工费(元)			2 227.37	2 386.13	2 587.95	2 813.27
	材料费(元)			1 212.19	1 372.46	1 575.02	1 782.94
	机械费(元)			763.27	814.75	873.25	1 014.34
名称		单位	单价(元)	消耗量			
人工	二类人工	工日	135.00	16.499	17.675	19.170	20.839
材料	合金钢管	m	—	(9.380)	(9.380)	(9.380)	(9.380)
	合金钢管件	个	—	(2.740)	(2.280)	(1.830)	(1.830)

工作内容:光谱分析,管子切口、坡口加工,焊口局部充氩保护,焊接,管道、管件安装,管子焊口热处理,无损探伤,管道、管件试压和清洗,支架制作、安装,管道、支架除锈刷油。 **计量单位**:10m

定额编号				4-3-138	4-3-139
项目				公称直径(mm 以内)	
				*DN*450	*DN*500
基价(元)				**6 613.18**	**7 631.89**
其中	人工费(元)			3 201.66	3 723.03
	材料费(元)			2 150.25	2 491.20
	机械费(元)			1 261.27	1 417.66
名称		单位	单价(元)	消耗量	
人工	二类人工	工日	135.00	23.716	27.578
材料	合金钢管	m	—	(9.380)	(9.380)
	合金钢管件	个	—	(1.830)	(1.830)

3. 不锈钢管(氩电联焊)

工作内容:管子切口、坡口加工,焊口局部充氩保护,焊接,管道、管件安装,焊缝无损探伤,焊缝钝化,管道、管件试压和清洗,管架制作、安装,管架除锈刷油。 **计量单位**:10m

定额编号				4-3-140	4-3-141	4-3-142	4-3-143
项目				公称直径(mm 以内)			
				*DN*25 (氩弧焊)	*DN*50	*DN*65	*DN*80
基价(元)				**1 893.31**	**2 062.43**	**2 248.16**	**2 327.21**
其中	人工费(元)			1 126.98	1 209.06	1 307.34	1 348.25
	材料费(元)			516.46	544.97	587.30	606.56
	机械费(元)			249.87	308.40	353.52	372.40
名称		单位	单价(元)	消耗量			
人工	二类人工	工日	135.00	8.348	8.956	9.684	9.987
材料	不锈钢管	m	—	(9.840)	(9.740)	(9.740)	(9.530)
	不锈钢管件	个	—	(5.100)	(4.900)	(4.800)	(4.600)

工作内容：管子切口、坡口加工，焊口局部充氩保护，焊接，管道、管件安装，焊缝无损探伤，焊缝钝化，管道、管件试压和清洗，管架制作、安装，管架除锈刷油。　　**计量单位**：10m

定额编号				4-3-144	4-3-145	4-3-146	4-3-147
项目				公称直径(mm 以内)			
				*DN*100	*DN*125	*DN*150	*DN*200
基价（元）				**2 579.74**	**2 721.11**	**2 901.56**	**4 117.29**
其中	人工费（元）			1 438.83	1 517.81	1 585.31	2 130.17
	材料费（元）			698.99	746.07	810.92	1 214.14
	机械费（元）			441.92	457.23	505.33	772.98
名称		单位	单价(元)	消耗量			
人工	二类人工	工日	135.00	10.658	11.243	11.743	15.779
材料	不锈钢管	m	—	(9.530)	(9.530)	(9.380)	(9.380)
	不锈钢管件	个	—	(2.990)	(2.370)	(2.370)	(3.470)

工作内容：管子切口、坡口加工，焊口局部充氩保护，焊接，管道、管件安装，焊缝无损探伤，焊缝钝化，管道、管件试压和清洗，管架制作、安装，管架除锈刷油。　　**计量单位**：10m

定额编号				4-3-148	4-3-149
项目				公称直径(mm 以内)	
				*DN*250	*DN*300
基价（元）				**4 850.11**	**5 653.09**
其中	人工费（元）			2 425.95	2 668.55
	材料费（元）			1 510.17	1 857.39
	机械费（元）			913.99	1 127.15
名称		单位	单价(元)	消耗量	
人工	二类人工	工日	135.00	17.970	19.767
材料	不锈钢管	m	—	(9.380)	(9.380)
	不锈钢管件	个	—	(3.100)	(3.100)

三、阀门安装

工作内容：准备工作、阀门壳体压力试验、密封试验、管子切口、套丝、阀门安装。　　**计量单位**：个

定额编号				4-3-150	4-3-151
项目				螺纹阀安装(mm 以内)	
				*DN*50	*DN*100
基价（元）				**28.43**	**71.47**
其中	人工费（元）			23.76	63.86
	材料费（元）			3.40	5.85
	机械费（元）			1.27	1.76
名称		单位	单价(元)	消耗量	
人工	二类人工	工日	135.00	0.176	0.473
材料	螺纹阀门	个	—	(1.010)	(1.010)

工作内容:切管、焊接法兰、阀门壳体压力试验和密封试验、阀门安装、法兰连接、螺栓涂二硫化钼。 **计量单位**:个

定额编号				4-3-152	4-3-153	4-3-154	4-3-155
项目				焊接法兰阀安装(mm 以内)			
				*DN*100	*DN*150	*DN*200	*DN*250
基价(元)				**147.92**	**217.36**	**341.25**	**480.39**
其中	人工费(元)			75.47	109.76	178.07	256.64
	材料费(元)			31.68	50.92	77.42	114.31
	机械费(元)			40.77	56.68	85.76	109.44
名称		单位	单价(元)	消耗量			
人工	二类人工	工日	135.00	0.559	0.813	1.319	1.901
材料	法兰阀门	个	—	(1.000)	(1.000)	(1.000)	(1.000)
	碳钢平焊法兰	片	—	(2.000)	(2.000)	(2.000)	(2.000)

工作内容:切管、焊接法兰、阀门壳体压力试验和密封试验、阀门安装、法兰连接、螺栓涂二硫化钼。 **计量单位**:个

定额编号				4-3-156	4-3-157	4-3-158	4-3-159
项目				焊接法兰阀安装(mm 以内)			
				*DN*300	*DN*350	*DN*400	*DN*500
基价(元)				**562.57**	**661.94**	**871.18**	**1 124.63**
其中	人工费(元)			313.47	343.31	407.43	537.44
	材料费(元)			122.73	160.21	290.59	371.41
	机械费(元)			126.37	158.42	173.16	215.78
名称		单位	单价(元)	消耗量			
人工	二类人工	工日	135.00	2.322	2.543	3.018	3.981
材料	法兰阀门	个	—	(1.000)	(1.000)	(1.000)	(1.000)
	碳钢平焊法兰	片	—	(2.000)	(2.000)	(2.000)	(2.000)

工作内容:切管、焊接法兰、阀门壳体压力试验和密封试验、阀门安装、法兰连接、螺栓涂二硫化钼。 **计量单位**:个

定额编号				4-3-160	4-3-161	4-3-162	4-3-163
项目				焊接法兰阀安装(mm 以内)			
				*DN*600	*DN*700	*DN*800	*DN*900
基价(元)				**1 332.79**	**1 610.95**	**1 861.98**	**2 092.57**
其中	人工费(元)			659.88	837.41	999.54	1 161.00
	材料费(元)			392.19	455.91	473.78	492.08
	机械费(元)			280.72	317.63	388.66	439.49
名称		单位	单价(元)	消耗量			
人工	二类人工	工日	135.00	4.888	6.203	7.404	8.600
材料	法兰阀门	个	—	(1.000)	(1.000)	(1.000)	(1.000)
	碳钢平焊法兰	片	—	(2.000)	(2.000)	(2.000)	(2.000)

工作内容：切管、焊接法兰、阀门壳体压力试验和密封试验、阀门安装、法兰连接、螺栓涂二硫化钼。　　**计量单位：**个

定额编号				4-3-164	4-3-165	4-3-166	4-3-167
项目				焊接法兰阀安装(mm 以内)			
				*DN*1 000	*DN*1 200	*DN*1 400	*DN*1 600
基价（元）				**2 693.77**	**3 277.04**	**3 957.47**	**4 484.83**
其中	人工费（元）			1 348.52	1 717.74	2 032.83	2 339.28
	材料费（元）			775.37	902.28	1 063.48	1 216.62
	机械费（元）			569.88	657.02	861.16	928.93
名称		单位	单价(元)	消耗量			
人工	二类人工	工日	135.00	9.989	12.724	15.058	17.328
材料	法兰阀门	个	—	(1.000)	(1.000)	(1.000)	(1.000)
	碳钢平焊法兰	片	—	(2.000)	(2.000)	(2.000)	(2.000)

第四节　刷油、防腐、绝热工程

说　　明

一、本节定额适用于新建、扩建项目中的设备、管道、金属结构等的刷油、防腐、绝热工程。包括刷油及防腐、绝热工程,共 2 个部分。

二、如需要标志色环等零星刷油,执行本节定额相应项目,其人工乘以系数 2.00。

三、本节定额按安装场地内涂刷油漆考虑,如安装前集中刷油,人工乘以系数 0.45(暖气片除外)。如安装前集中喷涂,执行刷油子目人工乘以系数 0.45,材料乘以系数 1.16,增加喷涂机械电动空气压缩机 $3m^3/min$(其台班消耗量同调整后的合计工日消耗量)。

工程量计算规则

一、刷油工程:

工程量计算分别以“m^2”或“kg”为计量单位。

二、绝热工程:

1. 伴热管道、设备绝热工程量计算方法是:主绝热管道或设备的直径加伴热管道的直径、再加 10 ~ 20mm 的间隙作为计算的直径,即:$D = D_{主} + d_{伴} + (10 \sim 20)mm$。

2. 工程量计算分别以“m^3”“m^2”为计量单位。

一、刷油及防腐

1. 管道刷油及防腐

工作内容：调配，涂刷。　　　　计量单位：$10m^2$

定额编号				4-4-1	4-4-2	4-4-3	4-4-4
项目				热沥青		环氧富锌漆	有机硅耐热漆
				第一遍	第二遍	面漆一遍	
基价（元）				**171.46**	**79.75**	**21.74**	**24.61**
其中	人工费（元）			77.09	36.86	21.74	21.60
	材料费（元）			94.37	42.89	—	3.01
	机械费（元）			—	—	—	—
名称		单位	单价(元)	消耗量			
人工	二类人工	工日	135.00	0.571	0.273	0.161	0.160
材料	环氧富锌底漆（封闭漆）	kg	—	—	—	(2.760)	—
	有机硅耐热漆 W61－25	kg	—	—	—	—	(0.890)
	沥青	kg	2.67	28.070	12.630	—	—

工作内容：调配，涂刷。　　　　计量单位：$10m^2$

定额编号				4-4-5	4-4-6
项目				氯磺化聚乙烯漆	
				二底二中二面	增(减)一层中间层
基价（元）				**736.80**	**116.11**
其中	人工费（元）			484.11	77.09
	材料费（元）			56.56	6.33
	机械费（元）			196.13	32.69
名称		单位	单价(元)	消耗量	
人工	二类人工	工日	135.00	3.586	0.571
材料	氯磺化聚乙烯漆	kg	—	(12.100)	(1.700)

2. 金属结构刷油及防腐

工作内容:调配,涂刷。 **计量单位**:100kg

定额编号				4-4-7	4-4-8	4-4-9	4-4-10
项目				煤焦油沥青漆		环氧富锌漆一遍	有机硅耐热漆一遍
				第一遍	第二遍		
基价(元)				**21.51**	**21.31**	**25.37**	**29.50**
其中	人工费(元)			15.53	15.53	20.12	22.68
	材料费(元)			1.60	1.40	—	2.44
	机械费(元)			4.38	4.38	5.25	4.38
名称		单位	单价(元)	消耗量			
人工	二类人工	工日	135.00	0.115	0.115	0.149	0.168
材料	煤焦油沥青漆 L01-17	kg	—	(2.010)	(1.720)	—	—
	环氧富锌底漆(封闭漆)	kg	—	—	—	(1.318)	—
	有机硅耐热漆 W61-25	kg	—	—	—	—	(0.750)

工作内容:调配,涂刷。 **计量单位**:100kg

定额编号				4-4-11	4-4-12
项目				氯磺化聚乙烯漆	
				二底二中二面	增(减)一层中间层
基价(元)				**264.85**	**41.16**
其中	人工费(元)			206.82	33.21
	材料费(元)			31.78	3.57
	机械费(元)			26.25	4.38
名称		单位	单价(元)	消耗量	
人工	二类人工	工日	135.00	1.532	0.246
材料	氯磺化聚乙烯漆	kg	—	(6.860)	(0.990)

二、绝热工程

1. 硬质瓦块安装

工作内容:运料,割料,安装,捆扎,修理整平,抹缝。 **计量单位**:m^3

定额编号				4-4-13	4-4-14	4-4-15	4-4-16
项目				管道 ϕ57mm 以下		管道 ϕ133mm 以下	
				厚 50mm	厚 100mm	厚 50mm	厚 100mm
基价(元)				**517.28**	**245.45**	**285.96**	**163.24**
其中	人工费(元)			437.40	166.32	212.09	89.37
	材料费(元)			59.36	58.61	53.35	53.35
	机械费(元)			20.52	20.52	20.52	20.52
名称		单位	单价(元)	消耗量			
人工	二类人工	工日	135.00	3.240	1.232	1.571	0.662
材料	硬质瓦块	m^3	—	(1.060)	(1.060)	(1.060)	(1.060)

工作内容:运料,割料,安装,捆扎,修理整平,抹缝。 计量单位:m^3

定额编号				4-4-17	4-4-18	4-4-19	4-4-20
项目				管道 ϕ325mm 以下		管道 ϕ529mm 以下	
				厚 50mm	厚 100mm	厚 50mm	厚 100mm
基价(元)				267.25	147.64	248.42	141.91
其中	人工费(元)			194.13	74.52	175.50	68.99
	材料费(元)			52.60	52.60	52.40	52.40
	机械费(元)			20.52	20.52	20.52	20.52
名称		单位	单价(元)	消耗量			
人工	二类人工	工日	135.00	1.438	0.552	1.300	0.511
材料	硬质瓦块	m^3	—	(1.060)	(1.060)	(1.060)	(1.060)

工作内容:运料,割料,安装,捆扎,修理整平,抹缝。 计量单位:m^3

定额编号				4-4-21	4-4-22	4-4-23	4-4-24
项目				立式设备		卧式设备	
				厚 50mm	厚 100mm	厚 50mm	厚 100mm
基价(元)				549.24	302.46	611.97	331.98
其中	人工费(元)			463.46	216.68	525.69	245.70
	材料费(元)			65.26	65.26	65.76	65.76
	机械费(元)			20.52	20.52	20.52	20.52
名称		单位	单价(元)	消耗量			
人工	二类人工	工日	135.00	3.433	1.605	3.894	1.820
材料	硬质瓦块	m^3	—	(1.060)	(1.060)	(1.060)	(1.060)

2. 纤维类制品管壳安装

工作内容:运料,下料,安装,捆扎,修理整平。 计量单位:m^3

定额编号				4-4-25	4-4-26	4-4-27	4-4-28
项目				管道 ϕ57mm 以下		管道 ϕ133mm 以下	
				厚 50mm	厚 100mm	厚 50mm	厚 100mm
基价(元)				388.63	167.50	203.80	100.26
其中	人工费(元)			346.82	125.69	168.75	65.21
	材料费(元)			21.29	21.29	14.53	14.53
	机械费(元)			20.52	20.52	20.52	20.52
名称		单位	单价(元)	消耗量			
人工	二类人工	工日	135.00	2.569	0.931	1.250	0.483
材料	岩棉管壳	m^3	—	(1.030)	(1.030)	(1.030)	(1.030)

工作内容:运料,下料,安装,捆扎,修理整平。　　计量单位:m^3

定额编号				4-4-29	4-4-30	4-4-31	4-4-32
项目				管道 ϕ325mm 以下		管道 ϕ529mm 以下	
				厚 50mm	厚 100mm	厚 50mm	厚 100mm
基价 (元)				184.24	93.66	170.97	89.70
其中	人工费 (元)			149.04	58.46	134.87	53.60
	材料费 (元)			14.68	14.68	15.58	15.58
	机械费 (元)			20.52	20.52	20.52	20.52
名称		单位	单价(元)	消耗量			
人工	二类人工	工日	135.00	1.104	0.433	0.999	0.397
材料	岩棉管壳	m^3	—	(1.030)	(1.030)	(1.030)	(1.030)

工作内容:运料,下料,安装,捆扎,修理整平。　　计量单位:m^3

定额编号				4-4-33	4-4-34	4-4-35	4-4-36
项目				立式设备		卧式设备	
				厚 50mm	厚 100mm	厚 50mm	厚 100mm
基价 (元)				488.02	275.26	539.62	300.40
其中	人工费 (元)			411.89	199.13	463.19	223.97
	材料费 (元)			55.61	55.61	55.91	55.91
	机械费 (元)			20.52	20.52	20.52	20.52
名称		单位	单价(元)	消耗量			
人工	二类人工	工日	135.00	3.051	1.475	3.431	1.659
材料	岩棉板	m^3	—	(1.030)	(1.030)	(1.030)	(1.030)

3. 带铝箔离心玻璃棉粘贴安装

工作内容:运料,下料,涂刷,安装,缠铝箔,贴缝,包扎,修理整平。　　计量单位:m^3

定额编号				4-4-37	4-4-38	4-4-39	4-4-40
项目				管道 ϕ57mm 以下		管道 ϕ133mm 以下	
				厚 50mm	厚 100mm	厚 50mm	厚 100mm
基价 (元)				454.43	176.96	281.85	121.44
其中	人工费 (元)			371.25	134.60	217.76	82.49
	材料费 (元)			62.66	21.84	43.57	18.43
	机械费 (元)			20.52	20.52	20.52	20.52
名称		单位	单价(元)	消耗量			
人工	二类人工	工日	135.00	2.750	0.997	1.613	0.611
材料	带铝箔离心玻璃棉管壳	m^3	—	(1.030)	(1.030)	(1.030)	(1.030)

工作内容:运料,下料,涂刷,安装,缠铝箔,贴缝,包扎,修理整平。

计量单位:m³

定额编号				4-4-41	4-4-42	4-4-43	4-4-44
项目				管道 ϕ325mm 以下		管道 ϕ529mm 以下	
				厚 50mm	厚 100mm	厚 50mm	厚 100mm
基价(元)				208.90	95.00	190.80	91.56
其中	人工费(元)			155.52	59.00	138.51	56.03
	材料费(元)			32.86	15.48	31.77	15.01
	机械费(元)			20.52	20.52	20.52	20.52
名称		单位	单价(元)	消耗量			
人工	二类人工	工日	135.00	1.152	0.437	1.026	0.415
材料	带铝箔离心玻璃棉管壳	m³	—	(1.030)	(1.030)	(1.030)	(1.030)

工作内容:运料,下料,涂刷,安装,缠铝箔,贴缝,包扎,修理整平。

计量单位:m³

定额编号				4-4-45	4-4-46	4-4-47	4-4-48
项目				立式设备		卧式设备	
				厚 50mm	厚 100mm	厚 50mm	厚 100mm
基价(元)				510.04	261.00	549.32	286.38
其中	人工费(元)			370.04	159.03	409.32	184.41
	材料费(元)			119.48	81.45	119.48	81.45
	机械费(元)			20.52	20.52	20.52	20.52
名称		单位	单价(元)	消耗量			
人工	二类人工	工日	135.00	2.741	1.178	3.032	1.366
材料	带铝箔离心玻璃棉管壳	m³	—	(1.030)	(1.030)	(1.030)	(1.030)

4. 纤维类散状材料安装

工作内容:运料,拆包,铺絮,安装,捆扎,修理整平。

计量单位:m³

定额编号				4-4-49	4-4-50	4-4-51	4-4-52
项目				管道		立式设备	卧式设备
				ϕ325mm 以下	ϕ325mm 以上		
基价(元)				170.36	160.21	200.24	243.39
其中	人工费(元)			131.90	120.15	109.08	149.72
	材料费(元)			17.94	19.54	70.64	73.15
	机械费(元)			20.52	20.52	20.52	20.52
名称		单位	单价(元)	消耗量			
人工	二类人工	工日	135.00	0.977	0.890	0.808	1.109
材料	纤维类散状材料	m³	—	(1.030)	(1.030)	(1.030)	(1.030)

工作内容:运料,拆包,铺絮,安装,捆扎,修理整平。 **计量单位**:m^3

定额编号				4-4-53	4-4-54	4-4-55	4-4-56
项目				阀门 ϕ325mm 以下	阀门 ϕ325mm 以上	法兰 ϕ325mm 以下	法兰 ϕ325mm 以上
				厚 50mm			
基价(元)				**1 045.32**	**1 053.15**	**1 341.42**	**1 077.63**
其中	人工费(元)			978.21	982.53	1 267.79	1 004.00
	材料费(元)			46.59	50.10	53.11	53.11
	机械费(元)			20.52	20.52	20.52	20.52
名称		单位	单价(元)	消耗量			
人工	二类人工	工日	135.00	7.246	7.278	9.391	7.437
材料	纤维类散状材料	m^3	—	(1.030)	(1.030)	(1.030)	(1.030)

5. 橡塑保温管(板)安装

工作内容:运料,下料,涂刷,粘贴带,贴缝,修理整平。 **计量单位**:m^3

定额编号				4-4-57	4-4-58	4-4-59	4-4-60
项目				管道 ϕ57mm 以下	管道 ϕ133mm 以下	管道 ϕ325mm 以下	管道 ϕ529mm 以下
基价(元)				**536.21**	**507.28**	**389.14**	**352.52**
其中	人工费(元)			396.77	289.98	211.82	184.41
	材料费(元)			139.44	217.30	177.32	168.11
	机械费(元)			—	—	—	—
名称		单位	单价(元)	消耗量			
人工	二类人工	工日	135.00	2.939	2.148	1.569	1.366
材料	橡塑管壳	m^3	—	(1.030)	—	—	—
	橡塑板	m^3	—	—	(1.030)	(1.030)	(1.030)

6. 聚氨酯泡沫喷涂发泡安装

工作内容:运料,现场施工准备,配料,喷涂,修理整平。 **计量单位**:m^3

定额编号				4-4-61	4-4-62	4-4-63	4-4-64
项目				立式设备		卧式设备	
				厚 50mm 以下	厚 50mm 以上	厚 50mm 以下	厚 50mm 以上
基价(元)				**344.81**	**335.63**	**377.48**	**354.80**
其中	人工费(元)			235.85	226.67	268.52	245.84
	材料费(元)			47.50	47.50	47.50	47.50
	机械费(元)			61.46	61.46	61.46	61.46
名称		单位	单价(元)	消耗量			
人工	二类人工	工日	135.00	1.747	1.679	1.989	1.821
材料	可发性聚氨酯泡沫塑料	kg	—	(62.500)	(62.500)	(62.500)	(62.500)

7. 硅酸盐类涂抹材料安装

工作内容:运料,搅拌均匀,涂抹安装,找平压光。 **计量单位:**10m²

定额编号					4-4-65	4-4-66
项目					管道	
					厚 50mm 以下	厚 80mm 以下
基价(元)					**273.11**	**324.09**
其中	人工费(元)				237.20	286.47
	材料费(元)				1.71	3.42
	机械费(元)				34.20	34.20
名称			单位	单价(元)	消耗量	
人工	二类人工		工日	135.00	1.757	2.122
材料	硅酸盐涂抹材料		m^3	—	(0.406)	(0.816)

工作内容:运料,搅拌均匀,涂抹安装,找平压光。 **计量单位:**10m²

定额编号				4-4-67	4-4-68	4-4-69	4-4-70
项目				阀门		法兰	
				厚 50mm 以下	厚 80mm 以下	厚 50mm 以下	厚 80mm 以下
基价(元)				**573.08**	**720.05**	**382.05**	**495.95**
其中	人工费(元)			537.17	682.43	346.14	458.33
	材料费(元)			1.71	3.42	1.71	3.42
	机械费(元)			34.20	34.20	34.20	34.20
名称		单位	单价(元)	消耗量			
人工	二类人工	工日	135.00	3.979	5.055	2.564	3.395
材料	硅酸盐涂抹材料	m^3	—	(0.406)	(0.816)	(0.406)	(0.816)

8. 防潮层、保护层安装

工作内容:卷布,缠布安装,绑扎铁线。 **计量单位:**10m²

定额编号				4-4-71	4-4-72	4-4-73	4-4-74
项目				玻璃布		麻袋布	
				管道	设备	管道	设备
基价(元)				**29.06**	**25.42**	**29.06**	**25.42**
其中	人工费(元)			28.89	25.25	28.89	25.25
	材料费(元)			0.17	0.17	0.17	0.17
	机械费(元)			—	—	—	—
名称		单位	单价(元)	消耗量			
人工	二类人工	工日	135.00	0.214	0.187	0.214	0.187
材料	玻璃纤维布 δ0.5	m^2	—	(14.000)	(14.000)	—	—
	麻袋布	m^2	—	—	—	(14.000)	(14.000)

工作内容:卷布、缠布安装、绑扎铁线。 **计量单位**:$10m^2$

定额编号				4-4-75	4-4-76	4-4-77	4-4-78
项目				塑料布		铁丝网	
				管道	设备	管道	设备
基价(元)				**29.06**	**25.42**	**78.38**	**60.43**
其中	人工费(元)			28.89	25.25	75.87	57.92
	材料费(元)			0.17	0.17	2.51	2.51
	机械费(元)			—	—	—	—
名称		单位	单价(元)	消耗量			
人工	二类人工	工日	135.00	0.214	0.187	0.562	0.429
材料	塑料布	m^2	—	(14.000)	(14.000)	—	—
	镀锌铁丝网 $\phi10\times10\times0.9$	m^2	—	—	—	(12.000)	(11.500)

工作内容:运料、下料、安装、上螺钉、贴缝。 **计量单位**:$10m^2$

定额编号				4-4-79	4-4-80	4-4-81
项目				铝箔复合玻璃钢		铝箔
				管道	设备	管道
基价(元)				**193.34**	**179.26**	**161.72**
其中	人工费(元)			140.40	128.12	86.81
	材料费(元)			52.94	51.14	74.91
	机械费(元)			—	—	—
名称		单位	单价(元)	消耗量		
人工	二类人工	工日	135.00	1.040	0.949	0.643
材料	铝箔复合玻璃钢	m^2	—	(12.000)	(12.000)	—
	胶黏剂 504	kg	22.41	1.800	1.800	—
	铝箔	m^2	5.34	—	—	14.000

工作内容:1. 运料、和灰、抹灰、压光。
2. 运料、剪切、卷板、起鼓、安装、上螺钉。 **计量单位**:$10m^2$

定额编号				4-4-82	4-4-83	4-4-84	4-4-85
项目				石棉水泥抹面		金属薄板钉口	
				管道	设备	管道	设备
基价(元)				**90.12**	**60.01**	**212.41**	**205.55**
其中	人工费(元)			86.81	56.70	151.47	147.29
	材料费(元)			0.43	0.43	15.62	15.50
	机械费(元)			2.88	2.88	45.32	42.76
名称		单位	单价(元)	消耗量			
人工	二类人工	工日	135.00	0.643	0.420	1.122	1.091
材料	抹面材料	m^3	—	(0.110)	(0.110)	—	—
	镀锌薄钢板 $\delta0.5$	m^2	—	—	—	(12.000)	(12.000)

第五章

消 防 工 程

章 说 明

一、本章定额包括水灭火系统安装、火灾自动报警系统安装、消防系统调试，共三节。

二、消防工程界限划分：

1. 消防水灭火系统室内外管道以距建筑物外墙皮1.5m为界，入口处设阀门者以阀门为界。

2. 消防泵房管道以泵房外墙皮为界。

3. 消防泵房管道、室外消防管道安装，阀门安装执行本定额第四章“管道安装工程”的相应定额子目。

三、管道穿墙、过楼板套管制作安装执行本定额第六章“通用项目和措施项目工程”中“一般穿墙套管制作、安装”的相应子目，其中过楼板套管制作、安装执行“一般穿墙套管制作、安装”相应子目时，主材按0.2m计，其余不变。

若设计要求穿楼板的管道要安装刚性防水套管，执行本定额第六章“通用项目和措施项目工程”中“刚性防水套管制作、安装”相应子目，基价乘以系数0.30。

四、气体灭火系统、泡沫灭火系统安装及调试执行《浙江省通用安装工程预算定额》(2018版)的相应定额子目。

第一节　水灭火系统安装

说　　明

一、本节定额包括消防喷淋管道安装、室内消火栓配管安装、消防炮管道安装、水灭火系统装置安装,共 4 个部分。

二、有关说明:

1. 消防管道安装定额均已包括了干(立)管及水平支管的安装。

2. 消防炮管道安装仅适用于额定流量小于或等于 5L/s 的消防炮,大于此流量的,按实调整。

3. 阀门安装执行本定额第四章“管道安装工程”的相应定额子目。

三、本节定额工作包括下列内容:

1. 管道及管件安装。

2. 管道支架制作安装。

3. 管道试压。

4. 管道支架刷油。

四、本节定额工作不包括下列内容:

1. 二次镀锌。

2. 管道刷油。

3. 各类套管制作安装。

工程量计算规则

一、消防喷淋管道安装定额包括消防喷淋系统室内管道安装,按喷淋头数量以“点”为计量单位。

二、室内消火栓管道安装定额包括消火栓系统室内管道安装,按消火栓箱数量以“套”为计量单位。

三、消防炮管道安装定额包括消防炮系统室内管道安装,按消防炮数量以“点”为计量单位。

四、湿式报警装置安装、温感水幕装置安装、末端试水装置安装以“组”为计量单位。

五、水流指示器安装、减压板安装以“个”为计量单位。

六、集热板安装、消火栓安装、水泵接合器安装以“套”为计量单位。

一、消防喷淋管道安装

工作内容：干（立）管、支管及零件安装，喷淋头安装，支架制作、安装及除锈刷油，水压试验，水冲洗，调试。

计量单位：点

定额编号				5-1-1	5-1-2
项目				喷淋配管	
				钢管螺纹连接	钢管沟槽式连接
基价（元）				**345.72**	**324.18**
其中	人工费（元）			154.31	152.82
	材料费（元）			169.01	153.06
	机械费（元）			22.40	18.30
名称		单位	单价(元)	消耗量	
人工	二类人工	工日	135.00	1.143	1.132
材料	喷头	个	—	(1.010)	(1.010)
	碳钢平焊法兰 1.6MPa *DN*150	片	75.69	0.120	—
	沟槽配件 *DN*150	个	158.00	—	0.050
	沟槽配件 *DN*200	个	372.00	—	0.040
	碳素结构钢镀锌焊接钢管 *DN*25×3.2	m	11.38	1.427	1.427
	碳素结构钢镀锌焊接钢管 *DN*32×3.5	m	14.69	0.774	0.774
	碳素结构钢镀锌焊接钢管 *DN*40×3.5	m	17.38	0.312	0.312
	碳素结构钢镀锌焊接钢管 *DN*50×3.8	m	22.12	0.251	0.251
	碳素结构钢焊接钢管 *DN*65×4.0	m	22.59	0.191	0.187
	碳素结构钢焊接钢管 *DN*80×4.0	m	28.45	0.171	0.168
	碳素结构钢焊接钢管 *DN*100×4.0	m	37.24	0.362	0.355
	碳素结构钢焊接钢管 *DN*150×4.5	m	62.41	0.314	0.316
	碳素结构钢焊接钢管 *DN*200×4.5	m	77.76	0.120	0.020
	室内镀锌钢管接头零件（消防）*DN*25	个	3.14	1.027	1.027
	室内镀锌钢管接头零件（消防）*DN*32	个	5.82	0.621	0.621
	室内镀锌钢管接头零件（消防）*DN*40	个	6.64	0.267	0.267
	室内镀锌钢管接头零件（消防）*DN*50	个	11.46	0.202	0.202
	室内镀锌钢管接头零件（消防）*DN*65	个	20.98	0.144	—
	室内镀锌钢管接头零件（消防）*DN*80	个	32.52	0.126	—
	室内镀锌钢管接头零件（消防）*DN*100	个	52.86	0.187	—

二、室内消火栓配管安装

工作内容:干(立)管、支管及零件安装,支架制作、安装及除锈刷油,水压试验,水冲洗。　　**计量单位**:套

定额编号				5-1-3	5-1-4	5-1-5
项目				消火栓配管		
				螺纹连接	钢管焊接连接	钢管沟槽式连接
基价(元)				**2 240.34**	**2 023.44**	**2 625.86**
其中	人工费(元)			644.63	559.85	650.84
	材料费(元)			1 478.58	1 324.72	1 880.86
	机械费(元)			117.13	138.87	94.16
名称		单位	单价(元)	消耗量		
人工	二类人工	工日	135.00	4.775	4.147	4.821
材料	碳素结构钢镀锌焊接钢管 *DN*50×3.8	m	22.12	0.161	0.161	0.161
	碳素结构钢镀锌焊接钢管 *DN*65×4.0	m	23.47	2.362	2.535	2.535
	碳素结构钢镀锌焊接钢管 *DN*80×4.0	m	37.44	1.377	1.384	1.384
	碳素结构钢镀锌焊接钢管 *DN*100×4.0	m	48.99	7.296	7.353	7.353
	碳素结构钢镀锌焊接钢管 *DN*150×4.0	m	64.22	3.551	3.700	3.573
	碳素结构钢镀锌焊接钢管 *DN*200×4.0	m	139.98	0.029	0.070	0.030
	碳钢平焊法兰 1.6MPa *DN*80	片	37.33	0.088	0.088	0.088
	碳钢平焊法兰 1.6MPa *DN*100	片	45.43	0.034	0.034	0.034
	碳钢平焊法兰 1.6MPa *DN*125	片	66.66	5.252	5.252	5.252
	碳钢平焊法兰 1.6MPa *DN*150	片	75.69	0.028	0.028	0.028
	碳钢平焊法兰 1.6MPa *DN*200	片	96.50	0.096	0.096	0.096
	室内镀锌钢管接头零件(消防) *DN*50	个	11.46	0.105	—	—
	室内镀锌钢管接头零件(消防) *DN*65	个	20.98	1.395	—	—
	室内镀锌钢管接头零件(消防) *DN*80	个	32.52	0.581	—	—
	室内镀锌钢管接头零件(消防) *DN*100	个	52.86	2.810	—	—
	给水室内钢管焊接管件 *DN*65	个	7.97	—	0.294	—
	给水室内钢管焊接管件 *DN*80	个	10.30	—	0.152	—
	给水室内钢管焊接管件 *DN*100	个	13.65	—	0.740	—
	给水室内钢管焊接管件 *DN*150	个	36.00	—	0.405	—
	给水室内钢管焊接管件 *DN*200	个	74.48	—	0.003	—
	沟槽配件 *DN*125	个	115.00	—	—	1.500
	沟槽配件 *DN*150	个	158.00	—	—	2.800

三、消防炮管道安装

工作内容：干(立)管、支管及零件安装，消防炮安装，支架制作安装及除锈刷油，水压试验，水冲洗，调试。

计量单位：点

定额编号				5-1-6	5-1-7
项目				消防炮配管	
				钢管螺纹连接	钢管沟槽式连接
基价（元）				**3 971.38**	**3 973.67**
其中	人工费（元）			1 237.82	1 226.61
	材料费（元）			2 548.01	2 663.94
	机械费（元）			185.55	83.12
名称		单位	单价(元)	消耗量	
人工	二类人工	工日	135.00	9.169	9.086
材料	消防水炮	台	—	(1.000)	(1.000)
	沟槽法兰 1.6MPa	片	85.99	1.000	1.000
	末端试水装置	套	120.00	0.169	0.169
	碳素结构钢镀锌焊接钢管 *DN*50×3.8	m	22.12	9.698	9.698
	碳素结构钢镀锌焊接钢管 *DN*65×4.0	m	23.47	0.633	0.633
	碳素结构钢镀锌焊接钢管 *DN*80×4.0	m	37.44	5.457	5.457
	碳素结构钢镀锌焊接钢管 *DN*100×4.0	m	48.99	7.937	7.937
	碳素结构钢镀锌焊接钢管 *DN*150×4.0	m	64.22	13.518	13.518
	沟槽配件 *DN*125	个	115.00	—	1.500
	沟槽配件 *DN*150	个	158.00	—	2.800

四、水灭火系统装置安装

工作内容：部件外观检查、切管、坡口、组对、焊法兰、紧螺栓、临时短管安拆、报警阀渗漏试验、整体组装、配管、调试。

计量单位：组

定额编号				5-1-8	5-1-9	5-1-10
项目				湿式报警装置安装(mm 以内)		
				*DN*100	*DN*150	*DN*200
基价（元）				**576.85**	**748.27**	**930.36**
其中	人工费（元）			453.60	610.20	767.48
	材料费（元）			121.24	135.56	159.86
	机械费（元）			2.01	2.51	3.02
名称		单位	单价(元)	消耗量		
人工	二类人工	工日	135.00	3.360	4.520	5.685
材料	湿式报警装置	套	—	(1.000)	(1.000)	(1.000)
	沟槽法兰 1.6MPa	片	—	(2.000)	(2.000)	(2.000)
	碳素结构钢镀锌焊接钢管 *DN*50×3.8	m	22.12	2.000	2.000	2.000
	碳素结构钢镀锌焊接钢管 *DN*20×2.8	m	7.90	2.000	2.000	2.000

工作内容:部件外观检查、切管、套丝、上零件、管道安装、本体组装、球阀及喷头安装、调试。 **计量单位:**组

定额编号				5-1-11	5-1-12
项目				温感式水幕装置安装(mm 以内)	
				*DN*32	*DN*50
基价(元)				**143.24**	**358.97**
其中	人工费(元)			94.10	242.46
	材料费(元)			42.08	104.43
	机械费(元)			7.06	12.08
名称		单位	单价(元)	消耗量	
人工	二类人工	工日	135.00	0.697	1.796
材料	温感式水幕装置	套	—	(1.000)	(1.000)

工作内容:部件外观检查、切管、坡口、套丝或焊法兰、上零件、临时短管安拆、主要功能检查、安装及调试。 **计量单位:**个

定额编号				5-1-13	5-1-14	5-1-15	5-1-16	5-1-17
项目				水流指示器安装				
				螺纹连接	法兰连接		马鞍形连接 *DN*100mm 以下	马鞍形连接 *DN*100mm 以上
				*DN*100(mm 以下)		*DN*100(mm 以上)		
基价(元)				**137.04**	**100.76**	**198.92**	**25.22**	**41.74**
其中	人工费(元)			80.87	68.99	135.54	22.95	38.07
	材料费(元)			54.60	30.61	61.21	2.15	3.40
	机械费(元)			1.57	1.16	2.17	0.12	0.27
名称		单位	单价(元)	消耗量				
人工	二类人工	工日	135.00	0.599	0.511	1.004	0.170	0.282
材料	水流指示器	只	—	(1.000)	(1.000)	(1.000)	(1.000)	(1.000)
	沟槽法兰 1.6MPa	片	—	—	(2.000)	(2.000)	—	—

工作内容:切管、套丝或焊法兰、上零件、制垫加垫、控板检查、整体组装、二次安装、放水试验。 **计量单位:**见表

定额编号				5-1-18	5-1-19	5-1-20
项目				减压板安装(mm 以内)		末端试水装置安装(mm 以内)
				*DN*80	*DN*150	*DN*32
计量单位				个		组
基价(元)				**30.58**	**44.32**	**97.21**
其中	人工费(元)			15.39	21.33	86.27
	材料费(元)			14.33	21.57	9.16
	机械费(元)			0.86	1.42	1.78
名称		单位	单价(元)	消耗量		
人工	二类人工	工日	135.00	0.114	0.158	0.639
材料	减压孔板	个	—	(1.000)	(1.000)	—
	沟槽法兰 1.6MPa	片	—	(2.000)	(2.000)	—
	末端试水装置	套	—	—	—	(1.010)

工作内容：支架安装、整体安装固定等。　　　　计量单位：套

定额编号				5-1-21
项目				集热板安装
基价（元）				**15.50**
其中	人工费（元）			13.50
	材料费（元）			2.00
	机械费（元）			—
名称		单位	单价(元)	消耗量
人工	二类人工	工日	135.00	0.100
材料	集热板	套	—	(1.000)

工作内容：预留洞、切管、套丝、箱体及消火栓安装、附件检查安装、水压试验。　　　　计量单位：套

定额编号				5-1-22	5-1-23
项目				室内消火栓安装(mm)	
				单栓65	双栓65
基价（元）				**102.49**	**124.98**
其中	人工费（元）			97.20	119.48
	材料费（元）			4.34	4.75
	机械费（元）			0.95	0.75
名称		单位	单价(元)	消耗量	
人工	二类人工	工日	135.00	0.720	0.885
材料	室内消火栓	套	—	(1.000)	(1.000)

工作内容：管口除沥青、制垫、加垫、紧螺栓、消火栓安装。　　　　计量单位：套

定额编号				5-1-24	5-1-25	5-1-26	5-1-27
项目				室外地下式消火栓安装		室外地上式消火栓安装	
				*DN*100	*DN*150	*DN*100	*DN*150
基价（元）				**130.16**	**171.02**	**155.14**	**222.05**
其中	人工费（元）			59.67	68.85	84.65	113.40
	材料费（元）			66.69	98.37	66.69	104.85
	机械费（元）			3.80	3.80	3.80	3.80
名称		单位	单价(元)	消耗量			
人工	二类人工	工日	135.00	0.442	0.510	0.627	0.840
材料	地下消火栓	套	—	(1.000)	(1.000)	—	—
	地上消火栓	套	—	—	—	(1.000)	(1.000)

工作内容:砌支墩、切管、焊法兰、制垫、加垫、紧螺栓、整体安装、水压试验。　　**计量单位**:套

定额编号				5-1-28	5-1-29	5-1-30	5-1-31
项目				水泵接合器安装			
				地上 100 型	地上 150 型	地下 100 型	地下 150 型
基价(元)				**282.04**	**350.93**	**326.74**	**414.07**
其中	人工费(元)			136.22	164.30	182.66	229.23
	材料费(元)			141.75	180.33	140.01	178.54
	机械费(元)			4.07	6.30	4.07	6.30
名称		单位	单价(元)	消耗量			
人工	二类人工	工日	135.00	1.009	1.217	1.353	1.698
材料	消防水泵接合器	套	—	(1.000)	(1.000)	(1.000)	(1.000)

工作内容:切管、焊法兰、制垫、加垫、紧螺栓、整体安装、水压试验。　　**计量单位**:套

定额编号				5-1-32	5-1-33
项目				水泵接合器安装	
				墙壁 100 型	墙壁 150 型
基价(元)				**309.51**	**376.18**
其中	人工费(元)			159.71	185.63
	材料费(元)			145.73	184.25
	机械费(元)			4.07	6.30
名称		单位	单价(元)	消耗量	
人工	二类人工	工日	135.00	1.183	1.375
材料	消防水泵接合器	套	—	(1.000)	(1.000)

第二节　火灾自动报警系统安装

说　　明

一、本节定额包括报警联动一体机,线型探测器,点型探测器,楼层显示器,消防专用模块,消防警铃/声光报警器,电话交换机,电话分机等的安装。

二、有关说明:

1. 火灾自动报警系统由消控中心至端子箱的线缆为干线,其他为支路管线。

2. 火灾自动报警系统的干线及桥架安装执行本定额第二章"电气及智能化系统设备安装工程"相应定额子目。

3. 各类设备安装定额中已包括了支路管线的安装。

4. 短路隔离器安装执行消防专用模块安装定额子目。

5. 电源监控主机、防火门监控主机安装执行报警联动一体机安装定额子目,基价乘以系数0.70。

6. 电气火灾监控系统:

(1)探测器模块安装执行消防专用模块安装定额子目。

(2)温度传感器安装执行探测器定额子目,剩余电流互感器安装执行《浙江省通用安装工程预算定额》(2018版)的相应定额子目。

工程量计算规则

火灾自动报警系统设备安装按设计图示数量计算,以"台"、"个"或"m"为计量单位。

火灾自动报警系统

工作内容:1. 报警联动一体机:本体安装、调试;校线、绝缘电阻摇测、接头挂锡或压接冷压端头、排线、绑扎、导线标识、接地等。

2. 探测器、手动报警按钮:本体安装、配管、配线、接线盒安装、底座安装、校线、接头、压接冷压端头、底座压线、编码、测试、防护罩安拆等。

计量单位:见表

定额编号				5-2-1	5-2-2	5-2-3	5-2-4
项目				报警联动一体机	线型探测器	点型探测器(包括底座)	手动报警按钮
计量单位				台	10m	台	
基价(元)				**699.79**	**250.17**	**218.26**	**613.57**
其中	人工费(元)			405.00	121.64	96.53	211.55
	材料费(元)			201.28	126.13	118.93	393.75
	机械费(元)			93.51	2.40	2.80	8.27
名称		单位	单价(元)	消耗量			
人工	二类人工	工日	135.00	3.000	0.901	0.715	1.567
材料	报警联动一体机	台	—	(1.000)	—	—	—
	线型探测器	m	—	—	(13.200)	—	—
	探测器	个	—	—	—	(1.001)	—
	按钮	个	—	—	—	—	(1.000)
	碳素结构钢焊接钢管 *DN*20	m	6.41	—	10.300	11.330	36.050
	铜芯绞型软线 NH－RVS 2×1.5	m	2.17	—	11.016	12.420	8.640
	铜芯绞型软线 ZRC－RVVP 2×1.5	m	3.58	—	—	—	29.160

工作内容：1. 楼层显示器：本体安装、调试；配管、配线、接线盒安装；校线、绝缘电阻摇测、接头挂锡或压接冷压端头、排线、绑扎、导线标识、接地等。
2. 消防专用模块，消防警铃/声光报警器：本体安装、配管、配线、接线盒安装、校线、接头、压接冷压端头、排线、绑扎、导线标识、补漆、编码、本体调试等。
3. 电话交换机：校线、挂锡、并线、压线、本体安装、功能检测。
4. 电话分机：配管、配线、接线盒安装、校线、挂锡、并线、压线、本体安装、功能检测等。　　**计量单位**：见表

	定额编号			5-2-5	5-2-6	5-2-7	5-2-8	5-2-9
	项目			楼层显示器	消防专用模块	消防警铃/声光报警器	电话交换机	电话分机
	计量单位			台	个	个	台	台
	基价（元）			**428.91**	**543.47**	**570.74**	**79.17**	**1 038.58**
其中	人工费（元）			217.22	205.61	213.44	33.75	314.96
	材料费（元）			188.01	328.88	351.36	24.54	711.88
	机械费（元）			23.68	8.98	5.94	20.88	11.74
	名称	单位	单价（元）	消耗量				
人工	二类人工	工日	135.00	1.609	1.523	1.581	0.250	2.333
材料	重复显示器	台	—	(1.000)	—	—	—	—
	消防专用模块	个	—	—	(1.000)	—	—	—
	消防警铃、声光报警器	个	—	—	—	(1.000)	—	—
	电话主机	台	—	—	—	—	(1.000)	—
	电话分机	个	—	—	—	—	—	(1.000)
	碳素结构焊接钢管 *DN*20	m	6.41	12.360	15.450	25.750	—	51.500
	碳素结构焊接钢管 *DN*32	m	12.32	—	5.150	—	—	—
	铜芯低烟无卤电线 WDZN－BYJ－2.5	m	1.55	29.000	35.960	60.320	—	—
	铜芯绞型软线 NH－RVS－2×1.5	m	2.17	13.500	16.740	28.080	—	54.000
	铜芯绞型软线 ZRC－RVVP－2×1.5	m	3.58	—	—	—	—	54.000

工作内容:配管、配线、接线盒安装、校线、接头、压接冷压端头、本体安装、测试等。 **计量单位:**个

定额编号				5-2-10
项目				扬声器
基价(元)				**286.42**
其中	人工费(元)			111.11
	材料费(元)			171.71
	机械费(元)			3.60
名称		单位	单价(元)	消耗量
人工	二类人工	工日	135.00	0.823
材料	扬声器	个	—	(1.000)
	碳素结构钢焊接钢管 *DN*20	m	6.41	15.450
	铜芯低烟无卤电线 WDZN-BYJ-2.5	m	1.55	34.800

工作内容:校线、绝缘电阻摇测、接头挂锡或压接冷压端头、排线、绑扎、导线标识、安装、本体调试、接地等。 **计量单位:**台

定额编号				5-2-11
项目				广播功率放大器/广播录放盘
基价(元)				**39.36**
其中	人工费(元)			24.57
	材料费(元)			13.05
	机械费(元)			1.74
名称		单位	单价(元)	消耗量
人工	二类人工	工日	135.00	0.182
材料	广播功率放大器/广播录放盘	台	—	(1.000)

第三节　消防系统调试

说　　明

一、本节定额包括自动报警系统调试、水灭火控制装置调试、防火控制装置调试。

二、有关说明：

防火门监控系统、消防电源监控系统、电气火灾监控系统的调试，执行自动报警系统调试的相应定额子目。

工程量计算规则

一、自动报警系统调试按报警控制器台数以“系统”为计量单位。

二、消火栓灭火系统调试点数按消火栓启泵按钮数量计算，以“点”为计量单位。

三、自动喷水灭火系统调试点数按水流指示器数量计算，以“点”为计量单位。

四、消防水炮控制装置系统调试点数按水炮数量计算，以“点”为计量单位。

五、防火控制装置调试按设计图示控制装置的数量计算，以“点”为计量单位。

六、切断非消防电源的点数以执行切断非消防电源的模块数量计算，以“点”为计量单位。

消防系统调试

工作内容:技术和器具准备、检查接线、绝缘检查、程序装载或校对检查、功能测试、系统测试、记录整理等。

计量单位:见表

定额编号				5-3-1	5-3-2	5-3-3	5-3-4	5-3-5
项目				自动报警系统调试	消火栓灭火系统调试	自动喷水灭火系统调试	消防水炮控制装置系统调试	防火卷帘门调试
计量单位				系统	点	点	点	点
基价(元)				**2 262.16**	**24.00**	**128.40**	**204.45**	**93.13**
其中	人工费(元)			1 042.74	17.01	106.79	174.56	87.75
	材料费(元)			795.32	3.51	8.14	18.59	0.60
	机械费(元)			424.10	3.48	13.47	11.30	4.78
名称		单位	单价(元)	消耗量				
人工	二类人工	工日	135.00	7.724	0.126	0.791	1.293	0.650
材料	铜芯塑料绝缘线 ZR-BV 1.5	m	0.78	14.554	1.527	3.563	15.27	0.236

工作内容:技术和器具准备、检查接线、绝缘检查、程序装载或校对检查、功能测试、系统测试、记录整理等。

计量单位:点

定额编号				5-3-6	5-3-7	5-3-8	5-3-9	5-3-10	5-3-11
项目				电动防火门(窗)调试	电动防火阀、电动排烟阀、电动正压送风阀调试	切断非消防电源调试	消防风机调试	消防水泵调试	电梯系统调试
基价(元)				**39.08**	**26.79**	**58.23**	**48.54**	**52.57**	**430.61**
其中	人工费(元)			34.97	16.20	41.18	44.82	48.60	384.75
	材料费(元)			0.72	7.63	13.66	0.33	0.49	34.56
	机械费(元)			3.39	2.96	3.39	3.39	3.48	11.30
名称		单位	单价(元)	消耗量					
人工	二类人工	工日	135.00	0.259	0.120	0.305	0.332	0.360	2.850
材料	铜芯塑料绝缘线 ZR-BV 1.5	m	0.78	0.236	0.407	0.407	0.407	0.611	—

第六章
通用项目和措施项目工程

章　说　明

一、本章内容包括安装工程通用项目工程和施工技术措施项目工程,共两节。

二、本章定额适用于本定额各专业定额章节(定额中指明不适用的除外)。

三、凡涉及管沟、基坑及井类的垫层、基础砌筑,各类盖板预制安装。管道混凝土支墩的项目,执行《浙江省市政工程概算定额》(2018 版) 相应项目。

第一节　通用项目工程

说　　明

一、本节内容包括人工挖填沟槽、支架制作与安装、套管制作与安装等内容,共 3 个部分。

二、机械挖填土方项目,执行《浙江省市政工程概算定额》(2018 版)相应项目。

三、土方类别的划分标准执行《浙江省市政工程预算定额》(2018 版)的相关规定。

四、支架制作、安装:

定额包括电缆支架制作、安装,管道支吊架制作、安装,设备支架制作、安装,成品抗震支架安装,减振器、隔振垫安装等。其中:

1. 电缆支架制作、安装适用于电气、智能化、通信、仪表工程中各类铁构件制作、安装。

2. 管道支吊架制作、安装适用于给排水、消防、工业管道、空调水系统中各类管架制作、安装。

3. 设备支架的制作、安装适用于安装工程中各类设备、通风部件支架的制作、安装。

4. 若设计要求设置抗震支架且没有详细图纸时,抗震支架按建筑类型及建筑面积计算,其中,地上公共建筑适用于设有喷淋系统的地上公共建筑。不设喷淋系统的地上公共建筑执行地上公共建筑的相应定额子目,基价乘以系数 0.50。

五、套管制作、安装:

定额包括柔性防水套管制作、安装,刚性防水套管制作、安装,一般穿墙钢套管制作、安装等。其中:

1. 过楼板套管制作安装执行“一般穿墙钢套管制作安装”定额,主材按 0.2m 计,其余不变。

2. 给排水人防穿墙管制作安装执行“刚性防水套管制作安装”定额。

3. 保温管道穿墙、板采用套管时,按保温层外径规格执行套管相应定额。

工程量计算规则

一、人工挖填沟槽土方,不区分挖土深度,以“m^3”为计量单位。

二、支架制作、安装(成品抗震支架除外)。均按设计图示尺寸,以“kg”为计量单位。

三、成品抗震支架,按建筑面积以“m^2” 为计量单位。

四、减振器、隔振垫安装以“个”为计量单位。

五、套管制作、安装以“个”为计量单位。

一、人工挖填沟槽

工作内容：1. 测位、划线、开挖沟槽、抛土于沟槽边1m以外堆放。

2. 回填土、夯实、清理现场。

计量单位：m^3

定额编号				6-1-1	6-1-2	6-1-3	6-1-4
项目				人工挖沟槽土方			人工沟槽原土夯实
				一、二类土	三类土	四类土	
基价（元）				**16.88**	**28.89**	**42.39**	**13.50**
其中	人工费（元）			16.88	28.89	42.39	13.50
	材料费（元）			—	—	—	—
	机械费（元）			—	—	—	—
名称		单位	单价(元)	消耗量			
人工	二类人工	工日	135.00	0.125	0.214	0.314	0.100

二、支架制作、安装

工作内容：制作、平直、划线、下料、钻孔、组对、焊接、打洞、固定安装、堵洞。

计量单位：100kg

定额编号				6-1-5	6-1-6	6-1-7
项目				电缆支架制作、安装	管道支吊架制作、安装	设备支架制作、安装
基价（元）				**1 322.64**	**1 251.79**	**961.56**
其中	人工费（元）			740.88	638.55	425.79
	材料费（元）			491.46	522.35	445.01
	机械费（元）			90.30	90.89	90.76
名称		单位	单价(元)	消耗量		
人工	二类人工	工日	135.00	5.488	4.730	3.154
材料	型钢 综合	kg	3.84	106.000	106.000	105.000

工作内容：打、堵洞眼，支架安装。

计量单位：m^2

定额编号				6-1-8	6-1-9
项目				成品抗震支架安装	
				地下室	地上建筑
基价（元）				**35.03**	**20.00**
其中	人工费（元）			8.78	5.00
	材料费（元）			26.25	15.00
	机械费（元）			—	—
名称		单位	单价(元)	消耗量	
人工	二类人工	工日	135.00	0.065	0.037

工作内容:减振器、隔振垫安装。

计量单位:见表

定额编号				6-1-10	6-1-11
项目				减振器安装	隔振垫安装
计量单位				个	块
基价(元)				**8.51**	**6.75**
其中	人工费(元)			8.51	6.75
	材料费(元)			—	—
	机械费(元)			—	—
名称		单位	单价(元)	消耗量	
人工	二类人工	工日	135.00	0.063	0.050
材料	减振器	个	—	(1.000)	—
	隔振垫	块	—	—	(1.000)

二、套管制作、安装

工作内容:切管、焊接、找正、就位、刷防锈漆。

计量单位:个

定额编号				6-1-12	6-1-13	6-1-14	6-1-15
项目				柔性防水套管制作安装(mm 以内)			
				*DN*150	*DN*300	*DN*600	*DN*1 000
基价(元)				**540.74**	**979.34**	**2 160.59**	**3 998.34**
其中	人工费(元)			224.10	310.91	534.06	910.85
	材料费(元)			220.92	532.81	1 292.84	2 342.86
	机械费(元)			95.72	135.62	333.69	744.63
名称		单位	单价(元)	消耗量			
人工	二类人工	工日	135.00	1.660	2.303	3.956	6.747
材料	碳素结构钢焊接钢管 综合	kg	3.88	11.800	31.120	60.350	97.540
	中厚钢板 综合	kg	3.71	23.568	54.080	152.760	279.064

工作内容:切管、焊接、找正、就位、刷防锈漆。

计量单位:个

定额编号				6-1-16	6-1-17	6-1-18	6-1-19
项目				刚性防水套管制作安装(mm 以内)			
				*DN*150	*DN*300	*DN*600	*DN*1 000
基价(元)				**271.18**	**535.40**	**1 129.04**	**1 956.76**
其中	人工费(元)			131.76	225.99	429.44	712.67
	材料费(元)			100.68	245.98	555.05	954.63
	机械费(元)			38.74	63.43	144.55	289.46
名称		单位	单价(元)	消耗量			
人工	二类人工	工日	135.00	0.976	1.674	3.181	5.279
材料	碳素结构钢焊接钢管 综合	kg	3.88	9.460	21.840	44.750	70.780
	中厚钢板 综合	kg	3.71	6.592	23.360	63.648	110.880

工作内容：准备工作、切管、焊接、除锈刷漆、安装、填塞密封材料、堵洞。 **计量单位：**个

定额编号				6-1-20	6-1-21	6-1-22
项目				一般穿墙钢套管制作安装(mm 以内)		
				*DN*100	*DN*150	*DN*200
基价（元）				**35.37**	**71.88**	**107.52**
其中	人工费（元）			21.47	47.39	81.14
	材料费（元）			12.85	23.44	25.33
	机械费（元）			1.05	1.05	1.05
名称		单位	单价(元)	消耗量		
人工	二类人工	工日	135.00	0.159	0.351	0.601
材料	碳钢管	m	—	(0.300)	(0.300)	(0.300)

第二节　措施项目工程

说　明

一、本节内容为浙江省常用的安装工程施工技术措施费,包括脚手架搭拆费,建筑物超高增加费,操作高度增加费,组装平台铺设与拆除费,设备、管道施工的安全、防冻和焊接保护措施费,压力容器和高压管道的检验费,大型机械设备进出场及安拆费,施工排水、降水费,其他技术措施费用等。

二、脚手架搭拆费。

脚手架搭拆费是指施工需要的各种脚手架搭、拆、运输费用及脚手架的摊销(或租赁)费用。

1. 第二章"电气及智能化系统设备安装工程"、第三章"通风空调安装工程"、第四章"管道安装工程"的脚手架搭拆费可按本章相应定额子目计算,以"工日"为计量单位。

2. 脚手架搭拆费执行以主要章节为主的原则。

三、建筑物超高增加费。

建筑物超高增加费是指施工中施工高度超过 6 层或 20m 的人工降效,以及材料垂直运输增加的费用。

层数:指设计的层数(含地下室、半地下室的层数)。阁楼层、面积小于标准层 30% 的顶层及层高在 2.2m 以下的地下室或技术设备层不计算层数。

高度:指建筑物从地下室设计标高至建筑物檐口底的高度,不包括突出屋面的电梯机房、屋顶亭子间及屋顶水箱的高度等。

1. 第二章"电气及智能化系统设备安装工程"、第三章"通风空调安装工程"、第四章"管道安装工程"的建筑物超高增加费可按本章相应定额子目计算,以"工日"为计量单位。

2. 建筑物超高增加费执行以主要章节为主的原则。

四、操作高度增加费。

操作高度增加费是指操作物高度超过定额规定的高度时所发生的人工降效的费用。

1. 第一章"机械设备安装工程"、第二章"电气及智能化系统设备安装工程"、第三章"通风空调安装工程"、第四章"管道安装工程"的操作高度增加费可按本章相应定额子目计算,以"工日"或"元"为计量单位。

2. 操作高度增加费执行以主要章节为主的原则。

五、组装平台铺设与拆除费。

组装平台铺设与拆除费是指施工现场因施工需要而搭设平台的铺设与拆除费用。

现场组装平台的铺设和拆除,可根据历史或类似工程经批准的施工组织设计方案,按其搭拆的方式和平台的大小,以"座"为计量单位。

组装平台是按摊销量进入定额的,主要材料按 15 次周转使用计算。平台面积每增减 $10m^2$ 时,应按最接近的措施项目子目进行增减调整。

六、设备、管道施工的安全、防冻和焊接保护措施费。

设备、管道施工的安全、防冻和焊接保护措施费可按建设单位批准的施工措施方案计取。

七、压力容器和高压管道的检验费是专业监督部门检验质量所需费用,应按有关管理部门的收费规定计算。

八、大型机械设备进出场及安拆费。

大型机械设备进出场及安拆费是指机械整体或分体自停放场地运至施工现场或由一个施工地点运至另一个施工地点所发生的机械进出场运输、转移费用及机械在施工现场进行安装、拆卸所需的人工、材料、机械和试运转费以及机械辅助设施的费用。

大型机械设备进出场及安拆费可根据施工设计选用的实际机械种类及规格，参照《浙江省房屋建筑与装饰工程概算定额》(2018 版)的相关规定计算。

九、施工排水、降水费。

施工排水、降水费是指为确保工程在正常条件下施工所采取的排水、降水措施所需的人工费、材料费、机械费。

施工排水、降水费参照《浙江省房屋建筑与装饰工程概算定额》(2018 版)的相关规定计算。

十、其他技术措施费用。

其他技术措施费用是指根据工程和现场因素必须发生的其他措施费用。

十一、施工技术措施项目定额中的人工费、材料费、机械费调整执行《浙江省建设工程计价规则》(2018 版)的相关规定。

一、脚手架搭拆费

计量单位:100 工日

定额编号				6-2-1	6-2-2	6-2-3	6-2-4
项目				脚手架搭拆费			
				第二章 电气及智能化系统设备安装工程	第三章 通风空调安装工程	第四章 管道安装工程	第五章 消防工程
基价(元)				**515.70**	**386.78**	**644.63**	**644.63**
其中	人工费(元)			135.00	101.25	168.75	168.75
	材料费(元)			380.70	285.53	475.88	475.88
	机械费(元)			—	—	—	—
名称		单位	单价(元)	消耗量			
人工	二类人工	工日	135.00	1.000	0.750	1.250	1.250
材料	周转性材料费	元	1.00	380.700	285.530	475.880	475.880

注:对单独承担的埋地管道工程,不计取脚手架搭拆费。

二、建筑物超高增加费

1. 电气及智能化系统设备安装工程

计量单位:100 工日

定额编号				6-2-5	6-2-6	6-2-7	6-2-8	6-2-9	6-2-10
项目				建筑物超高增加费					
				9 层以下(30m)	12 层以下(40m)	18 层以下(60m)	24 层以下(80m)	30 层以下(100m)	36 层以下(120m)
基价(元)				**196.43**	**392.85**	**1 178.55**	**1 964.25**	**3 142.80**	**4 321.35**
其中	人工费(元)			101.25	202.50	607.50	1 012.50	1 620.00	2 227.50
	材料费(元)			—	—	—	—	—	—
	机械费(元)			95.18	190.35	571.05	951.75	1 522.80	2 093.85
名称		单位	单价(元)	消耗量					
人工	二类人工	工日	135.00	0.750	1.500	4.500	7.500	12.000	16.500
机械	其他机械费	元	1.00	95.180	190.350	571.050	951.750	1 522.800	2 093.850

计量单位:100 工日

定 额 编 号				6-2-11	6-2-12	6-2-13	6-2-14
项 目				建筑物超高增加费			
				42 层以下(140m)	48 层以下(160m)	54 层以下(180m)	60 层以下(200m)
基 价 (元)				**5 499.90**	**6 678.45**	**7 857.00**	**9 035.55**
其中	人工费(元)			2 835.00	3 442.50	4 050.00	4 657.50
	材料费(元)			—	—	—	—
	机械费(元)			2 664.90	3 235.95	3 807.00	4 378.05
名 称		单位	单价(元)	消 耗 量			
人工	二类人工	工日	135.00	21.000	25.500	30.000	34.500
机械	其他机械费	元	1.00	2 664.900	3 235.950	3 807.000	4 378.050

2. 通风空调安装工程

计量单位:100 工日

定 额 编 号				6-2-15	6-2-16	6-2-17	6-2-18	6-2-19	6-2-20
项 目				建筑物超高增加费					
				9 层以下(30m)	12 层以下(40m)	18 层以下(60m)	24 层以下(80m)	30 层以下(100m)	36 层以下(120m)
基 价 (元)				**196.43**	**392.85**	**785.70**	**1 178.55**	**1 964.25**	**3 142.80**
其中	人工费(元)			101.25	202.50	405.00	607.50	1 012.50	1 620.00
	材料费(元)			—	—	—	—	—	—
	机械费(元)			95.18	190.35	380.70	571.05	951.75	1 522.80
名 称		单位	单价(元)	消 耗 量					
人工	二类人工	工日	135.00	0.750	1.500	3.000	4.500	7.500	12.000
机械	其他机械费	元	1.00	95.180	190.350	380.700	571.050	951.750	1 522.800

计量单位:100 工日

定 额 编 号				6-2-21	6-2-22	6-2-23	6-2-24
项 目				建筑物超高增加费			
				42 层以下(140m)	48 层以下(160m)	54 层以下(180m)	60 层以下(200m)
基 价 (元)				**4 321.35**	**5 499.90**	**6 678.45**	**7 857.00**
其中	人工费(元)			2 227.50	2 835.00	3 442.50	4 050.00
	材料费(元)			—	—	—	—
	机械费(元)			2 093.85	2 664.90	3 235.95	3 807.00
名 称		单位	单价(元)	消 耗 量			
人工	二类人工	工日	135.00	16.500	21.000	25.500	30.000
机械	其他机械费	元	1.00	2 093.850	2 664.900	3 235.950	3 807.000

3. 管道安装工程(民用管道部分)

计量单位:100 工日

定额编号				6-2-25	6-2-26	6-2-27	6-2-28	6-2-29	6-2-30
项目				建筑物超高增加费					
				9 层以下(30m)	12 层以下(40m)	18 层以下(60m)	24 层以下(80m)	30 层以下(100m)	36 层以下(120m)
基价(元)				**392.85**	**589.31**	**1 178.55**	**1 964.25**	**3 142.80**	**4 321.35**
其中	人工费(元)			202.50	303.75	607.50	1 012.50	1 620.00	2 227.50
	材料费(元)			—	—	—	—	—	—
	机械费(元)			190.35	285.56	571.05	951.75	1 522.80	2 093.85
名称		单位	单价(元)	消耗量					
人工	二类人工	工日	135.00	1.500	2.250	4.500	7.500	12.000	16.500
机械	其他机械费	元	1.00	190.350	285.560	571.050	951.750	1 522.800	2 093.850

计量单位:100 工日

定额编号				6-2-31	6-2-32	6-2-33	6-2-34
项目				建筑物超高增加费			
				42 层以下(140m)	48 层以下(160m)	54 层以下(180m)	60 层以下(200m)
基价(元)				**5 499.90**	**6 678.45**	**7 857.00**	**9 035.55**
其中	人工费(元)			2 835.00	3 442.50	4 050.00	4 657.50
	材料费(元)			—	—	—	—
	机械费(元)			2 664.90	3 235.95	3 807.00	4 378.05
名称		单位	单价(元)	消耗量			
人工	二类人工	工日	135.00	21.000	25.500	30.000	34.500
机械	其他机械费	元	1.00	2 664.900	3 235.950	3 807.000	4 378.050

4. 消防工程

计量单位:100 工日

定额编号				6-2-35	6-2-36	6-2-37	6-2-38	6-2-39	6-2-40
项目				建筑物超高增加费					
				9 层以下(30m)	12 层以下(40m)	18 层以下(60m)	24 层以下(80m)	30 层以下(100m)	36 层以下(120m)
基价(元)				**196.43**	**392.85**	**982.13**	**1 767.83**	**2 749.95**	**3 928.50**
其中	人工费(元)			101.25	202.50	506.25	911.25	1 417.50	2 025.00
	材料费(元)			—	—	—	—	—	—
	机械费(元)			95.18	190.35	475.88	856.58	1 332.45	1 903.50
名称		单位	单价(元)	消耗量					
人工	二类人工	工日	135.00	0.750	1.500	3.750	6.750	10.500	15.000
机械	其他机械费	元	1.00	95.180	190.350	475.880	856.580	1 332.450	1 903.500

计量单位:100 工日

定额编号				6-2-41	6-2-42	6-2-43	6-2-44
项目				建筑物超高增加费			
				42 层以下(140m)	48 层以下(160m)	54 层以下(180m)	60 层以下(200m)
基价(元)				**5 107.05**	**6 285.60**	**7 464.15**	**8 642.70**
其中	人工费(元)			2 632.50	3 240.00	3 847.50	4 455.00
	材料费(元)			—	—	—	—
	机械费(元)			2 474.55	3 045.60	3 616.65	4 187.70
名称		单位	单价(元)	消耗量			
人工	二类人工	工日	135.00	19.500	24.000	28.500	33.000
机械	其他机械费	元	1.00	2 474.550	3 045.600	3 616.650	4 187.700

三、操作高度增加费

计量单位:100 元

定额编号				6-2-45	6-2-46	6-2-47	6-2-48
项目				操作高度增加费			
				机械设备安装工程			
				10m 以上、20m 以下	20m 以上、30m 以下	30m 以上、40m 以下	40m 以上、50m 以下
基价(元)				**14.73**	**19.64**	**29.46**	**49.10**
其中	人工费(元)			10.53	14.04	21.06	34.97
	材料费(元)			—	—	—	—
	机械费(元)			4.20	5.60	8.40	14.13
名称		单位	单价(元)	消耗量			
人工	二类人工	工日	135.00	0.078	0.104	0.156	0.259
机械	其他机械费	元	1.00	4.200	5.600	8.400	14.130

计量单位:100 工日

定额编号				6-2-49	6-2-50	6-2-51	6-2-52	6-2-53
项目				操作高度增加费				
				电气系统设备安装工程	智能化系统设备安装工程			通风空调安装工程
				5m 以上	5m 以上、10m 以下	10m 以上、30 以下	30m 以上、50m 以下	6m 以上
基价(元)				**4 455.00**	**3 375.00**	**5 400.00**	**8 100.00**	**2 025.00**
其中	人工费(元)			4 455.00	3 375.00	5 400.00	8 100.00	2 025.00
	材料费(元)			—	—	—	—	—
	机械费(元)			—	—	—	—	—
名称		单位	单价(元)	消耗量				
人工	二类人工	工日	135.00	33.000	25.000	40.000	60.000	15.000

计量单位:100 工日

定额编号				6-2-54	6-2-55	6-2-56	6-2-57	6-2-58
项目				操作高度增加费				
				管道安装工程(民用管道部分)			管道安装工程(工业管道部分)	
				3.6m 以上、10m 以下	10m 以上、30m 以下	30m 以上、50m 以下	20m 以上、30m 以下	30m 以上、50m 以下
基价(元)				**1 350.00**	**2 025.00**	**2 700.00**	**1 539.00**	**3 847.50**
其中	人工费(元)			1 350.00	2 025.00	2 700.00	1 539.00	3 847.50
	材料费(元)			—	—	—	—	—
	机械费(元)			—	—	—	—	—
名称		单位	单价(元)	消耗量				
人工	二类人工	工日	135.00	10.000	15.000	20.000	11.400	28.500

计量单位:100 工日

定额编号				6-2-59	6-2-60
项目				操作高度增加费	
				消防工程	
				5m 以上、10m 以下	10m 以上、30m 以下
基价(元)				**1 350.00**	**2 025.00**
其中	人工费(元)			1 350.00	2 025.00
	材料费(元)			—	—
	机械费(元)			—	—
名称		单位	单价(元)	消耗量	
人工	二类人工	工日	135.00	10.000	15.000

四、组装平台铺设与拆除费

工作内容:道木摆放找平、排放钢轨(管)、铺钢板、组对点焊、拆除、材料集中堆放。 **计量单位:**座

定额编号				6-2-61	6-2-62	6-2-63	6-2-64
项目				钢管平台(m^2)			
				100	150	300	每增减 10
基价(元)				**10 920.88**	**15 338.16**	**26 006.64**	**1 118.24**
其中	人工费(元)			3 465.86	4 587.71	6 823.85	223.02
	材料费(元)			4 455.37	6 527.29	13 063.10	690.90
	机械费(元)			2 999.65	4 223.16	6 119.69	204.32
名称		单位	单价(元)	消耗量			
人工	二类人工	工日	135.00	25.673	33.983	50.547	1.652
材料	碳素结构钢镀锌焊接钢管 综合	kg	4.74	315.910	452.550	925.120	32.480
	中厚钢板 综合	kg	3.79	586.110	879.200	1 758.400	58.590
	钢板垫板	kg	3.72	83.083	118.356	225.442	71.190

工作内容：道木摆放找平、排放钢轨(管)、铺钢板、组对点焊、拆除、材料集中堆放。　　　　**计量单位：**座

定额编号					6-2-65	6-2-66	6-2-67	6-2-68
项目					钢轨平台(m^2)			
					100	150	300	每增减 10
基价（元）					**8 863.37**	**12 481.93**	**23 789.30**	**795.93**
其中	人工费（元）				2 718.63	3 598.29	6 691.01	218.97
	材料费（元）				3 733.41	5 489.39	10 948.85	371.36
	机械费（元）				2 411.33	3 394.25	6 149.44	205.60
名称			单位	单价(元)	消耗量			
人工	二类人工		工日	135.00	20.138	26.654	49.563	1.622